嵌入式系统设计师 5 天修炼

倪奕文　王建平　编著

中国水利水电出版社
www.waterpub.com.cn
·北京·

内 容 提 要

嵌入式系统设计师考试是计算机技术与软件专业技术资格考试（简称"软考"）系列中的一个重要考试，是计算机专业技术人员获得嵌入式系统设计师职称的一个重要途径。但嵌入式系统设计师考试涉及的知识点极广，几乎涵盖了本科计算机专业课程的全部内容，并且有一定的难度。

本书以作者多年从事软考教育培训和试题研究的心得体会建立了一个5天的复习架构。本架构通过深度剖析考试大纲并综合历年的考试情况，将嵌入式系统设计师考试涉及的各知识点高度概括、整理，以知识图谱的形式将整个考试分解为一个个相互联系的知识点，并逐一讲解，同时附以典型的考试试题和详细的试题分析以确保考生能够触类旁通。读者通过了解本书中的知识图谱，可以快速提高复习效率，做到复习有的放矢，考试时得心应手。书中还给出了一套全真的模拟试题并作了详细点评。

本书可作为参加嵌入式系统设计师考试的考生的自学用书，也可作为软考培训班的教材。

图书在版编目（C I P）数据

嵌入式系统设计师5天修炼 / 倪奕文等编著. -- 北京：
中国水利水电出版社，2019.9（2021.4 重印）
ISBN 978-7-5170-7979-8

Ⅰ. ①嵌… Ⅱ. ①倪… Ⅲ. ①微型计算机－系统设计
－资格考试－教材 Ⅳ. ①TP360.21

中国版本图书馆CIP数据核字（2019）第194301号

责任编辑：周春元　　加工编辑：王开云　　封面设计：李　佳

书　　　名	嵌入式系统设计师 5 天修炼 QIANRUSHI XITONG SHEJISHI 5 TIAN XIULIAN
作　　　者	倪奕文　王建平　编著
出版发行	中国水利水电出版社 （北京市海淀区玉渊潭南路 1 号 D 座　100038） 网址：www.waterpub.com.cn E-mail: mchannel@263.net（万水） 　　　　sales@waterpub.com.cn 电话：（010）68367658（营销中心）、82562819（万水）
经　　　售	全国各地新华书店和相关出版物销售网点
排　　　版	北京万水电子信息有限公司
印　　　刷	三河市鑫金马印装有限公司
规　　　格	184mm×240mm　16 开本　18.5 印张　410 千字
版　　　次	2019 年 9 月第 1 版　2021 年 4 月第 2 次印刷
印　　　数	3001—6000 册
定　　　价	88.00 元

凡购买我社图书，如有缺页、倒页、脱页的，本社营销中心负责调换
版权所有·侵权必究

前　言

随着"智能终端""物联网"等概念的兴起，万物互联的时代正在到来。从广义的角度来说，无论是手机、电脑，还是家电、百货，凡是能够通电的终端，我们都希望它是智能的终端，即智能的嵌入式设备。基于这种要求，嵌入式设备应当是可编程、可交互的设备，开发人员应同时具备嵌入式软件、硬件领域相关专业知识，这也正是嵌入式系统设计师考试的目的。同时，随着北上广等大城市积分落户制度的实施，"软考"中级以上职称证书也是获得积分的重要一项。因此，每年都会有大批的"准嵌入式系统设计师"参加这个考试。我们每年在全国各地进行的考前辅导中，与很多"准嵌入式系统设计师"交流过，他们都反映出一个心声："考试面涉及专业性太强，市面上辅导资料太少，通过考试非常难"。

为了帮助"准嵌入式系统设计师"们顺利通过考试，本人结合多年来"软考"辅导的心得，以历次培训经典的 5 天时间、35 个学时作为学习时序，编写了本书，以期考生们能在 5 天的时间里有所飞跃。5 天的时间很短，但真正深入学习也挺不容易。真诚地希望"准嵌入式系统设计师"们能抛弃一切杂念，静下心来，花 5 天的时间，把备考当作一个项目来修炼，相信您一定会有意外的收获。

然而，考试的范围十分广泛，除了要掌握嵌入式软硬件领域的相关知识，如嵌入式系统基础、嵌入式软件及操作系统、嵌入式微处理器及接口、嵌入式系统开发及维护、嵌入式软件程序外，还要掌握计算机应用技术，如计算机网络、信息安全和网络安全、多媒体技术、知识产权和标准化知识。在下午的软件设计中还会涉及具体的 C 语言程序设计、测试用例设计、电路图的分析等案例，有一定的难度。但考试涉及的计算机应用技术部分的知识考点相对集中，因此，根据考试的规律，按图索骥，通过一定的技巧和方法，可以快速达到通过考试的目的。

本书的"5 天修炼"是这样来安排的：

第 1 天"打好基础，软硬兼修"。先掌握嵌入式系统设计师考试最基础的硬件组成和软件及操作系统部分的内容。这可以让考生掌握软硬件整体架构，以便对嵌入式设备有一个整体的了解。

第 2 天"夯实基础，再学技术"。在了解嵌入式设备软硬件整体架构的基础上，进一步学习计算机网络、信息安全和网络安全、多媒体技术、知识产权和标准化等应用技术，这部分内容在上午考试中约有 20 分的选择题。

第 3 天"动手编程，软件设计"。掌握嵌入式软件程序设计及系统开发的流程，能够编写并分析嵌入式程序设计代码。

第 4 天"再接再厉，电路分析"。学习嵌入式系统设计师中应用范围最广的嵌入式微处理器和接口设计相关知识，主要考察电路图分析，系统结构图分析，以及不同嵌入式设备模块的特点。

第 5 天 "模拟测试，反复操练"。进入全真的模拟考试，检验自己的学习效果，熟悉考试的题型和题量，进一步提升修炼成果。

提醒 "准嵌入式系统设计师" 们，不要只是为了考试而考试，一定要抱着 "修炼" 的心态，通过考试只是目标之一，更多的是要提高自身水平，将来在工作岗位上有所作为。

在此，要感谢中国水利水电出版社万水分社副总经理周春元，他的辛勤劳动和真诚约稿，也是我能编写此书的动力之一。感谢王建平女士、倪晋平先生对本书的编写给出的许多宝贵的建议，感谢我的同事们、助手们，是他们帮助我做了大量的资料整理，甚至参与了部分编写工作。

然而，虽经多年锤炼，本人毕竟水平有限，敬请各位考生、各位培训师批评指正，不吝赐教。我的联系邮箱是：709861254@qq.com。

编 者

2020 年 09 月

扫一扫，在线答疑

目　录

考前准备及考试解读

一、冲关前的准备

不管基础如何、学历如何，5 天的关键学习并不需要准备太多，不过还是在此罗列出来，以使大家做一些必要的简单准备。

（1）本书。

（2）至少 20 张草稿纸。

（3）1 支笔。

（4）处理好自己的工作和生活，以使这 5 天能静下心来学习。

二、考试形式解读

嵌入式系统设计师考试从 2020 年起，考试时间由下半年变更为上半年（2020 年因为疫情原因统一都在下半年考试），即今后，如无特殊原因，都在 05 月进行考试，一年一次。

每次考试分为上午考试和下午考试，两场考试都过关才能算考试通过。考试具体安排见下表。

考试科目	考题形式	考试时长	合格标准
嵌入式系统基础知识	笔试，75道单选题（每题1分，总分75分）	150分钟 上午9:00-11:30	45分及以上
嵌入式系统设计应用技术	笔试，5道简答题（总分75分）	150分钟 下午14:00-16:30	45分及以上

三、答题注意事项

1. 上午考试答题注意事项

（1）记得带 2B 铅笔、橡皮、削笔刀。上午考试答题采用填涂答题卡的形式，由机器阅卷，所以需要使用 2B 铅笔。

（2）注意把握考试时间。虽然上午考试时间有 150 分钟，但是题量还是比较大的，一共 75 道题，做一道题的时间还不到 2 分钟，因为还要留出 10 分钟左右来填涂答题卡和检查核对。笔者的考试经验是做 20 道左右的试题就在答题卡上填涂完这 20 道题，这样不会慌张，也不会明显地影响进度。

（3）做题先易后难。上午考试一般前面的试题会容易一点，大多是知识点性质的题目，但也会有一些计算题，有些题还会有一定的难度，个别试题还会出现新概念题（即在教材中找不到答案，平时工作也可能很少接触），这些题常出现在第 60~70 题之间。考试时建议先将容易做的和自己会的做完，其他的先跳过去，在后续的时间中再集中精力做难题。

2．上午知识考点分布

天数	章节	考试知识点	分值
第 1 天	嵌入式系统基础	计算机硬件组成：CPU、运算器和控制器、寄存器。 信息编码、数据表示、进制转化、浮点数。 冯·诺依曼体系、计算机指令、中断原理。 CISC、RISC、指令流水线计算。 逻辑运算、短路计算方式。 存储体系：cache、层次结构、存储器分类、地址计算、基本总线原理，总线分类、校验码、性能评价	16
	嵌入式系统软件及操作系统	软件基础：分类、体系结构等。 任务管理：进程、线程、同步、互斥、PV 原理。 存储管理：固定、分页、分段、虚拟等。 设备管理：查询、中断、DMA 控制器、SPOOLING 技术。 文件管理：文件系统、目录、路径、位示图	9
第 2 天	计算机网络	OSI/RM 体系结构：各层网络设备、网络协议简介。 IP 地址、子网划分、路由聚合。 TCP/IP 协议族、考点总结	6
	多媒体技术	图片、音频、视频。 相关技术标准	3
	信息安全基础	加解密算法、信息摘要算法。 数字签名、数字证书、PKI 体系结构。 网络安全、防火墙、入侵检测、木马和病毒	5
	知识产权和标准化	知识产权知识。 标准化知识	3
第 3 天	嵌入式软件程序设计	程序设计语言基础知识，传值与传址、编译原理相关。 C 语言语法：循环、条件、流程图、语法、递归、unionf/struct 类型，涉及代码填空、表达式优先级、数据结构和算法基础。 嵌入式软件开发环境、程序设计、移植等	7
	嵌入式系统开发与维护	软件工程基础：软件模型、生命周期、敏捷开发、统一过程。 系统开发与运行：系统分析、设计、开发方法、计算机可维护性、可靠性、容错技术。 项目管理：进度管理、关键路径、配置管理（基线）。 软件测试：测试基础、分类、白盒黑盒测试、测试用例设计	10

续表

天数	章节	考试知识点	分值
第4天	嵌入式微处理器与接口	时序电路、组合电路。 嵌入式微处理器：8/16/32 位、DSP 处理器基础。 输入输出设备：GPIO、AD/DA 等典型设备。 总线：串行、并行、USB、SPI 等。 网络接口：原理、CAN、xDSL、无线等。 电路设计：PCB 设计相关	8
自学	专业英语	专业相关英语完形填空，2015 年及以前是单个题目填空形式，2016 年后是文章形式	5

3. 下午考试答题注意事项

下午考试答题采用的是专用答题纸，既有选择题也有填空题。下午考试答题要注意以下事项：

（1）先看问题，后看题目描述，带着问题去描述中找答案。

（2）先易后难，主要拿分点在嵌入式系统基础、嵌入式软件测试、C 语言程序设计中，都有机会拿满分。

（3）问答题最好以要点形式回答。阅卷时多以要点给分，不一定要与参考答案一模一样，但常以关键词语或语句意思表达相同或接近作为判断是否给分和给多少分的标准。因此答题时要点要多写一些，以涵盖到参考答案中的要点。比如，如果题目中某问题给的是 5 分，则极可能是 5 个要点，1 个要点 1 分，回答时最好能写出 7 个左右的要点。

4. 下午考试知识点分布

试题一：嵌入式系统设计

主要考点在于嵌入式软件工程及系统开发这一块，涵盖的知识点章节包括：嵌入式系统基础、嵌入式软件及操作系统、计算机网络、信息安全、嵌入式系统开发和维护。

这些知识点一般在上午考试精华知识点中都有，所以认真回忆上午的考试，往往对下午的考试会非常有帮助。本题一般十分简单，要求大家能拿到 12 分以上。

高频考点：

- 指令，指令流水线，中断原理。
- 计算机组成结构，运算器、控制器，相关寄存器等。
- C 语言填空，根据描述，阅读理解性质。
- 进制转换：二进制、十进制、十六进制，整数、小数互转。
- 位运算，运算符优先级。
- CMM 各级关键过程域、软件开发模型。
- 补充流程图，根据描述，阅读理解。
- 对称加密和非对称加密，信息安全技术原理。

试题二：嵌入式硬件电路设计

主要考点在于硬件电路的分析、外设总线接口的特点，涵盖的知识点章节包括：硬件电路基础、嵌入式微处理器和接口。

本题稍有难度，要求大家能拿到 8 分以上。

试题二的考点并不是完全和讲到的那些接口吻合，少部分是教材里没有的，但是电路图设计原理是相同的，所以要求大家具有基本的电路分析能力。另外，要求大家对嵌入式微处理器和接口部分的知识进行归纳总结，常考到的有嵌入式系统总线接口（RS-232/422/485、SPI、IIC、USB 等）、嵌入式系统输入输出设备（A/D、D/A 等）。

高频考点：

- 嵌入式系统总线接口：熟练掌握每一种总线的接口特点，包括 RS-232/422/485、SPI、IIC、USB 等。

- 嵌入式硬件基础：A/D、D/A 硬件电路图，看懂简单电路图（如高低电平对应、接地、组合逻辑电路）。

- 汇编语言代码填空：可按照视频要求掌握。

- 补充流程图，根据描述，阅读理解。

试题三：嵌入式软件测试

主要考点在于测试用例的分析和编写能力，通过分析和理解题目功能或代码描述，来设计对应的测试用例，涵盖的知识领域包括：嵌入式系统开发和维护、测试基础知识、嵌入式软件程序设计。

本题十分简单，要求大家能拿到 12 分以上。

高频考点：

- 黑盒测试：定义，功能测试，依据题目描述，填写测试用例表格（条件+结果），纯阅读理解。

- 白盒测试：定义，代码结构分析，依据给出的 C 语言代码编写测试用例，需要具备代码分析能力。

- 测试用例的设计：白盒测试的几种覆盖，黑盒测试的等价类、边界值等测试用例设计方法。

试题四：嵌入式微处理器和接口设计

主要考点在于嵌入式微处理器的结构设计，以及各个硬件模块的使用，软硬件结合会产生的数据结构与算法知识，涵盖知识领域包括：嵌入式系统基础、嵌入式微处理器和接口、嵌入式软件程序设计。

本题稍有难度，要求大家能拿到 8 分以上。

高频考点：

- 嵌入式系统结构：多个设备组成一个功能结构图，分析一些常见设备的特点，如 flash 存储器、寄存器含义，双口 RAM，PCI 总线。

- 数据结构：用 C 语言代码实现一些数据结构，如循环队列。

试题五：C 语言程序设计

主要考点在于 C 语言代码的分析，涵盖知识点章节包括：嵌入式软件程序设计。

本题十分简单，要求大家能拿到 12 分以上。

高频考点：

- 本题十分纯粹地考察 C 语言，题目给出功能描述，用 C 语言实现，以填空的形式。

- 如果没有 C 语言基础，需要课后多花时间学习 C 语言基本语法。

四、制订复习计划

5 天的学习对于每个考生来说都是一个挑战,这么多知识点要在短短的 5 天时间内掌握是很不容易的,但也是值得的。学习完这 5 天,相信您会感到非常充实,考试也会胜券在握。这 5 天的内容安排见下表。

时间		学习内容
第 1 天 打好基础,软硬兼修	第 1 学时	嵌入式硬件基础
	第 2 学时	计算机指令和中断
	第 3 学时	存储系统和性能
	第 4 学时	嵌入式软件架构
	第 5 学时	任务管理
	第 6 学时	存储管理
	第 7 学时	文件系统
	第 8 学时	设备管理
第 2 天 夯实基础,再学技术	第 1 学时	计算机网络模型
	第 2 学时	网络规划和管理
	第 3 学时	多媒体技术
	第 4 学时	信息安全
	第 5 学时	网络安全
	第 6 学时	知识产权和标准化
第 3 天 动手编程,软件设计	第 1 学时	软件程序设计基础
	第 2 学时	C 语言编程基础
	第 3 学时	数据结构与算法
	第 4 学时	软件工程基础
	第 5 学时	系统分析与设计
	第 6 学时	系统测试与维护
第 4 天 再接再厉,电路分析	第 1 学时	硬件电路基础
	第 2 学时	嵌入式微处理器
	第 3 学时	嵌入式系统存储体系
	第 4 学时	嵌入式系统输入/输出设备
	第 5 学时	嵌入式系统总线接口
	第 6 学时	嵌入式系统网络接口
	第 7 学时	电子电路设计基础

时间		学习内容
第 5 天　模拟测试，反复操练	第 1～2 学时	模拟测试（上午试题）
	第 3～4 学时	模拟测试（下午试题）
	第 5～6 学时	模拟测试（上午试题）点评
	第 7～8 学时	模拟测试（下午试题）点评

第**1**天
打好基础，软硬兼修

第 1 学时　嵌入式硬件基础

嵌入式硬件基础是嵌入式系统结构里的基础知识点。根据历年考试情况，上午考试涉及相关知识点的分值在 5 分左右，下午考试中会涉及进制转换的计算。本学时的知识结构如图 1-1-1 所示。

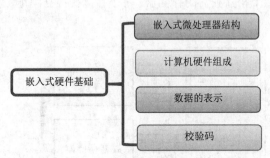

图 1-1-1　嵌入式硬件基础的知识结构

1.1　嵌入式微处理器结构

1.1.1　考点分析

历年嵌入式系统设计师考试试题涉及本部分的相关知识点有：冯·诺依曼结构、哈佛结构。

<u>1.1.2</u>　知识点精讲

1.　冯·诺依曼结构

传统计算机采用冯·诺依曼（Von Neumann）结构，也称普林斯顿结构，是一种将程序指令存储器和数据存储器合并在一起的存储器结构，如图 1-1-2 所示。

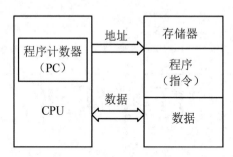

图 1-1-2　冯·诺依曼结构

冯·诺依曼结构的计算机程序和数据共用一个存储空间，程序指令存储地址和数据存储地址指向同一个存储器的不同物理位置。采用单一的地址及数据总线，程序指令和数据的宽度相同。

处理器执行指令时，先从储存器中取出指令解码，再取操作数执行运算，即使单条指令也要耗费几个甚至几十个周期，高速运算时，在传输通道上会出现瓶颈效应。

2.　哈佛结构

哈佛结构是一种并行体系结构，它的主要特点是将程序和数据存储在不同的存储空间中，即程序存储器和数据存储器是两个相互独立的存储器，每个存储器独立编址、独立访问，如图 1-1-3 所示。

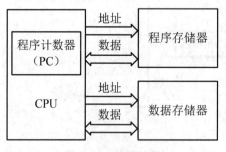

图 1-1-3　哈佛结构

与两个存储器相对应的是系统中的两套独立的地址总线和数据总线。这种分离的程序总线和数据总线可允许在一个机器周期内同时获取指令字（来自程序存储器）和操作数（来自数据存储器），从而提高了执行速度，使数据的吞吐率提高了 1 倍。又由于程序和数据存储器在两个分开的物理空间中，因此取指和执行能完全重叠。

1.2　计算机硬件组成

1.2.1　考点分析

历年嵌入式系统设计师考试试题涉及本部分的相关知识点有：计算机硬件组成，运算器、控制器，以及其内部的寄存器作用。

1.2.2　知识点精讲

1．基本的计算机硬件系统

计算机的基本硬件系统由运算器、控制器、存储器、输入设备和输出设备5大部件组成。

运算器、控制器等部件被集成在一起统称为中央处理单元（Central Processing Unit，CPU）。CPU 是硬件系统的核心，用于数据的加工处理，能完成各种算术、逻辑运算及控制功能。

存储器是计算机系统中的记忆设备，分为内部存储器和外部存储器。前者速度高、容量小，一般用于临时存放程序、数据及中间结果；后者容量大、速度慢，可以长期保存程序和数据。

输入设备和输出设备合称为外部设备（简称外设），输入设备用于输入原始数据及各种命令，而输出设备则用于输出计算机运行的结果。

CPU 由运算器、控制器、寄存器组和内部总线组成。

CPU 的功能：

（1）程序控制。CPU 通过执行指令来控制程序的执行顺序，这是 CPU 的重要功能。

（2）操作控制。一条指令功能的实现需要若干操作信号配合来完成，CPU 产生每条指令的操作信号并将操作信号送往对应的部件，控制相应的部件按指令的功能要求进行操作。

（3）时间控制。CPU 对各种操作进行时间上的控制，即指令执行过程中操作信号的出现时间、持续时间及出现的时间顺序都需要进行严格控制。

（4）数据处理。CPU 通过算术运算及逻辑运算等方式对数据进行加工处理，数据加工处理的结果被人们所利用。所以，对数据的加工处理也是 CPU 最根本的任务。

此外，CPU 还需要对系统内部和外部的中断（异常）做出响应，进行相应的处理。

2．运算器

运算器的组成：算术逻辑单元（Arithmetic and Logic Unit，ALU），实现对数据的算术和逻辑运算；累加寄存器（Accumulator，AC），运算结果或源操作数的存放区；数据缓冲寄存器（Data Register，DR），暂时存放内存的指令或数据；状态条件寄存器（Program Status Word，PSW），保存指令运行结果的条件码内容，如溢出标志等。

运算器的功能：执行所有的算术运算，如加、减、乘、除等；执行所有的逻辑运算并进行逻辑测试，如与、或、非、比较等。

3．控制器

控制器组成：指令寄存器（Instruction Register，IR），暂存当前 CPU 执行指令；程序计数器（Program Counter，PC）存放下一条指令执行地址；地址寄存器（Address Register，AR），保存当前 CPU 所访问的内存地址；指令译码器（Instruction Decoder，ID），分析指令操作码。

控制器功能：控制整个 CPU 的工作，包括程序控制、时序控制等。

CPU 依据指令周期的不同阶段来区分二进制的指令和数据，因为在指令周期的不同阶段，指令会命令 CPU 分别去取指令或者数据。

1.3 数据的表示

1.3.1 考点分析

历年嵌入式系统设计师考试试题涉及本部分的相关知识点有：二进制、十进制、十六进制之间的整数及小数的互相转换，计算机中数的表示和范围，浮点数的表示，算数运算和逻辑运算，短路计算。

1.3.2 知识点精讲

1. 进制的转换

n 进制可表示 0～（n-1）个数。十六进制的 0～15 分别用 0～9、A～F 来表示。十六进制符号为 0x 或 H，如 0x18F 或 18FH 都表示十六进制的 18F。

R 进制整数转十进制： 位权展开法。用 R 进制数的每一位乘以 R 的 n 次方，n 是变量，从 R 进制数的最低位开始，依次为 0,1,2,3,…累加。

例如，有六进制数 5043，此时 $R=6$，用六进制数的每一位乘以 6 的 n 次方，n 是变量，从六进制数的最低位开始（5043 从低位到高位排列：3,4,0,5），n 依次为 0,1,2,3，那么六进制的 5043 转化为十进制数的结果为：$3*6^0 + 4*6^1 + 0*6^2 + 5*6^3 = 1107$。

十进制整数转 R 进制： 除以 R 倒取余数。用十进制整数除以 R，记录每次所得余数，若商不为 0，则继续除以 R，直至商为 0，而后将所有余数从下至上记录，排列成从左至右顺序，即为转换后的 R 进制数。

十进制小数转 R 进制小数： 乘 R 正取整数。用十进制小数乘以 R，记录每次所得整数，若结果小数部分不为 0，则将小数部分继续乘以 R，直至没有小数，而后将所有整数从第一个开始排列为从左至右顺序，即为转换后的 R 进制数。

m 进制转 n 进制： 先将 m 进制转化为十进制数，再将十进制数转化为 n 进制数，中间需要通过十进制中转，但下面两种进制间可以直接转化。

二进制转八进制： 每三位二进制数转换为一位八进制数，二进制数位个数不是三的倍数，则在前面补 0，如二进制数 01101 有五位，前面补一个 0 就有六位，为 001 101，每三位转换为一位八进制数，001=1,101=1+4=5，也即 01101=15。

二进制转十六进制： 每四位二进制数转换为一位十六进制数，二进制数位个数不是四的倍数，则在前面补 0，如二进制数 101101 有六位，前面补两个 0 就有八位，为 0010 1101，每四位转换为一位十六进制数，0010=2,1101=13=D，也即 101101=2D。

2. 数的表示

各种数值在计算机中表示的形式称为机器数，其特点是使用二进制计数制，数的符号用 0 和 1

表示，<u>小数点则隐含，不占位置</u>。

机器数有无符号数和带符号数之分。无符号数表示正数，没有符号位。带符号数<u>最高位为符号位</u>，正数符号位为 0，负数符号位为 1。定点表示法分为纯小数和纯整数两种，其中小数点不占存储位，而是按照以下约定：

（1）纯小数：约定小数点的位置在机器数的最高数值位之前。

（2）纯整数：约定小数点的位置在机器数的最低数值位之后。

（3）真值：机器数对应的实际数值。

为了简化计算机对于减法的处理，带符号数规定了下列编码方式：

原码：一个数的正常二进制表示，最高位表示符号，数值 0 的原码有两种形式：+0（0 0000000）和-0（1 0000000）。

反码：正数的反码即原码；负数的反码是在原码的基础上，除符号位外，其他各位按位取反。数值 0 的反码也有两种形式：+0（0 0000000），-0（1 1111111）。

补码：正数的补码即原码；负数的补码是在原码的基础上，除符号位外，其他各位按位取反，而后末位+1，若有进位则产生进位。因此数值 0 的补码只有一种形式+0 = -0 = 0 0000000。

移码：用作浮点运算的阶码，无论正数负数，都是将该原码的补码的首位（符号位）取反得到移码。

符号表示：要注意的是，原码最高位是代表正负号，且不参与计数；而其他编码最高位虽然也是代表正负号，但参与计数。

机器字长为 n 时各种码制表示的带符号数的取值范围见表 1-1-1。

表 1-1-1　字长为 n 的带符号数的取值范围

码制	定点整数	定点小数
原码	$-(2^{n-1}-1)\sim+(2^{n-1}-1)$	$-(1-2^{-(n-1)})\sim+(1-2^{-(n-1)})$
反码	$-(2^{n-1}-1)\sim+(2^{n-1}-1)$	$-(1-2^{-(n-1)})\sim+(1-2^{-(n-1)})$
补码	$-2^{n-1}\sim+(2^{n-1}-1)$	$-1\sim+(1-2^{-(n-1)})$
移码	$-2^{n-1}\sim+(2^{n-1}-1)$	$-1\sim+(1-2^{-(n-1)})$

由于原码和反码对于 0 的表示分为+0 和-0，而补码对于 0 的表示只有一种，即 0，因此同样字长的补码可以多表示一个数。

示例：若机器字长为 8，求 45 和-45 的原码、反码、补码和移码。结果如图 1-1-4 所示。

真值	原码	反码	补码	移码
45	00101101	00101101	00101101	10101101
-45	10101101	11010010	11010011	01010011

图 1-1-4　码制转换示例

3. 浮点数的运算

浮点数：表示方法为 $N = F \times 2^{E}$，其中 E 称为阶码，F 称为尾数；类似于十进制的科学计数法，

如 $85.125 = 0.85125 \times 10^2$，二进制如 $101.011 = 0.101011 \times 2^3$。

在浮点数的表示中，阶码为带符号的纯整数，尾数为带符号的纯小数，要注意符号占最高位（正数 0，负数 1），其格式如图 1-1-5 所示。

阶符	阶码	数符	尾数

图 1-1-5　浮点数的格式

很明显，与科学计数法类似，一个浮点数的表示方法不是唯一的，浮点数所能表示的**数值范围由阶码确定**，所表示的**数值精度由尾数确定**。

尾数的表示采用规格化方法，也即带符号尾数的补码必须为 1.0xxxx（负数）或者 0.1xxxx（正数），其中 x 可为 0 或 1。

浮点数的运算步骤：

（1）对阶：使两个数的阶码相同，小阶向大阶看齐，较小阶码增加几位，尾数就右移几位。

（2）尾数计算：相加，若是减运算，则加负数。

（3）结果规格化：即尾数表示规格化，带符号尾数转换为 1.0xxxx 或 0.1xxxx。

4．算术运算和逻辑运算

数与数之间的算术运算包括加、减、乘、除等基本算术运算，对于二进制数，还应该掌握基本逻辑运算，包括：

逻辑与（&&）：0 和 1 相与，只要有一个为 0 结果就为 0，两个都为 1 才为 1。

逻辑或（‖）：0 和 1 相或，只要有一个为 1 结果就为 1，两个都为 0 才为 0。

异或：同 0 非 1，即参加运算的二进制数同为 0 或者同为 1 结果为 0，一个为 0 另一个为 1 结果为 1。

逻辑非（!）：0 的非是 1，1 的非是 0。

逻辑左移（<<）：二进制数整体左移 n 位，高位若溢出则舍去，低位补 0。

逻辑右移（>>）：二进制数整体右移 n 位，低位溢出则舍去，高位补 0。

算术左移、算术右移：乘以 2 或者除以 2 的算术运算，涉及加减乘除的都是算术运算，与逻辑运算区分。

5．短路计算方式

指通过逻辑运算符（&&、‖）左边表达式的值就能推算出整个表达式的值，不再继续执行逻辑运算符右边的表达式。

1.4　校验码

1.4.1　考点分析

历年嵌入式系统设计师考试试题涉及本部分的相关知识点有：奇偶校验码，循环冗余校验码（Cyclic Redundancy Check，CRC），海明校验码。

1.4.2　知识点精讲

1．奇偶校验码

码距：就单个编码 A（00）而言，其码距为 1，因为其只需要改变一位就变成另一个编码。在两个编码中，从 A 码到 B 码转换所需要改变的位数称为码距，如 A（00）要转换为 B（11），码距为 2。一般来说，码距越大，越利于纠错和检错。

在编码中增加 1 位校验位来使编码中 1 的个数为奇数（奇校验）或者偶数（偶校验），从而使码距变为 2。奇校验可以检测编码中奇数位出错，即当合法编码中的奇数位发生了错误时，即编码中的 1 变成 0 或者 0 变成 1，则该编码中 1 的个数的奇偶性就发生了变化，从而检查出错误。例如，奇校验编码中，含有奇数个 1，发送给接收方，接收方收到后，会计算收到的编码有多少个 1，如果是奇数个，则无误，是偶数个，则有误。

偶校验同理，只是编码中有偶数个 1，由上述，奇偶校验只能检 1 位错，并且无法纠错。

2．CRC

CRC 只能检错，不能纠错，其原理是找出一个能整除多项式的编码，因此首先要将原始报文除以多项式，将所得的余数作为校验位加在原始报文之后，作为发送数据发给接收方。

使用 CRC 编码，需要先约定一个生成多项式 $G(x)$。生成多项式的最高位和最低位必须是 1。假设原始信息有 m 位，则对应多项式 $M(x)$。生成校验码思想就是在原始信息位后追加若干校验位，使得追加的信息能被 $G(x)$ 整除。接收方接收到带校验位的信息，然后用 $G(x)$ 整除。余数为 0，则没有错误；反之则发生错误。

例：假设原始信息串为 10110，CRC 的生成多项式为 $G(x)=x^4+x+1$，求 CRC 校验码。

（1）在原始信息位后面添 0，假设生成多项式的阶为 r，则在原始信息位后添加 r 个 0，本题中，$G(x)$阶为 4，则在原始信息串后加 4 个 0，得到的新串为 101100000，作为被除数。

（2）由多项式得到除数，多项式中 x 的幂指数存在的位置 1，不存在的位置 0。本题中，x 的幂指数为 0,1,4 的变量都存在，而幂指数为 2,3 的不存在，因此得到串 10011。

（3）生成 CRC 校验码，将前两步得出的被除数和除数进行模 2 除法运算（即不进位也不借位的除法运算）。除法过程如图 1-1-6 所示。

```
10011 / 101100000
        10011
      -----------
          10100
          10011
      -----------
            11100
            10011
            -----
             1111
```

图 1-1-6　除法过程

得到余数 1111。

注意：余数不足 r，则余数左边用若干个 0 补齐。如求得余数为 11，r=4，则补两个 0 得到 0011。

（4）生成最终发送信息串，将余数添加到原始信息后。上例中，原始信息为 10110，添加余数 1111 后，结果为 10110 1111。发送方将此数据发送给接收方。

（5）接收方进行校验。接收方的 CRC 校验过程与生成过程类似，接收方接收了带校验和的帧后，用多项式 $G(x)$ 来除。余数为 0，则表示信息无错；否则要求发送方进行重传。

注意：收发信息双方需使用相同的生成多项式。

3. 海明校验码

海明校验码本质也是使用奇偶校验方式检验，下面通过例题详解。

例：求信息 1011 的海明码。

（1）校验位的位数和具体的数据位的位数之间的关系。所有位都编号，从最低位编号，从 1 开始递增，校验位处于 2 的 n（n=0,1,2,…）次方中，即处于第 1，2，4，8，16，32，…位上，其余位才能填充真正的数据位，若信息数据为 1011，则可知，第 1，2，4 位为校验位，第 3，5，6，7 位为数据位，用来从低位开始存放 1011，得出信息位和校验位分布如图 1-1-7 所示。

7	6	5	4	3	2	1	位数
I_4	I_3	I_2		I_1			信息位
			r_2		r_1	r_0	校验位

图 1-1-7　信息位和校验位

实际考试时可以依据**公式 $n+k<=2^k-1$** 快速得出答案（n 是已知的数据位个数，k 是未知的校验位个数，依次取 $k=1$ 代入计算，得出满足上式的最大的 k 的值）。

（2）计算校验码。将所有信息位的编号都拆分成二进制表示，如图 1-1-8 所示。

$$7 = 2^2 + 2^1 + 2^0, \quad 6 = 2^2 + 2^1, \quad 5 = 2^2 + 2^0, \quad 3 = 2^1 + 2^0;$$
$$r_2 = I_4 \oplus I_3 \oplus I_2;$$
$$r_1 = I_4 \oplus I_3 \oplus I_1;$$
$$r_0 = I_4 \oplus I_2 \oplus I_1;$$

图 1-1-8　信息位的编号拆分

由图 1-1-8 可知，7=4+2+1，表示 7 由第 4 位校验位(r_2)和第 2 位校验位(r_1)和第 1 位校验位(r_0)共同校验，同理，第 6 位数据位 6=4+2，第 5 位数据位 5=4+1，第 3 位数据位 3=2+1，前面知道，这些 2 的 n 次方都是校验位，第 4 位校验位校验第 7、6、5 三位数据位，因此，第 4 位校验位 r_2 等于这三位数据位的值异或，第 2 位和第 1 位校验位计算原理同上，最终得到的校验位如图 1-1-9 所示。

7	6	5	4	3	2	1	位数
1	0	1		1			信息位
			0		**0**	**1**	校验位

图 1-1-9　校验位

计算出三个校验位后，可知最终要发送的海明校验码为 1010101。

（3）检错和纠错原理。接收方收到海明码之后，会将每一位校验位与其校验的位数分别异或，即做如下三组运算：

$$r_2 \oplus I_4 \oplus I_3 \oplus I_2$$
$$r_1 \oplus I_4 \oplus I_3 \oplus I_1$$
$$r_0 \oplus I_4 \oplus I_2 \oplus I_1$$

如果是偶校验，那么运算得到的结果应该全为 0，如果是奇校验，应该全为 1，假设是偶校验，且接收到的数据为 1011101（第四位出错），此时，运算的结果为：

$$r_2 \oplus I_4 \oplus I_3 \oplus I_2 = 1 \oplus 1 \oplus 0 \oplus 1 = 1$$
$$r_1 \oplus I_4 \oplus I_3 \oplus I_1 = 0 \oplus 1 \oplus 0 \oplus 1 = 0$$
$$r_0 \oplus I_4 \oplus I_2 \oplus I_1 = 1 \oplus 1 \oplus 1 \oplus 1 = 0$$

这里不全为 0，表明传输过程有误，并且按照 $r_2 r_1 r_0$ 排列为二进制 100，这里指出的就是错误的位数，表示第 100，即第 4 位出错，找到了出错位，纠错方法就是将该位逆转。

第 2 学时　计算机指令和中断

计算机指令和中断是嵌入式系统结构里的基础知识点。根据历年考试情况，上午考试涉及相关知识点的分值在 4～6 分左右。下午考试中会涉及中断原理的流程填空。本学时考点知识结构图如图 1-2-1 所示。

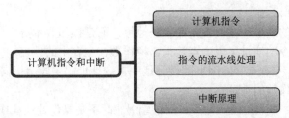

图 1-2-1　计算机指令和中断知识结构

2.1　计算机指令

2.1.1　考点分析

历年嵌入式系统设计师考试试题涉及本部分的相关知识点有：计算机指令的组成和执行过程，指令的寻址方式及操作数的寻址方式，特权指令，CISC 和 RISC 的特点和区别。

2.1.2　知识点精讲

1. 计算机指令的组成

一条指令由操作码和操作数两部分组成，操作码决定要完成的操作，操作数指参加运算的数据及其所在的单元地址。

在计算机中，操作要求和操作数地址都用二进制数码表示，分别称作操作码和地址码，整条指令以二进制编码的形式存放在存储器中。

2. 计算机指令执行过程

指令执行过程可分为取指令—分析指令—执行指令三个步骤。

取指令：首先将程序计数器 PC 中的指令地址取出，送入地址总线，CPU 依据指令地址去内存中取出指令内容存入指令寄存器 IR。

分析指令：取指令后由指令译码器进行分析，分析指令操作码，需要执行什么操作。

执行指令：最后取出指令执行所需的源操作数，执行操作。

由上述过程可知，冯·诺依曼机中根据指令周期的不同阶段来区分从存储器取出的是指令还是数据：取指周期取出的是指令；执行周期取出的是数据。此外，也可根据取数和取指令时的地址来源不同来区分：指令地址来源于程序计数器；数据地址来源于地址形成部件。

3. 指令寻址方式

顺序寻址方式：由于指令地址在主存中顺序排列，当执行一段程序时，通常是一条指令接着一条指令地顺序执行。从存储器取出第一条指令，然后执行这条指令；接着从存储器取出第二条指令，再执行第二条指令；……，以此类推。这种程序顺序执行的过程称为指令的顺序寻址方式。

跳跃寻址方式：所谓指令的跳跃寻址，是指下一条指令的地址码不是由程序计数器给出，而是由本条指令直接给出。程序跳跃后，按新的指令地址开始顺序执行。因此，指令计数器的内容也必须相应改变，以便及时跟踪新的指令地址。

4. 指令操作数的寻址方式

立即寻址方式：指令的地址码字段指出的不是地址，而是操作数本身。

直接寻址方式：在指令的地址字段中直接指出操作数在主存中的地址。

间接寻址方式：与直接寻址方式相比，间接寻址中指令地址码字段所指向的存储单元中存储的不是操作数本身，而是操作数的地址。

寄存器寻址方式：指令中的地址码是寄存器的编号，而不是操作数地址或操作数本身。寄存器的寻址方式也可以分为直接寻址和间接寻址，两者的区别在于前者的指令地址码给出寄存器编号，寄存器的内容就是操作数本身；而后者的指令地址码给出寄存器编号，寄存器的内容是操作数的地址，根据该地址访问主存后才能得到真正的操作数。

基址寻址方式：将基址寄存器的内容加上指令中的形式地址而形成操作数的有效地址，其优点是可以扩大寻址能力。

变址寻址方式：变址寻址方式计算有效地址的方法与基址寻址方式很相似，它是将变址寄存器的内容加上指令中的形式地址而形成操作数的有效地址。

相对寻址方式：相对于当前的指令地址而言的寻址方式。相对寻址是把程序计数器 PC 的内容加上指令中的形式地址而形成操作数的有效地址，而程序计数器的内容就是当前指令的地址，所以相对寻址是相对于当前的指令地址而言的。

5. 特权指令

特权指令指具有特殊权限的指令，由于这类指令的权限最大，所以如果使用不当，就会破坏系统或其他用户信息。因此为了安全起见，这类指令只能用于操作系统或其他系统软件，而一般不直接提供给用户使用。

　　计算机运行时的状态可以分为系统态（或称管态）和用户态（或称目态）两种。当计算机处于系统态运行时，它可以执行特权指令，而处于用户态运行时，则不能执行特权指令。

　　特权指令集是计算机指令集的一个子集，特权指令通常与系统资源的操纵和控制有关，例如：

　　（1）时钟控制指令用于取、置时钟寄存器的值。

　　（2）程序状态字控制指令用于取、置程序状态字。

　　（3）通道控制指令用于访问通道状态字。

　　（4）中断控制指令则用于访问中断字等。

　　6. 指令系统 CISC 和 RISC

　　CISC 是复杂指令系统，兼容性强，指令繁多、长度可变，由微程序实现。

　　RISC 是精简指令系统，指令少，使用频率接近，主要依靠硬件实现（通用寄存器、硬布线逻辑控制）。

　　二者的区别如图 1-2-2 所示。

指令系统类型	指令	寻址方式	实现方式	其他
CISC（复杂）	数量多，使用频率差别大，可变长格式	支持多种	微程序控制技术（微码）	研制周期长
RISC（精简）	数量少，使用频率接近，定长格式，大部分为单周期指令，操作寄存器，只有 LOAD/Store 操作内存	支持方式少	增加了通用寄存器；硬布线逻辑控制为主；适合采用流水线	优化编译，有将支持高级语言

图 1-2-2　CISC 和 RISC 的区别

2.2　指令的流水线处理

2.2.1　考点分析

　　历年嵌入式系统设计师考试试题涉及本部分的相关知识点有：流水线分段原理，流水线冒险，流水线参数的计算公式（包括流水线周期、总执行时间、加速比等计算）。

2.2.2　知识点精讲

　　1. 流水线原理

　　将指令分成不同段，每段由不同的部分去处理，因此可以产生叠加的效果，所有的部件去处理指令的不同段，如图 1-2-3 所示。

　　RISC 中的流水线技术：超流水线（在每个机器周期内能完成一个甚至两个浮点操作，以时间换空间）、超标量（内装多条流水线同时执行多个处理，以空间换时间）、超长指令字 VLIW（同时执行多条指令，发挥软件作用）。

　　2. 流水线冒险

　　由于各种原因导致指令流水线执行时阻塞并延期，一般分为以下三种冒险。

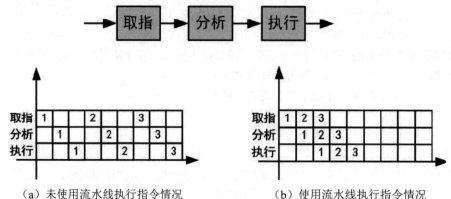

（a）未使用流水线执行指令情况　　　　　（b）使用流水线执行指令情况

图 1-2-3　流水线原理图

数据冒险：指一条指令需要使用之前指令的计算结果，但是之前结果还没有返回产生的冲突现象。

结构冒险：同一个指令周期内，不同功能争抢同一个硬件部分，即因硬件资源满足不了指令重叠执行的要求而发生的冲突现象。

控制冒险：指流水线遇到分支指令或者其他可能引起 PC 指针进行改变的指令所引起的冲突现象。

流水线冒险可能带来的问题有执行结果错误或者流水线可能会出现停顿，从而降低流水线的实际效率和加速比。

3．流水线参数计算

流水线周期：指令分成不同执行段，其中执行时间最长的段为流水线周期。

流水线总执行时间：1 条指令总执行时间+（总指令条数-1）*流水线周期。**流水线吞吐率计算**：指流水线在单位时间内所完成的任务数或输出的结果数。公式：指令条数/流水线执行时间。

流水线的加速比计算：加速比即使用流水线后的效率提升度，即比不使用流水线快了多少倍，加速比越高表明流水线效率越高，公式：不使用流水线执行时间/使用流水线执行时间。

例：设某流水线有 5 段，有 1 段的时间为 2ns，另外 4 段的每段时间为 1ns，利用此流水线完成 100 个任务的吞吐率约为多少？

解析：本题考查组成原理中的流水线技术。吞吐率是单位时间内执行任务的个数，也即将总任务/总执行时间；流水线执行 100 个任务所需要的时间为：（2+1+1+1+1）+（100-1）*2=204ns。所以每秒吞吐率为：$(100/204)*10^9=490*10^6$。注意：$1s=10^9ns$。

2.3 中断原理

2.3.1 考点分析

历年嵌入式系统设计师考试试题涉及本部分的相关知识点有：中断源、中断向量等基本概念，中断原理流程图。在下午试题中经常会出现流程图填空。

2.3.2　知识点精讲

中断：指 CPU 在正常运行程序时，由于程序的预先安排或内外部事件，引起 CPU 中断正在运行的程序，转到发生中断事件程序中。

中断源：引起程序中断的事件。

中断向量：中断源的识别标志，中断服务程序的入口地址。

中断向量表：按照中断类型号从小到大的顺序存储对应的中断向量，总共存储 256 个中断向量。

中断响应：CPU 在执行当前指令的最后一个时钟周期去查询有无中断请求信号，有则响应。

关中断：在保护现场和恢复现场过程中都要先关闭中断，避免堆栈错误。

保护断点：是保存程序当前执行的位置。

保护现场：是保存程序当前断点执行所需的寄存器及相关数据。

中断服务程序：识别中断源，获取到中断向量，就能进入中断服务程序，开始处理中断。

中断返回：返回中断前的断点，继续执行原来的程序。

中断流程图如图 1-2-4 所示。

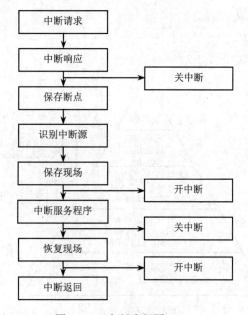

图 1-2-4　中断流程图

第 3 小时　存储系统和性能

存储系统和计算机性能是嵌入式系统结构里的基础知识点。根据历年考试情况看，上午考试涉及相关知识点的分值在 4～6 分左右。下午考试中一般不作为考察内容。本学时考点知识结构如图 1-3-1 所示。

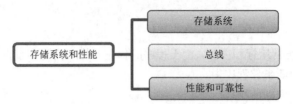

图 1-3-1　存储系统和性能知识结构

3.1　存储系统

3.1.1　考点分析

历年嵌入式系统设计师考试试题涉及本部分的相关知识点有：计算机存储结构层次含义，局部性原理，cache 的映射方式和命中率计算，主存编址计算，大端小端计算。

3.1.2　知识点精讲

1.　计算机存储结构层次

计算机存储结构层次如图 1-3-2 所示。

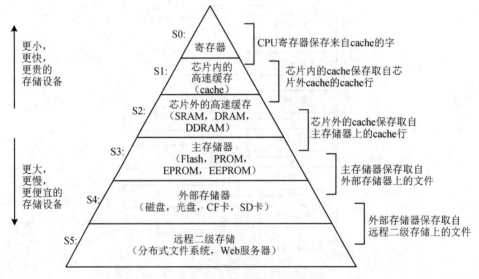

图 1-3-2　计算机存储结构层次

计算机采用分级存储体系的主要目的是解决存储容量、成本和速度之间的矛盾问题。

两级存储映像为：cache-主存、主存-辅存（虚拟存储体系）。

存储器的分类如下。

按存储器所处的位置：内存、外存。

按存储器构成材料：磁存储器（磁带）、半导体存储器、光存储器（光盘）。

按存储器的工作方式：可读可写存储器（RAM）、只读存储器（ROM 只能读，PROM 可写入一次，EPROM 和 EEPROM 既可以读也可以写，只是修改方式不同）。

按存储器访问方式：按地址访问、按内容访问（相联存储器）。

按寻址方式：随机存储器（访问任意存储单元所用时间相同）、顺序存储器（只能按顺序访问，如磁带）、直接存储器（二者结合，如磁盘，对于磁道的寻址是随机的，在一个磁道内则是顺序的）。

2．局部性原理

总的来说，在 CPU 运行时，所访问的数据会趋向于一个较小的局部空间地址内（例如循环操作，循环体被反复执行）。

时间局部性原理：如果一个数据项正在被访问，那么在近期它很可能会被再次访问，例如循环语句，即在相邻的时间里会访问同一个数据项。

空间局部性原理：在最近的将来会用到的数据的地址和现在正在访问的数据地址很可能是相近的，例如程序顺序执行数组的访问，即相邻的空间地址会被连续访问。

工作集：进程运行时被频繁访问的页面集合。

3．高速缓存 cache

高速缓存 cache 用来存储当前最活跃的程序和数据，直接与 CPU 交互，位于 CPU 和主存之间，容量小，速度为内存的 5～10 倍，由半导体材料构成。其内容是主存内存的副本拷贝，对于程序员来说是透明的。

cache 由控制部分和存储器组成，存储器存储数据，控制部分判断 CPU 要访问的数据是否在 cache 中，在则命中，不在则依据一定的算法从主存中替换。

（1）地址映射方法。在 CPU 工作时，送出的是主存单元的地址，而应从 cache 存储器中读/写信息。这就需要将主存地址转换为 cache 存储器地址，这种地址的转换称为地址映像，由**硬件自动完成映射**，分为下列三种方法：

1）直接映像：将 cache 存储器等分成块，主存也等分成块并编号。主存中的块与 cache 中的块的对应关系是固定的，也即二者块号相同才能命中。地址变换简单但不灵活，容易造成资源浪费，如图 1-3-3 所示。

2）全相联映像：同样都等分成块并编号。主存中任意一块都与 cache 中任意一块对应。因此可以随意调入 cache 任意位置，但地址变换复杂，速度较慢。因为主存可以随意调入 cache 任意块，只有当 cache 满了才会发生块冲突，是最不容易发生块冲突的映像方式，如图 1-3-4 所示。

3）组组相连映像：前面两种方式的结合，将 cache 存储器先分块再分组，主存也同样先分块再分组，组间采用直接映像，即主存中组号与 cache 中组号相同的组才能命中，但是组内全相联映像，也即组号相同的两个组内的所有块可以任意调换。

（2）命中率及平均时间。cache 存储器的单位大小一般为 K 或者 M，很小，但是较快，仅次于 CPU 中的寄存器，而寄存器一般不算作存储器，CPU 与内存之间的数据交互，内存会先将数据拷贝到 cache 中，这样，根据局部性原理，若 cache 中的数据被循环执行，则不用每次都去内存中读取数据，会加快 CPU 的工作效率。

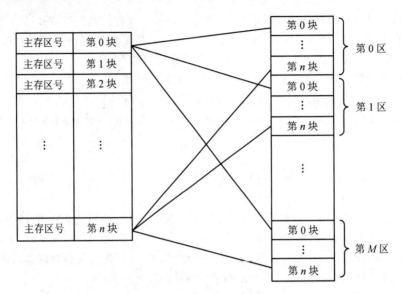

图 1-3-3　直接映像

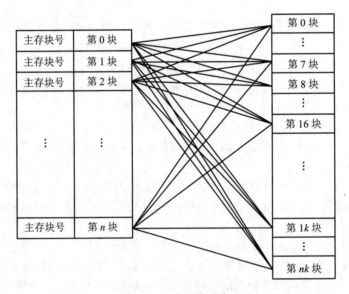

图 1-3-4　全相联映像

因此，cache 有一个命中率的概念，即当 CPU 所访问的数据在 cache 中时命中，直接从 cache 中读取数据。若 CPU 访问的数据不在 cache 中，则需要从内存中读取。

例：设读取一次 cache 时间为 1ns，读取一次内存的时间为 1000ns，若在 CPU 多次读取数据过程中，有 90%命中 cache，则 CPU 读取一次的平均时间为（90%*1 + 10%*1000）ns。

4. 计算机编址

在不同的计算机系统中，I/O 端口的地址编排有两种形式：I/O 独立编址和存储器统一编址。

I/O 独立编址是指 I/O 端口编址和存储器的编址相互独立，即 I/O 端口地址空间和存储器地址空间分开设置，互不影响。采用这种编址方式，对 I/O 端口的操作使用输入/输出指令（I/O 指令）。

I/O 独立编址的优点是：不占用内存空间；使用 I/O 指令，程序清晰，很容易看出是 I/O 操作，还是存储器操作；译码电路比较简单（因为 I/O 端口的地址空间一般较小，所用地址线也就较少）。其缺点是：只能用专门的 I/O 指令，访问端口的方法不如访问存储器的方法多。

存储器统一编址：从存储空间中划出一部分地址给 I/O 端口。CPU 访问 I/O 端口和访问存储器的指令在形式上完全相同，只能从地址范围来区分两种操作。

（1）主存容量计算。内存地址和芯片计算问题，要注意以下几点：

1）内存单元个数=内存尾地址-内存首地址+1。

2）内存容量=内存单元个数×每个内存单元容量（按字节编址则为 1 字节，也即 8bit）。

3）将得出来的十六进制容量以及题目中的其他容量都化简为 2 的幂指数形式，再相除，不能直接计算，另外要注意字节和比特单位换算，不能弄混淆了。

例：某计算机数据总线为 32 位，地址空间从 F0000000H 到 F007FFFFH 映射为 Flash 空间，若要实现 Flash 的最大存储容量，至少需要_____片 16K×16bit 的 Flash 芯片。

解析：若要实现 Flash 的最大存储容量，则用 Flash 芯片布满整个 Flash 空间，Flash 空间从 F0000000H 到 F007FFFFH，共有 F007FFFFH-F0000000H+1=80000H=2^{19} 个存储单元，并且计算机的数据总线 32 位，这里没有其他条件，就说明数据总线位数表示内存单元大小，因此总大小为 $2^{19}*32=2^{24}$bit，而每一片 Flash 芯片的容量为 16K×16bit=2^{18}bit，则至少需要 $2^{24}/2^{18}=64$ 片。

（2）编址计算。

例：存储一个 32 位数 0x12345678 到 1000H～1003H 四个字节单元中，若以小端模式存储，则 1000H 存储单元的内容为_____。

解析：大端模式是指数据的高位保存在内存的低地址中，而数据的低位则保存在内存的高地址中，地址由小向大增加，而数据从高位往低位放。

小端模式是指数据的高位保存在内存的高地址中，而数据的低位则保存在内存的低地址中，这种存储模式将地址的高低和数据位权有效地结合起来，高地址部分权值高，低地址部分权值低，和我们的逻辑方法一致。题目中，1000H 是最低地址，应该存放最低位，即 0x78。

3.2　总线

3.2.1　考点分析

历年嵌入式系统设计师考试试题涉及本部分的相关知识点有：总线的分类，总线事务。

3.2.2　知识点精讲

1. 总线分类

总线是连接各个部件的一组信号线。通过信号线上的信号表示信息，通过约定不同信号的先后次序即可约定操作如何实现。多个设备连接在一条总线上，通过时分复用技术，在一条总线上共享传输数据。

从广义上讲，任何连接两个以上电子元器件的导线都可以称为总线，通常分为以下三类：

（1）**内部总线**：内部芯片级别的总线，芯片与处理器之间通信的总线。

（2）**系统总线**：是板级总线，用于计算机内各部分之间的连接，具体又可以分为三类：

1）数据总线：在 CPU 和 RAM 之间来回传送数据，表示系统并行传输数据的位数，通常与字长相同。

2）地址总线：指定在 RAM 之中存储的数据的地址，表示系统可管理的内存空间的大小，一般来说，地址总线为 n 位，则能表示 2^n 字节的存储空间。

3）控制总线：将控制器的信号传送到周边设备，代表的有 ISA 总线、EISA 总线、PCI 总线。

（3）**外部总线**：设备一级的总线，微机和外部设备的总线。代表的有 RS-232（串行总线）、SCSI（并行总线）、USB（通用串行总线，即插即用，支持热插拔）。

1）并行总线是含有多条双向数据线的总线，适合近距离高速数据传输。

2）串行总线是只有一条双向数据线的总线，适合长距离数据传输，速率低。

2．总线事务

从请求总线到完成总线使用的操作序列称为**总线事务**（Bus Transaction），它是在一个总线周期中发生的一系列活动。典型的总线事务包括请求操作、裁决操作、地址传输、数据传输和总线释放。总线完成一次传输，分四个阶段：

（1）总线裁决：决定哪个主控设备使用总线。

（2）寻址阶段：主控设备送出要访问的内存或设备的地址，同时送出有关命令（读或写等），启动从设备。

（3）数据传输阶段：主、从设备间进行数据交换。

（4）结束阶段：有关信息在总线上撤销，让出总线使用权。

突发（Burst）是指在相邻的存储单元连续进行数据传输的方式，连续传输的周期数就是突发长度（Burst Length，BL）。在进行突发传输时，只要指定起始列地址与突发长度，内存就会依次地自动对后面相应数量的存储单元进行读/写操作而不再需要控制器连续地提供列地址。这样，除了第一笔数据的传输需要若干个周期外，其后每个数据只需一个周期即可获得。

3.3 性能和可靠性

3.3.1 考点分析

历年嵌入式系统设计师考试试题涉及本部分的相关知识点有：可靠性指标，串并联系统可靠性计算公式，计算机的性能指标，性能评价方法。

3.3.2 知识点精讲

1．可靠性指标

平均无故障时间 MTTF（Meantime To Failure）=1/失效率。

平均故障修复时间 MTTR（Mean Time To Repair）=1/修复率。

平均故障间隔时间 MTBF（Mean Time Between Failure）=MTTF+MTTR。

系统可用性=MTTF/(MTTF+MTTR)*100‰。

2. 串并联系统可靠性计算

无论什么系统，都是由多个设备组成的，协同工作，而这多个设备的组合方式可以是串联、并联，也可以是混合模式，假设每个设备的可靠性为 $R1, R2, \cdots, Rn$，则不同的系统的可靠性公式如下。

串联系统：一个设备不可靠，整个系统崩溃，整个系统可靠性 $R=R1 * R2 * \cdots * Rn$。

并联系统：所有设备都不可靠，整个系统才崩溃，整个系统可靠性 $R=1-(1-R1) * (1-R2) * \ldots * (1-Rn)$。

混合系统：划分串联、并联。

例：某计算机系统的可靠性结构如下图所示，若所构成系统的每个部件的可靠度分别为 $R1$、$R2$、$R3$ 和 $R4$，则该系统的可靠度为（　　）。

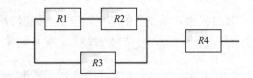

解析：由图可知，$R4$ 和 $R1$、$R2$、$R3$ 子系统串联，$R1$、$R2$ 和 $R3$ 并联，系统可靠性为：$[1-(1-R1R2)(1-R3)] \times R4$。

3. 计算机系统的性能指标

系统可靠性：系统在规定时间内及规定的环境下，完成规定功能的能力，也就是系统无故障运行的概率。

系统可用性：指在某个给定的时间点上系统能够按照需求执行的概率。

处理能力或效率：又可分为三类指标，第一类指标是吞吐率（系统在单位时间内能处理正常作业的个数）；第二类指标是响应时间（从系统得到输入到给出输出之间的时间）；第三类指标是资源利用率，即在给定的时间区间中，各种部件（包括硬件设备和软件系统）被使用的时间与整个时间之比。

4. 计算机硬件性能指标

主频和 CPU 时钟周期：主频又称为时钟频率，时钟周期是时钟频率的倒数。如主频为 1GHz，说明 1 秒有 1G 个时钟周期，每个时钟周期为 1/1G=1ns。

指令周期：取出并执行一条指令的时间。

总线周期：完成一次总线操作所需的时间，如访问存储器或 I/O 端口操作所用的时间。

关系：一个指令周期由若干个总线周期组成，一个总线周期又包含若干个时钟周期。

MIPS：每秒处理的百万级的机器语言指令数，主要用于衡量标量机性能。

5. 性能评价方法

时钟频率法：以时钟频率高低衡量速度。

指令执行速度法：用加法指令的运算速度来衡量计算机的速度，表示机器运算速度的单位是 MIPS。

等效指令速度法：也称为吉普森混合法（Gibson mix）或混合比例计算法，是通过各类指令在程序中所占的比例（W_i）进行计算得到的，特点是考虑各类指令比例不同。

综合理论性能法 CTP：是美国政府为限制较高性能计算机出口所设置的运算部件综合性能估算方法。CTP 用每秒百万次理论运算（Million Theoretical Operations Per Second，MTOPS）表示。CTP 的估算方法是，首先算出处理部件每个计算单元（例如，定点加法单元、定点乘法单元、浮点加法单元、浮点乘法单元等）的有效计算率，再按不同字长加以调整，得出该计算单元的理论性能，所有组成该处理部件的计算单元的理论性能之和即为 CTP。

基准程序法：把应用程序中用得最多、最频繁的那部分核心程序作为评估计算机系统性能的标准程序，称为基准测试程序（benchmark）。基准程序法不但考虑到了 CPU（有时包括主存）的性能，还将 I/O 结构、操作系统、编译程序的效率等对系统性能的影响考虑进来了，所以它是目前一致承认的测试系统性能的较好方法。

第 4 学时　嵌入式软件架构

嵌入式软件架构是嵌入式软件及操作系统里的基础知识点。根据历年考试情况，上午考试涉及相关知识点的分值在 3～4 分左右。下午考试中一般不会涉及。本学时考点知识结构如图 1-4-1 所示。

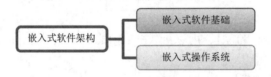

图 1-4-1　嵌入式软件架构知识结构

4.1　嵌入式软件基础

4.1.1　考点分析

历年嵌入式系统设计师考试试题涉及本部分的相关知识点有：嵌入式软件分类，设备驱动层板级支持包（Board Support Package，BSP），引导加载程序（Bootloader），设备驱动程序。

4.1.2　知识点精讲

1. 嵌入式软件分类

嵌入式软件是指应用在嵌入式计算机系统当中的各种软件，除了具有通用软件的一般特性，还具有一些与嵌入式系统相关的特点，包括：规模较小、开发难度大、实时性和可靠性要求高、要求固化存储。

系统软件：控制和管理嵌入式系统资源，为嵌入式应用提供支持的各种软件，如设备驱动程序、嵌入式操作系统、嵌入式中间件等。

应用软件：嵌入式系统中的上层软件，定义了嵌入式设备的主要功能和用途，并负责与用户交互，一般面向特定的应用领域，如飞行控制软件、手机软件、地图等。

支撑软件：辅助软件开发的工具软件，如系统分析设计工具、在线仿真工具、交叉编译器等。

2．设备驱动层

设备驱动层又称为板级支持包 BSP，包含了嵌入式系统中所有与硬件相关的代码，直接与硬件打交道，对硬件进行管理和控制，并为上层软件提供所需的驱动支持。

BSP 的基本思想是把嵌入式操作系统与具体的硬件平台隔离，即把所有与硬件相关的代码都封装起来，并向上提供一个虚拟的硬件平台，而操作系统就运行在这个虚拟的硬件平台上。它使用一组定义好的编程接口来与 BSP 进行交互，并通过 BSP 来访问真正的硬件。

引入 BSP 的目的是为了分层设计的思想，将系统中与硬件直接相关的一层软件独立出来，实现应用程序的硬件无关性，由于嵌入式硬件设备都是针对特定领域的，因此 BSP 也是针对某个特定的单板设计的，如果某个单板没有相应的 BSP，操作系统就无法运行。

一般来说，BSP 主要包括两个方面的内容：**引导加载程序**和设备驱动程序。

3．引导加载程序

引导加载程序是嵌入式系统加电后运行的第一段软件代码，是在操作系统内核运行之前运行的一小段程序，通过这段程序，可以初始化硬件设备、建立内存空间的映射图，从而将系统的软硬件环境设置到一个合适的状态，以便为最终调用操作系统内核做好准备。一般包括以下功能：

（1）片级初始化：主要完成微处理器的初始化，包括设置微处理器的核心寄存器和控制寄存器、微处理器的核心工作模式及其局部总线模式等。片级初始化把微处理器从上电时的默认状态逐步设置成系统所要求的工作状态。这是一个纯硬件的初始化过程。

（2）板级初始化：通过正确地设置各种寄存器的内容来完成微处理器以外的其他硬件设备的初始化。例如，初始化 LED 显示设备、初始化定时器、设置中断控制寄存器、初始化串口通信、初始化内存控制器、建立内存空间的地址映射等。在此过程中，除了要设置各种硬件寄存器以外，还要设置某些软件的数据结构和参数。因此，这是一个同时包含软件和硬件在内的初始化过程。

（3）加载内核（系统级初始化）：将操作系统和应用程序的映像从 Flash 存储器复制到系统的内存当中，然后跳转到系统内核的第一条指令处继续执行。

4．设备驱动程序

在一个嵌入式系统当中，操作系统是可能有也可能没有的，但**设备驱动程序**是必不可少的。所谓的设备驱动程序，就是一组库函数，用来对硬件进行初始化和管理，并向上层软件提供良好的访问接口。

对于不同的硬件设备来说，它们的功能是不一样的，所以它们的设备驱动程序也是不一样的。但是一般来说，大多数的设备驱动程序都会具备以下的一些基本功能。

（1）硬件启动：在开机上电或系统重启的时候，对硬件进行初始化。

（2）硬件关闭：将硬件设置为关机状态。

（3）硬件停用：暂停使用这个硬件。

（4）硬件启用：重新启用这个硬件。

（5）读操作：从硬件中读取数据。

（6）写操作：往硬件中写入数据。

4.2 嵌入式操作系统

4.2.1 考点分析

历年嵌入式系统设计师考试试题涉及本部分的相关知识点有：嵌入式操作系统，嵌入式实时操作系统，多任务系统上下文切换，BIT 自检测，微内核操作系统。

4.2.2 知识点精讲

1. 嵌入式操作系统概述

嵌入式操作系统（Embedded Operating System，EOS）是指用于嵌入式系统的操作系统。

嵌入式操作系统是一种用途广泛的系统软件，通常包括与硬件相关的底层驱动软件、系统内核、设备驱动接口、通信协议、图形界面、标准化浏览器等。

嵌入式操作系统负责嵌入式系统的全部软、硬件资源的分配、任务调度，控制、协调并发活动。它必须体现其所在系统的特征，能够通过装卸某些模块来达到系统所要求的功能。

目前在嵌入式领域广泛使用的操作系统有：嵌入式实时操作系统 μC/OS-Ⅱ、嵌入式 Linux、Windows Embedded、VxWorks 等，以及应用在智能手机和平板电脑的 Android、iOS 等。

嵌入式操作系统的特点如下：

（1）系统内核小。由于嵌入式系统一般都应用于小型电子装置，系统资源相对有限，所以内核较之传统的操作系统要小得多。

（2）专用性强。嵌入式系统的个性化很强，其中的软件系统和硬件的结合非常紧密，一般要针对硬件进行系统的移植，即使在同一品牌、同一系列的产品中也需要根据系统硬件的变化和增减不断进行修改。同时针对不同的任务，往往需要对系统进行较大的更改，程序的编译下载要和系统相结合，这种修改和通用软件的"升级"是完全两个概念。

（3）系统精简。嵌入式系统一般没有系统软件和应用软件的明显区分，不要求其功能设计及实现上过于复杂，这样，一方面利于控制系统成本，同时也利于实现系统安全。

（4）高实时性。高实时性的系统软件是嵌入式软件的基本要求，而且软件要求固态存储，以提高速度；软件代码要求高质量和高可靠性。

（5）多任务的操作系统。嵌入式软件开发需要使用多任务的操作系统。嵌入式系统的应用程序可以没有操作系统直接在芯片上运行。但是为了合理地调度多任务、利用系统资源、系统函数以及和专用库函数接口，用户必须自行选配操作系统开发平台，这样才能保证程序执行的实时性、可靠性，并减少开发时间，保障软件质量。

2. 嵌入式实时操作系统

嵌入式实时操作系统是一种完全嵌入受控器件内部，为特定应用而设计的专用计算机系统。在嵌入式实时系统中，**要求系统在投入运行前即具有确定性和可预测性**。确定性是指系统在给定的初始状态和输入条件下，在确定的时间内给出确定的结果；可预测性是指系统在运行之前，其功能、响应特性和执行结果是可预测的。对嵌入式实时系统失效的判断，不仅依赖其运行结果的数值是否正确，也依赖提供结果是否及时。

当外界事件或数据产生时，能够接受并以足够快的速度予以处理，其处理的结果又能在规定的时间之内来控制生产过程或对处理系统作出快速响应，并控制所有实时任务协调一致运行。因而，提供**及时响应和高可靠性**是其主要特点。

实时操作系统有硬实时和软实时之分，硬实时要求在规定的时间内必须完成操作，这是在操作系统设计时保证的；软实时则只要按照任务的优先级，尽可能快地完成操作即可。

实时操作系统的特征包括：

（1）高精度计时系统。计时精度是影响实时性的一个重要因素。在实时应用系统中，经常需要精确确定实时地操作某个设备或执行某个任务，或精确地计算一个时间函数。这些不仅依赖于一些硬件提供的时钟精度，也依赖于实时操作系统实现的高精度计时功能。

（2）多级中断机制。一个实时应用系统通常需要处理多种外部信息或事件，但处理的紧迫程度有轻重缓急之分。有的必须立即作出反应，有的则可以延后处理。因此，需要建立多级中断嵌套处理机制，以确保对紧迫程度较高的实时事件进行及时响应和处理。

（3）实时调度机制。实时操作系统不仅要及时响应实时事件中断，同时也要及时调度运行实时任务。但是，处理机调度并不能随心所欲地进行，因为涉及两个进程之间的切换，只能在确保"安全切换"的时间点上进行，实时调度机制包括两个方面：一是在调度策略和算法上保证优先调度实时任务；二是建立更多"安全切换"时间点，保证及时调度实时任务。

因此，实际上来看，实时操作系统如同操作系统一样，就是一个后台的支撑程序，可以按照实时性的要求进行配置、裁剪等。其关注的重点在于任务完成的时间是否能够满足要求。

3. 多任务系统上下文切换

在多任务系统中，上下文切换指的是当处理器的控制权由运行任务转移到另外一个就绪任务时所执行的操作。任务的上下文是任务控制块（Task Control Block，TCB）的组成部分，记录着任务的寄存器、状态等信息。当运行的任务转为就绪、挂起或删除时，另外一个被选定的就绪任务就成为当前任务。上下文切换包括保存当前任务的状态，决定哪一个任务运行，恢复将要运行的任务的状态。保护和恢复上下文的操作是依赖特定的处理器的。上下文切换时间是影响嵌入式实时操作系统 RTOS 性能的一个重要指标。

4. 机内自检

在嵌入式实时系统中，通常用机内自检 BIT（Built-In Test，BIT）完成对故障的检测和定位。BIT 一般包括四种：上电 BIT，周期 BIT，维护 BIT，启动 BIT 等。

上电 BIT 是在系统上电时对所有硬件资源进行自检测的程序，它拥有 100%CPU 控制权，可对系统中所有硬件进行完整测试。

周期 BIT 是在系统运行的空闲时间，周期性对硬件进行检测，由于系统处于正常运行状态，测试程序必须采取非破坏性测试算法，对部分可测部件进行测试。

维护 BIT 是在地面维护状态下，对系统硬件的部分或全部进行维护性测试，测试软件拥有 100% 的 CPU 控制权，可以对系统中所有硬件进行完整的测试。

启动 BIT 是在系统维护或检修的时候进行，维护人员通过控制按钮等手段启动 BIT，检查或确认硬件资源故障。

嵌入式系统会在不同的状态或运行阶段选择进行相应的 BIT，以保证系统故障的及时发现与定位。

5. 微内核操作系统

微内核操作系统的基本思想是尽可能地将操作系统核心缩小，仅仅实现核心基础部分，如中断、并行调度等与硬件有关部分，而策略、应用层次则面向用户，这样大量的代码就移向进程，因此其只是操作系统中最基本的部分；微内核可以支持多处理机运行，适用于分布式系统环境。

因为微内核是尽可能地将内核做得很小，只将最为核心必要的东西放入内核中，其他能独立的东西都放入用户进程中，这样，系统就被分为了用户态和内核态，如图 1-4-2 所示。

	实质	优点	缺点
单体内核	将图形、设备驱动及文件系统等功能全部在内核中实现，运行在内核状态和同一地址空间	减少进程间通信和状态切换的系统开销，获得较高的运行效率	内核庞大，占用资源较多且不易剪裁。 系统的稳定性和安全性不好
微内核	只实现基本功能，将图形系统、文件系统、设备驱动及通信功能放在内核之外	内核精练，便于剪裁和移植。 系统服务程序运行在用户地址空间，系统的可靠性、稳定性和安全性较高。 可用于分布式系统	用户状态和内核状态需要频繁切换，从而导致系统效率不如单体内核

图 1-4-2　微内核操作系统

第 5 学时　任务管理

任务管理是嵌入式软件及操作系统里的基础知识点。根据历年考试情况，上午考试涉及相关知识点的分值在 3～4 分左右。下午考试中一般会涉及同步与互斥，信号量操作原理相关知识。本学时考点知识结构如图 1-5-1 所示。

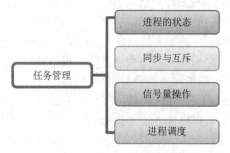

图 1-5-1　任务管理知识结构

5.1　进程的状态

5.1.1　考点分析

历年嵌入式系统设计师考试试题涉及本部分的相关知识点有：进程和线程的特点及区别，进程的三种状态及切换条件。

5.1.2　知识点精讲

1．进程、线程、任务

进程：是资源（CPU、内存等）分配的基本单位，它是程序执行时的一个实例。程序运行时系统就会创建一个进程，并为它分配资源，然后把该进程放入进程就绪队列，进程调度器选中它的时候就会为它分配 CPU 时间，程序开始真正运行。

线程：传统的进程有两个属性，一是可拥有资源的独立单位，二是可独立调度和分配的基本单位。引入线程后，线程是独立调度的最小单位，进程是拥有资源的最小单位，线程可以共享进程的公共数据、全局变量、代码、文件等资源，但不能共享线程独有的资源，如线程的栈指针等标识数据。

任务：在嵌入式操作系统中，任务可以是进程，也可以是线程，需要根据具体的情况来判断，任务的定义是可独立运行的基本单位，因为不好区分是进程还是线程，统一用任务来代替。在本学时，大家可将任务和进程混为一谈。

2．进程的状态图

如图 1-5-2（a）所示的**三态图**，是系统自动控制时仅有的三种状态；而如图 1-5-2（b）为五态图，多了两种状态：静止就绪和静止阻塞，需要人为操作才会进入对应的状态。其中活跃就绪即就绪，活跃阻塞即等待。

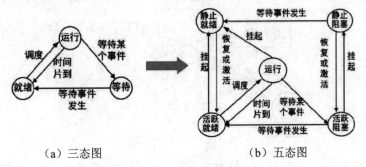

（a）三态图　　　　　　　　（b）五态图

图 1-5-2　进程状态图

需要熟练掌握进程三态之间的转换。当人为干预后，进程将被挂起，进入静止状态，此时，需要人为激活才能恢复到活跃状态，之后的本质还是三态图。

5.2 同步与互斥

5.2.1 考点分析

历年嵌入式系统设计师考试试题涉及本部分的相关知识点有：前趋图，进程资源图，同步与互斥。

5.2.2 知识点精讲

1. 前趋图

前趋图用来表示哪些任务可以并行执行，哪些任务之间有顺序关系，具体如图 1-5-3 所示。

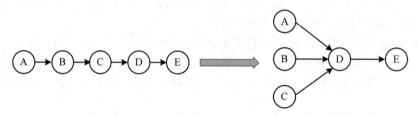

图 1-5-3 前趋图

由图可知，A、B、C 可以并行执行，但是必须在 A、B、C 都执行完后，才能执行 D，这就确定了两点：任务间的并行和任务间的先后顺序。

2. 进程资源图

进程资源图用来表示进程和资源之间的分配和请求关系，如图 1-5-4 所示。P 代表进程，R 代表资源，R 方框中有几个圆球就表示有几个这种资源，在图 1-5-4 中，R1 指向 P1，表示 R1 有一个资源已经分配给了 P1，P1 指向 R2，表示 P1 还需要请求一个 R2 资源才能执行。

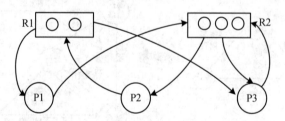

图 1-5-4 进程资源图

阻塞结点：某进程所请求的资源已经全部分配完毕，无法获取所需资源，该进程被阻塞了无法继续，如图 1-5-4 中的 P2。

非阻塞结点：某进程所请求的资源还有剩余，可以分配给该进程继续运行。如图 1-5-4 中的 P1、P3。

当一个进程资源图中所有进程都是阻塞结点时，即陷入死锁状态。

进程资源图的化简方法：先看系统还剩下多少资源没分配，再看有哪些进程是不阻塞的，接着把不阻塞进程的所有边都去掉，形成一个孤立的点，再把系统分配给这个进程的资源回收回来，这样，系统剩余的空闲资源便多了起来，接着再去看看剩下的进程有哪些是不阻塞的，然后把它们逐个变成孤立的点。最后，所有的资源和进程都变成孤立的点。

3. 互斥与同步

互斥和同步并非反义词，互斥表示一个资源在同一时间内只能由一个任务单独使用,需要加锁,使用完后解锁才能被其他任务使用。

同步表示两个任务可以同时执行，只不过有速度上的差异，需要速度上匹配，不存在资源是否单独或共享的问题。

5.3　信号量操作

5.3.1　考点分析

历年嵌入式系统设计师考试试题涉及本部分的相关知识点有：临界资源和临界区的概念,同步与互斥信号量，P 操作和 V 操作的流程。PV 操作原理常出现在下午试题中。

5.3.2　知识点精讲

1. 基本概念

临界资源:各个进程间需要互斥方式对其进行共享的资源,即在某一时刻只能被一个进程使用,该进程释放后又可以被其他进程使用。

临界区：每个进程中访问临界资源的那段代码。

信号量：是一种特殊的变量。

互斥信号量，对临界资源采用互斥访问，使用互斥信号量后其他进程无法访问，初值为 1。

同步信号量，对共享资源的访问控制，初值是共享资源的个数。

2. P 操作和 V 操作

P、V 操作的过程如图 1-5-5 所示。

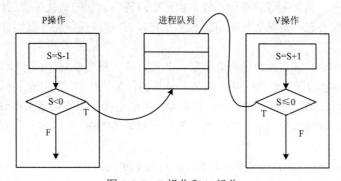

图 1-5-5　P 操作和 V 操作

P(S)的主要功能是：先执行 S=S-1；若 S≥0 则进程继续执行；若 S＜0 则阻塞该进程，并将它插入该信号量的等待队列 Q 中。

V(S)的主要功能是：先执行 S=S+1；若 S＞0 则进程继续执行；若 S≤0 则从该信号量等待队列中移出第一个进程，使其变为就绪状态并插入就绪队列，然后再返回原进程继续执行。

例：生产者和消费者的问题。

三个信号量：互斥信号量 S0（仓库独立使用权），同步信号量 S1（仓库空闲个数），同步信号量 S2（仓库商品个数）。

生产者流程：　　　　　　　　　　消费者流程：

生产一个商品 S

P(S0)　　　　　　　　　　　　　P(S0)

P(S1)　　　　　　　　　　　　　P(S2)

将商品放入仓库中　　　　　　　　取出一个商品

V(S2)　　　　　　　　　　　　　V(S1)

V(S0)　　　　　　　　　　　　　V(S0)

5.4　进程调度

5.4.1　考点分析

历年嵌入式系统设计师考试试题涉及本部分的相关知识点有：抢占式和非抢占式内核管理策略，进程调度算法，死锁的产生和预防，银行家算法，任务间通信方式。

5.4.2　知识点精讲

1. 抢占式和非抢占式

在一般的嵌入式操作系统中，分为抢占式和非抢占式两种内核管理策略。

抢占式内核中：当有一个更高优先级的任务出现时，如果当前内核允许抢占，则可以将当前任务挂起，执行优先级更高的任务。

非抢占式内核中：高优先级的进程不能中止正在内核中运行的低优先级的任务而抢占 CPU 运行。任务一旦处于核心态，则除非任务自愿放弃 CPU，否则该任务将一直运行下去，直至完成或退出内核。

从抢占式内核和非抢占式内核的概念来看，非抢占式内核要求每个任务要有自我放弃 CPU 的所有权，非抢占式内核的任务级响应时间取决于最长的任务执行时间，在抢占式内核中，最高优先级任务何时执行是可知的。抢占式内核中，应用程序不能直接使用不可重入函数，否则有可能因为抢占的原因而导致函数调用中间状态的不同，而导致结果的错误。

2. 调度算法

先来先服务（First Come First Served，FCFS）：先到达的进程优先分配 CPU，用于宏观调度。

时间片轮转：分配给每个进程 CPU 时间片，轮流使用 CPU，每个进程时间片大小相同，很公平，用于微观调度。

优先级调度：每个进程都拥有一个优先级，优先级大的先分配 CPU。

多级反馈调度：时间片轮转和优先级调度结合而成，设置多个就绪队列（1,2,3,…,n），每个队列分别赋予不同的优先级，分配不同的时间片长度；新进程先进入队列 1 的末尾，按 FCFS 原则，执行队列 1 的时间片；若未能执行完进程，则转入队列 2 的末尾，如此重复。

3. 死锁问题

当一个进程在等待永远不可能发生的事件时，就会产生死锁，若系统中有多个进程处于死锁状态，就会造成系统死锁。

死锁产生的四个必要条件：资源互斥、保持和等待（每个进程占有资源并等待其他资源）、系统不能剥夺进程资源、进程资源图是一个环路。

操作系统对于死锁问题的解决措施是打破四大条件，有下列方法：

死锁预防：采用某种策略限制并发进程对于资源的请求，破坏死锁产生的四个条件之一，使系统任何时刻都不满足死锁的条件。

死锁避免：一般采用银行家算法来避免，银行家算法就是提前计算出一条不会死锁的资源分配方法才分配资源，否则不分配资源。相当于借贷，考虑对方还得起才借钱，提前考虑好以后，就可以避免死锁。

死锁检测：允许死锁产生，但系统定时运行一个检测死锁的程序，若检测到系统中发生死锁，则设法加以解除。

死锁解除：即死锁发生后的解除方法，如强制剥夺资源，撤销进程等。

死锁资源计算：系统内有 n 个进程，每个进程都需要 R 个资源，那么其发生死锁的最大资源数为 $n*(R-1)$。其不发生死锁的最小资源数为 $n*(R-1)+1$。

4. 任务间通信

任务间通信指的是任务之间为了协调工作，需要相互交换数据和控制信息。任务之间的通信可以分为两种类型。

（1）低级通信：只能传递状态和整数值等控制信息，如信号量机制。

（2）高级通信：能够传送任意数量的数据，主要包括共享内存、消息传递和管道三类。

1）共享内存：指的是各个任务共享它们地址空间当中的某些部分，在此区域，可以任意读写和使用任意的数据结构，把它看成一个通用的缓冲区。一组任务向共享内存中写入数据，另一组任务从中读出数据，通过这种方式来实现它们之间的信息交换。

2）消息传递：指的是任务与任务之间通过发送接收消息来交换信息，消息是内存中一段长度可变的缓冲区，其长度和内容均由用户定义。

3）管道：以文件系统为基础，是连接两个任务之间的一个打开的共享文件，专用于任务之间的数据通信。

第 6 学时　存储管理

存储管理是嵌入式软件及操作系统里的基础知识点。根据历年考试情况看，上午考试涉及相关知识点的分值在 1~2 分左右。下午考试中一般不会涉及。本学时考点知识结构如图 1-6-1 所示。

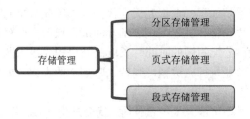

图 1-6-1　存储管理知识结构

6.1　分区存储管理

6.1.1　考点分析

历年嵌入式系统设计师考试试题涉及本部分的相关知识点有：固定分区，可变分区，可重定位分区。

6.1.2　知识点精讲

所谓分区存储组织，就是整存，将某进程运行所需的内存整体一起分配给该进程，然后再执行。有三种分区方式：

（1）**固定分区**：静态分区方法，将主存分为若干个固定的分区，将要运行的作业装配进去，由于分区固定大小和作业需要的大小不同，会产生内部碎片。

（2）**可变分区**：动态分区方法，主存空间的分区是在作业转入时划分，正好划分为作业需要的大小，这样就不存在内部碎片，但容易将整片主存空间切割成许多块，会产生外部碎片。

（3）**可重定位分区**：可以解决碎片问题，移动所有已经分配好的区域，使其成为一个连续的区域，这样其他外部细小的分区碎片可以合并为大的分区，满足作业要求。只在外部作业请求空间得不到满足时进行。

6.2　页式存储管理

6.2.1　考点分析

历年嵌入式系统设计师考试试题涉及本部分的相关知识点有：页式存储管理原理，物理地址和逻辑地址的转换，页面置换算法，快表。

6.2.2　知识点精讲

1. **页式存储管理原理**

如果采用分区存储，都是整存，会出现一个问题，即当进程运行所需的内存大于系统内存时，就无法将整个进程一起调入内存，因此无法运行，若要解决此问题，就要采用段页式存储组织，页式存储是基于可变分区而提出的。

页式存储组织是将进程空间分为一个个页，假设每个页大小为4K，同样的将系统的物理空间也分为一个个4K大小的物理块，这样，每次将需要运行的逻辑页装入物理块中，运行完再装入其他需要运行的页，这样就可以分批次运行完进程，而无需将整块逻辑空间全部装入物理内存中，解决了空间极大的进程运行问题。

如图1-6-2所示，逻辑页分为页号和页内地址，页内地址就是物理偏移地址，而页号与物理块号并非按序对应的，需要查询页表才能得知页号对应的物理块号，再用物理块号加上偏移地址才得出了真正运行时的物理地址。

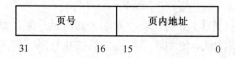

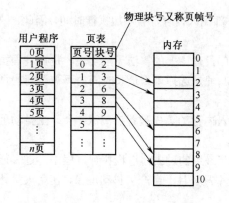 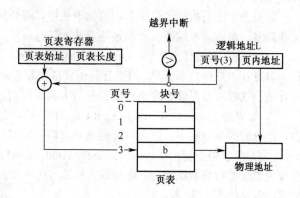

图 1-6-2　逻辑页

优点：利用率高，碎片小，分配及管理简单。

缺点：增加了系统开销，可能产生抖动现象。

2. 地址表示和转换

地址组成：页地址+页内偏移地址（页地址在高位，页内偏移地址在低位）。

物理地址：物理块号+页内偏移地址。

逻辑地址：页号+页内偏移地址。

物理地址和逻辑地址的页内偏移地址是一样的，只需要求出页号和物理块号之间的对应关系，首先需要求出页号的位数，得出页号，再去页表里查询其对应的物理块号，使用此物理块号和页内偏移地址组合，就能得到物理地址。

例： 某计算机系统页面大小为4K，进程的页面变换见下表，逻辑地址为十六进制1D16H。该地址经过变换后，其物理地址应为十六进制（　　　）。

页号	物理块号
0	1
1	3
2	4
3	6

解析：页面大小为 4K，则页内偏移地址为 12 位，才能表示 4K 大小空间；由此，可知逻辑地址 1D16H 的低 12 位 D16H 为偏移地址，高 4 位 1 为逻辑页号，在页表中对应物理块号 3，因此物理地址为 3D16H。

3. 页面置换算法

有时候，进程空间分为 100 个页面，而系统内存只有 10 个物理块，无法全部满足分配，就需要将马上要执行的页面先分配进去，而后根据算法进行淘汰，使 100 个页面能够按执行顺序调入物理块中执行完。

缺页表示需要执行的页不在内存物理块中，需要从外部调入内存，会增加执行时间，因此，缺页数越多，系统效率越低。页面置换算法如下：

（1）最佳页面替换算法（Optimal Replacement，OPT），理论上的算法无法实现，是在进程执行完后进行的最佳效率计算，用来让其他算法比较差距。原理是选择未来最长时间内不被访问的页面置换，这样可以保证未来执行的都是马上要访问的。

（2）先进先出算法（First In First Out，FIFO），先调入内存的页先被置换淘汰，会产生**抖动现象**，即分配的页数越多，缺页率可能越多（即效率越低）。

（3）最近最少使用（Least Recently Used，LRU），在最近的过去，进程执行过程中，过去最少使用的页面被置换淘汰，根据局部性原理，这种方式效率高，且不会产生抖动现象，使用大量计数器，但是没有 LFU 多。

（4）淘汰原则。优先淘汰最近未访问的，而后淘汰最近未被修改的页面。

4. 快表

快表是一块小容量的相联存储器，由快速存储器组成，按内容访问，速度快，并且可以从硬件上保证按内容并行查找，一般用来存放当前访问最频繁的少数活动页面的页号。

快表是将页表存于 cache 中；慢表是将页表存于内存上。慢表需要访问两次内存才能取出页，而快表是访问一次 cache 和一次内存，因此更快。

6.3 段式存储管理

6.3.1 考点分析

历年嵌入式系统设计师考试试题涉及本部分的相关知识点有：段式存储管理原理及地址表示，段页式存储管理原理。

6.3.2　知识点精讲

1. 段式存储管理原理

将进程空间分为一个个段，每段也有段号和段内地址，与页式存储不同的是，每段物理大小不同，分段是根据逻辑整体分段的，因此，段表也与页表的内容不同，页表中直接是逻辑页号对应物理块号，如图 1-6-3 所示，段表有段长和基址两个属性，才能确定一个逻辑段在物理段中的位置。

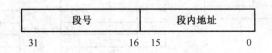

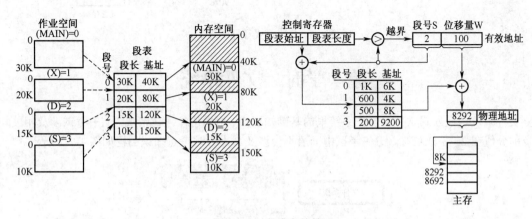

图 1-6-3　段式存储管理

优点：多道程序共享内存，各段程序修改互不影响。

缺点：内存利用率低，内存碎片浪费大。

综上，分页是根据物理空间划分，每页大小相同；分段是根据逻辑空间划分，每段是一个完整的功能，便于共享，但是大小不同。

2. 地址表示

段式存储管理地址表示：（段号，段内偏移）。其中段内偏移不能超过该段号对应的段长，否则越界错误，而此地址对应的真正内存地址应该是：段号对应的基地址+段内偏移。

3. 段页式存储管理

对进程空间先分段，后分页，具体原理图如图 1-6-4 所示。

段页式存储管理优、缺点如下。

优点：空间浪费小、存储共享容易、存储保护容易、能动态链接。

缺点：由于管理软件的增加，复杂性和开销也随之增加，需要的硬件以及占用的内容也有所增加，使得执行速度大大下降。

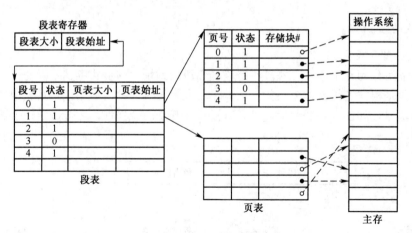

图 1-6-4　段页式存储管理

第 7 学时　文件系统

　　文件系统是嵌入式软件及操作系统里的基础知识点。根据历年考试情况，上午考试涉及相关知识点的分值在 2～3 分左右。下午考试中一般不会涉及。本学时考点知识结构如图 1-7-1 所示。

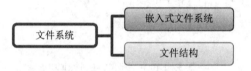

图 1-7-1　文件系统知识结构

7.1　嵌入式文件系统

7.1.1　考点分析

　　历年嵌入式系统设计师考试试题涉及本部分的相关知识点有：文件系统原理，文件的使用，文件控制块，文件目录。

7.1.2　知识点精讲

　　1. 文件系统概述
　　所谓的文件系统，就是操作系统中用以组织、存储、命名、使用和保护文件的一套管理机制。文件系统负责文件的组织、存储、检索、命名、共享和保护。为用户提供描述文件抽象的程序接口。文件通常存储在磁盘或其他非易失存储介质上。程序设计者不需要关心文件存储分配的细节。

2. 文件的使用

（1）文件的存取方法。文件的存取方法可以分为如下两类。

顺序存取：对于文件中的每一个字节或记录，只能从起始位置开始，一个接一个地顺序访问，不能跳跃式访问。这是早期的操作系统所提供的存取方式。

随机存取：根据所需访问的字节或记录在文件中的位置，将文件的读写指针直接移至该位置，然后进行存取，其中每一次存取操作都要指定该操作的起始位置。现代操作系统都提供随机存取的方式。

（2）文件的访问。文件的访问指的是与文件内容读写有关的各种文件操作，包括以下几种。

打开操作（open）：在访问一个文件前，必须先打开它。

关闭操作（close）：在使用完一个文件后，要关闭该文件。

读操作（read）：从文件中读取数据。

写操作（write）：把数据写入文件。

添加操作（append）：把数据添加到文件的末尾。

定位操作（seek）：指定文件访问的当前位置。

3. 文件控制块

文件控制块（File Control Block，FCB）是文件系统中最重要的数据结构，是文件存在的唯一标志，它存放文件的一些基本信息。主要包括三大部分：文件的标识信息（包括文件名、所有者名、文件类型、文件最近修改时间等）；文件的位置信息（包括文件的长度、文件存放位置等）；文件的访问权限信息（例如口令、保存时限、保护类别等）。

4. 文件目录

文件目录是文件控制块的有序集合，将系统中所有的文件控制块按照某种规律组织起来以便于检索，就形成了文件目录，文件目录也由文件组成。

7.2　文件结构

7.2.1　考点分析

历年嵌入式系统设计师考试试题涉及本部分的相关知识点有：多级索引文件结构，树形目录结构，相对路径和绝对路径，空闲存储空间的管理。

7.2.2　知识点精讲

1. 索引文件结构

如图 1-7-2 所示，系统中有 13 个索引结点，0～9 为直接索引，即每个索引结点存放的是内容，假设每个物理盘大小为 4KB，共可存 4KB×10=40KB 数据。

10 号索引结点为一级间接索引结点，大小为 4KB，存放的并非直接数据，而是链接到直接物理盘块的地址，假设每个地址占 4B，则共有 1024 个地址，对应 1024 个物理盘，可存 1024×4KB=4096KB 数据。

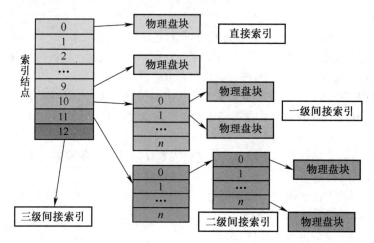

图 1-7-2　索引文件结构

二级索引结点类似，直接盘存放一级地址，一级地址再存放物理盘块地址，而后链接到存放数据的物理盘块，容量又扩大了一个数量级，为 1024×1024×4KB 数据。

2．树形目录结构

文件安全分为四级，从高到低分别为系统安全、用户安全、目录安全、文件安全。

相对路径：是从当前路径开始的路径。

绝对路径：是从根目录开始的路径。

全文件名=绝对路径+文件名。要注意，绝对路径和相对路径是不加最后的文件名的，只是单纯的路径序列。

3．空闲存储空间的管理

链表法：在每一个空闲的物理块上都有一个指针，然后把所有的空闲块通过这个指针连接起来，形成一个链表。文件系统只要记住这个链表的首结点指针，就可以去访问所有的空闲物理块。

索引法：对链表法的一种修改。同样构造一个空闲链表，但是这个链表中的物理块本身并不参与分配，而是专门用来记录系统中其他空闲物理块的编号（索引）。

位示图法：重要，对每个物理空间用一位标识，为 1 则使用，为 0 则空闲，形成一张位示图。

例：某字长为 32 位的计算机文件管理系统采用位示图（bitmap）记录磁盘的使用情况。若磁盘的容量为 300GB，物理块的大小为 1MB，那么位示图的大小为（　）个字。

解析：本题考查操作系统文件管理方面的基础知识。

根据题意，若磁盘的容量为 300GB，物理块的大小为 1MB，那么该磁盘有 300×1024/1=307200 个物理块，位示图的大小为 307200/32=9600 个字。

第 8 学时　设备管理

设备管理是嵌入式软件及操作系统里的基础知识点。根据历年考试情况，上午考试涉及相关知识点的分值在 1～2 分左右。下午考试中一般不会涉及。本学时考点知识结构如图 1-8-1 所示。

图 1-8-1　设备管理知识结构

8.1　输入输出技术

8.1.1　考点分析

历年嵌入式系统设计师考试试题涉及本部分的相关知识点有：设备管理原理，常见的外设数据传输方式。

8.1.2　知识点精讲

1．设备管理概述

设备管理是操作系统的重要组成部分之一。在计算机系统中，除了 CPU 和内存之外，其他的大部分硬件设备称为外部设备，包括常用的输入输出设备、存储设备以及终端设备等。设备管理是对计算机输入输出系统的管理，是操作系统中最具多样性和复杂性的部分，其主要任务是：

（1）选择和分配输入输出设备以进行数据传输操作。

（2）控制输入输出设备和 CPU（或内存）之间的交换数据。

（3）为用户提供友好的透明接口，把用户和设备硬件特性分开，使得用户在编制应用程序时不必涉及具体设备，系统按照用户要求控制设备工作。

（4）提供设备和设备之间、CPU 和设备之间，以及进程和进程之间的并行操作，已使操作系统获得最佳效率。

2．常见的外设数据传输方式

程序控制（查询）方式：CPU 主动查询外设是否完成数据传输，效率极低。

程序中断方式：外设完成数据传输后，向 CPU 发送中断，等待 CPU 处理数据，效率相对较高。适用于键盘等实时性较高的场景。

中断响应时间指的是从发出中断请求到开始进入中断处理程序；中断处理时间指的是从中断处理开始到中断处理结束。中断向量提供中断服务程序的入口地址。多级中断嵌套，使用堆栈来保护断点和现场。

DMA 方式（直接主存存取）：CPU 只需完成必要的初始化等操作，数据传输的整个过程都由 DMA 控制器来完成，在主存和外设之间建立直接的数据通路，效率很高。适用于硬盘等高速设备。

在一个总线周期结束后，CPU 会响应 DMA 请求开始读取数据；CPU 响应程序中断方式请求是在一条指令执行结束时；区分指令执行结束和总线周期结束。

DMA 方式的优点是速度快。以数据块为传输单位，由于 CPU 根本不参加传送操作，因此省略了 CPU 取指令、取数和送数等操作。在数据传送过程中，也不需要像中断方式一样，执行现场保存、现场恢复等工作。内存地址的修改、传送字个数的计数也直接由硬件完成，而不是用软件实现。在数据传送前和结束后要通过程序或中断方式对缓冲器和 DMA 控制器进行预处理和后处理。

DMA 方式的主要缺点是硬件线路比较复杂。

8.2　虚设备和 SPOOLING 技术

8.2.1　考点分析

历年嵌入式系统设计师考试试题涉及本部分的相关知识点有：虚设备，SPOOLING 技术原理。

8.2.2　知识点精讲

1. 虚设备

设备管理主要有分配设备、回收设备、输入技术、输出技术等，系统引入虚设备技术主要是为了提高设备的利用率以及使独立设备共享化，虚设备技术是指用一类设备（通常是高速设备）来模拟另一类设备（通常是低速设备）的技术，被模拟的设备称为虚设备。多窗口技术就是显示器模拟自身的例子，是一个屏幕可以同时监控多个进程的进行情况。

2. SPOOLING 技术

SPOOLING 的意思是外部设备同时联机操作，又称为假脱机输入/输出操作，是操作系统中采用的一项将独占设备改造成共享设备的技术。

一台实际的物理设备，例如打印机，在同一时间只能由一个进程使用，其他进程只能等待，且不知道什么时候打印机空闲，此时，极大地浪费了外设的工作效率。

引入 SPOOLING 技术，就是在外设上建立两个数据缓冲区，分别称为输入井和输出井，这样，无论多少进程，都可以共用这一台打印机，只需要将打印命令发出，数据就会排队存储在缓冲区中，打印机会自动按顺序打印，实现了物理外设的共享，使得每个进程都感觉在使用一个打印机，这就是物理设备的虚拟化，如图 1-8-2 所示。

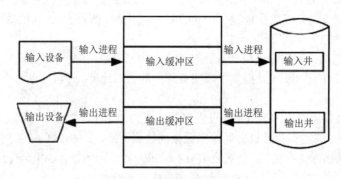

图 1-8-2　物理设备的虚拟化

第2天
夯实基础，再学技术

通过第 1 天的学习，您应当了解了嵌入式领域基本硬件组成以及软件操作系统相关知识，对于嵌入式系统设计师的软硬件知识有了一个整体的把握。学习了嵌入式软件和硬件领域的重要知识点和关键知识之后，第 2 天将开始学习计算机的一些应用技术。

第 2 天学习的知识点包括计算机网络知识、多媒体技术、信息安全技术、网络安全、知识产权和标准化知识。

第 1 学时 计算机网络模型

计算机网络模型是嵌入式应用技术的基础知识点。根据历年考试情况，上午考试涉及相关知识点的分值在 3～4 分左右，下午考试中一般不会涉及。本学时考点知识结构如图 2-1-1 所示。

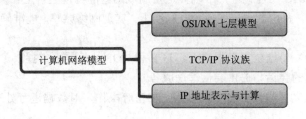

图 2-1-1 计算机网络模型知识结构

1.1 OSI/RM 七层模型

1.1.1 考点分析

历年嵌入式系统设计师考试试题涉及本部分的相关知识点有：OSI/RM 七层模型，各层网络设备和协议，传输介质分类及特点。

1.1.2 知识点精讲

1. OSI/RM 七层模型

OSI/RM 七层模型见表 2-1-1，需要明确**各层的功能、设备及协议**。

表 2-1-1　OSI/RM 七层模型

层次	名称	主要功能	主要设备及协议
7	应用层	实现具体的应用功能	POP3、FTP、HTTP、Telnet、SMTP、DHCP、TFTP、SNMP、DNS
6	表示层	数据的格式与表达、加密、压缩	
5	会话层	建立、管理和终止会话	
4	传输层	端到端的连接	TCP、UDP
3	网络层	分组传输和路由选择	三层交换机、路由器 ARP、RARP、IP、ICMP、IGMP
2	数据链路层	传送以帧为单位的信息	网桥、交换机、网卡 PPTP、L2TP、SLIP、PPP
1	物理层	二进制传输，单位是 Bit	中继器、集线器

2. 各层介绍及硬件设备

物理层：直接是二进制传输，最底层，中继器和集线器都是中转设备，能够延长信号。

数据链路层：将数据封装成帧进行传输，网桥、交换机、网卡这些设备能形成局域网，局域网内主机可以通信，可识别 MAC 物理地址，准确传送至局域网内的物理主机上。

网络层：将帧分组传输，路由器用来连接到互联网上，实现网络共享。能准确地将数据传送至互联网的网络主机上。

传输层：端到端的连接，传送至主机端口上，TCP 和 UDP 协议需要掌握。

会话层：管理主机之间的会话，提供会话管理服务。

表示层：提供会话数据之间的格式转换、压缩、加密等操作，对数据进行处理。包括 MPEG 等数据、图像处理协议。

应用层：是两个进程之间的直接通信。网关是应用层物理设备，连接不同类型且协议差别较大的网络，可以转换协议。

3. 传输介质

双绞线：将多根铜线按规则缠绕在一起，能够减少干扰；分为无屏蔽双绞线 UTP 和屏蔽双绞线 STP，都是由一对铜线簇组成，也就是常说的网线；双绞线的**传输距离在 100m** 以内。

无屏蔽双绞线 UTP：价格低，安装简单，但可靠性相对较低，分为 CAT3（3 类 UTP，速率为 10Mb/s）、CAT4（4 类 UTP，与 3 类差不多，无应用）、CAT5（5 类 UTP，速率为 100Mb/s，用于快速以太网）、CAT5E（超 5 类 UTP，速率为 1000Mb/s）、CAT6（6 类 UTP，用来替代 CAT5E，速率也是 1000Mb/s）。

屏蔽双绞线 STP：与 UTP 相比增加了一层屏蔽层，可以有效地提高可靠性，但对应的价格高，安装麻烦，一般用于对传输可靠性要求很高的场合。

光纤：由纤芯和包层组成，传输的光信号在纤芯中传输，然而从 PC 端出来的信号都是电信号，要经过光纤传输，就必须将电信号转换为光信号。

多模光纤 MMF：纤芯半径较大，因此可以同时传输多种不同的信号，光信号在光纤中以全反射的形式传输，采用发光二极管 LED 为光源，成本低，但是传输的效率和可靠性都较低，适合于短距离传输，其传输距离与传输速率相关，速率为 100Mb/s 时为 2km，速率为 1000Mb/s 时为 550m。

单模光纤 SMF：纤芯半径很小，一般只能传输一种信号，采用激光二极管 LD 作为光源，并且只支持激光信号的传播，同样是以全反射形式传播，只不过反射角很大，看起来像一条直线，成本高，但是传输距离远，可靠性高。传输距离可达 5km。

1.2　TCP/IP 协议族

1.2.1　考点分析

历年嵌入式系统设计师考试试题涉及本部分的相关知识点有：网络层协议，传输层协议，应用层协议，协议端口号对照，完整统一资源定位符（Uniform Resource Locator，URL）的组成。

1.2.2　知识点精讲

1. 网络层协议

IP：网络层最重要的核心协议，在源地址和目的地址之间传送数据报，无连接、不可靠。

ICMP：因特网控制报文协议，用于在 IP 主机、路由器之间传递控制消息。控制消息是指网络通不通、主机是否可达、路由是否可用等网络本身的消息。

ARP 和 RARP：地址解析协议，ARP 是将 IP 地址转换为物理地址，RARP 是将物理地址转换为 IP 地址。

IGMP：网络组管理协议，允许因特网中的计算机参加多播，是计算机用做向相邻多目路由器报告多目组成员的协议，支持组播。

2. 传输层协议

（1）TCP 协议。可靠连接，因为有验证机制，TCP 建立连接需要三次握手过程，这种方法可以防止出现错误的连接。如 2-1-2 图所示，其中，seq 是当前 TCP 报文的序号，ack 是确认号，ACK

是确认位，SYN 是同步位，同一个 TCP 报文里 seq 和 ack 之间无关联，ack 是对接收到的报文的 seq 做出响应的，如 seq=x，表示期望接收编号为 x 的字节，那么下次就会发送 ack=x+1，至于 seq=y 表示当前报文字节序号。

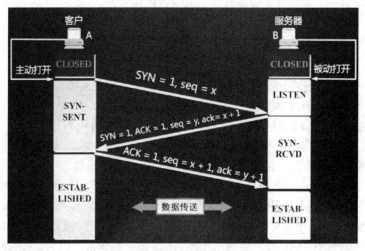

图 2-1-2 TCP 协议

（2）TCP 传输协议。

停止等待协议：TCP 保证可靠传输的协议，"停止等待"就是指发送完一个分组就停止发送，等待对方的确认，只有对方确认过，才发送下一个分组。

连续 ARQ 协议：TCP 保证可靠传输的协议，它是指发送方维护着一个窗口，这个窗口中不止一个分组，窗口的大小是由接收方返回的 win 值决定的，所以窗口的大小是动态变化的，只要在窗口中的分组都可以被发送，这就使得 TCP 一次不是只发送一个分组了，从而大大提高了信道的利用率。并且它采用累积确认的方式，对于按序到达的最后一个分组发送确认。

滑动窗口协议：TCP 流量控制协议，可变的窗口是不断向前走的，该协议允许发送方在停止并等待确认前发送多个数据分组。由于发送方不必每发一个分组就停下来等待确认，因此该协议可以加速数据的传输，还可以控制流量的问题。

TCP 协议采用的是可变大小的滑动窗口协议。

（3）UDP 协议。不可靠连接，因为数据传输只管发送，不用对方确认，因此可能会有丢包现象。一般用于视频、音频数据传输，连接无需确认，消耗少。

3. 应用层协议

应用层协议如图 2-1-3 所示，牢记基于 TCP 和 UDP 的应用层协议。

FTP：可靠的文件传输协议，用于因特网上文件的双向传输。

HTTP：超文本传输协议，用于从 WWW 服务器传输超文本到本地浏览器的传输协议。使用 SSL 加密后的安全网页协议为 HTTPS。

SMTP 和 POP3：简单邮件传输协议，是一组用于由源地址到目的地址传送邮件的规则，邮件报文采用 ASCII 格式表示。

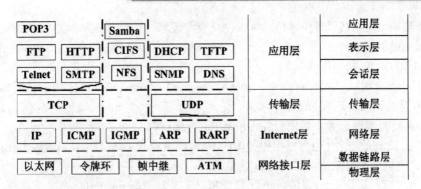

图 2-1-3　应用层协议

Telnet：远程连接协议，是因特网远程登录服务的标准协议和主要方式。

TFTP：不可靠的、开销不大的小文件传输协议。

SNMP：简单网络管理协议。由一组网络管理的标准协议组成，包含一个应用层协议、数据库模型和一组资源对象。该协议能够支持网络管理系统，用于监测连接到网络上的设备是否有任何需要引起管理员关注的情况。

（1）DHCP 协议。动态分配 IP 地址协议，DHCP 客户端能从 DHCP 服务器获得 DHCP 服务器的 IP 地址、DNS 服务器的 IP 地址、默认网关的 IP 地址等。但是，不能获得 Web 服务器的 IP 地址和邮件服务器地址。

自动分配规则为客户机/服务器模型，租约默认为 8 天，当租约过半时，客户机需要向 DHCP 服务器申请续租，当租约超过 87.5%时，如果仍然没有和当初提供 IP 地址的 DHCP 服务器联系上，则开始联系其他 DHCP 服务器。

（2）DNS 协议。将域名解析为 IP 地址，输入网址（即域名）后，首先会查询本地 DNS 缓存，然后查询 hosts 文件，无果后再查询本地 DNS 服务器，DNS 协议又分为递归查询和迭代查询两种方式。协议端口号对照见表 2-1-2。

表 2-1-2　协议端口号对照表

端口	服务	端口	服务
20	文件传输协议（数据）	80	超文本传输协议（WWW）
21	文件传输协议（控制）	110	POP3 服务器（邮箱发送）
23	Telnet 终端仿真协议	139	Win98 共享资源端口
25	SMTP 简单邮件发送协议	143	IMAP 电子邮件
42	WINS 主机名服务	161	SNMP-snmp
53	域名服务器（DNS）	162	SNMP-trap-snmp

递归查询：主机提出一个查询请求，本地服务器会自动一层一层地查询下去，直到找到满足查询请求的 IP 地址，再返回给主机。即问一次，就得最终结果。

迭代查询：服务器收到一次查询请求，就回答一次，但是回答的不一定是最终地址，也可能是其他层次服务器的地址，然后等待客户端再去提交查询请求。即问一次答一次，而后再去问其他服务器，直至问到结果。

4. 完整 URL 的组成

URL 由五个部分组成，以 http://www.taobao.com/tmail/xiaomi/index.html 为例说明如下：

（1）http 是协议名，还有 https。

（2）www 是万维网服务，其他服务还包括 ftp、mail 等。

（3）taobao.com 是域名（也可以用服务器的 IP 地址表示），在域名中，顶级域名在最右边（根域名被省略），主机名在最左边，即 taobao 是主机名。

（4）域名之后，从第一个/到最后一个/是虚拟目录名，也即 tmail/xiaomi/。

（5）index.html 是文件名。

1.3　IP 地址表示与计算

1.3.1　考点分析

历年嵌入式系统设计师考试试题涉及本部分的相关知识点有：IP 地址的分类地址表示，子网划分计算，超网汇聚计算，IP 地址的无分类表示，特殊的 IP 地址及含义，IPv6 协议特点，过渡技术。

1.3.2　知识点精讲

1. 分类地址格式

IP 地址分 4 段，每段 8 位，共 32 位二进制数组成。

在逻辑上，这 32 位 IP 地址分为网络号和主机号，依据网络号位数的不同，可以将 IP 地址分为以下几类：

A 类地址网络号占 8 位，主机号则为 32-8=24 位，能分配的主机个数为 2^{24}-2 个（注意：主机号为全 0 和全 1 的不能分配，是特殊地址）。

同理，B 类地址网络号为 16 位，C 类地址网络号为 24 位，同样可推算出主机号位数和主机数。

图 2-1-4 中加阴影或加下划线显示的位数表示该位固定为该值，是每类 IP 地址的标识。

2. 子网划分和超网聚合

按上述划分的 A、B、C 三类，一般是最常用的，但是却并不实用，因为主机数之间相差的太大了，不利于分配。因此，我们一般采用子网划分的方法来划分网络，即自定义网络号位数，就能自定义主机号位数，就能根据主机个数来划分出最适合的方案，不会造成资源的浪费。

一般的 IP 地址按标准划分为 A、B、C 类后，可以进行再一步的划分，**将主机号拿出几位作为子网号**，就可以划分出多个子网，此时 IP 地址组成为：网络号+子网号+主机号。

网络号和子网号都为 1，主机号都为 0，这样的地址为**子网掩码**。

要注意的是：子网号可以为全 0 和全 1，主机号不能为全 0 或全 1，因此，主机数需要减 2，而子网数不用。

类别	点分十进制		二进制
A类	0.0.0.0	最低	00000000 00000000 00000000 00000000
	127.255.255.255	最高	01111111 11111111 11111111 11111111
B类	128.0.0.0	最低	10000000 00000000 00000000 00000000
	191.255.255.255	最高	10111111 11111111 11111111 11111111
C类	192.0.0.0	最低	11000000 00000000 00000000 00000000
	223.255.255.255	最高	11011111 11111111 11111111 11111111
D类 组播	224.0.0.0	最低	1110 0000 00000000 00000000 00000000
	239.255.255.255	最高	1110 1111 11111111 11111111 11111111
E类 保留	240.0.0.0	最低	1111 0000 00000000 00000000 00000000
	255.255.255.255	最高	1111 1111 11111111 11111111 11111111

图 2-1-4　分类地址格式

此外，若要判断两个 IP 地址是否在同一网段，只需要确定其网络号是否相同即可。

除了上述划分子网外，还可以**聚合网络为超网**，就是划分子网的逆过程，**将网络号取出几位作为主机号**，此时，这个网络内的主机数量就变多了，成为一个更大的网络。

例：把网络 117.15.32.0/23 划分为 117.15.32.0/27，得到的子网是（　　）个，每个子网中可使用的主机地址是（　　）个。

解析：网络号从 23 变为 27，说明拿出了 4 位作为子网号，可以划分出 2^4=16 个子网，此时，主机号是 32-27=5 位，共 2^5-2=30 个主机地址（主机地址不能为全 0 和全 1）。

例：某用户得到的网络地址范围为 110.15.0.0～110.15.7.0，这个地址块可以用（　　）表示，其中可以分配（　　）个可用主机地址。

解析：110.15.0.0～110.15.7.0，8 个子网做汇聚，取这 8 个子网最长相同前缀作为子网掩码，二进制展开后，可发现汇聚后掩码长度是 21 位，那么主机位就是 11 位，可以容纳 2^{11}-2=2046 个地址。

3. 无分类编址

除了上述的分类编址外，还有无分类编址，即不按照 A、B、C 类规则，自动规定网络号，无分类编址格式为：**IP 地址/网络号**。

例：128.168.0.11/20 表示的 IP 地址为 128.168.0.11，其网络号占 20 位，因此主机号占 32-20=12 位，也可以划分子网。可知，/后的数字是网络号，32 减去此数字就是主机号。

4. 特殊含义的 IP 地址

特殊含义的 IP 地址要记住并掌握，会出现在选择题中，其总结见表 2-1-3。

表 2-1-3　特殊含义的 IP 地址总结

IP	说明
127 网段	回播地址
网络号全 0 地址	当前子网中的主机
全 1 地址	本地子网的广播

IP	说明
主机号全 1 地址	特定子网的广播
10.0.0.0/8	10.0.0.1 至 10.255.255.254
172.16.0.0/12	172.16.0.1 至 172.31.255.254
192.168.0.0/16	192.168.0.1 至 192.168.255.254
169.254.0.0	保留地址，用于 DHCP 失效（Win）
0.0.0.0	保留地址，用于 DHCP 失效（Linux）

5. IPv6 协议

IPv6 协议主要是为了解决 IPv4 地址数不够用的情况而提出的设计方案，IPv6 具有以下**特性**：

（1）IPv6 地址长度为 128 位，地址空间增大了 2^{96} 倍。

（2）灵活的 IP 报文头部格式，使用一系列固定格式的扩展头部取代了 IPv4 中可变长度的选项字段。IPv6 中选项部分的出现方式也有所变化，使路由器可以简单略过选项而不作任何处理，加快了报文处理速度。

（3）IPv6 简化了报文头部格式，加快报文转发，提高了吞吐量。

（4）提高安全性，身份认证和隐私权是 IPv6 的关键特性。

（5）支持更多的服务类型。

（6）允许协议继续演变，增加新的功能，使之适应未来技术的发展。

（7）IPV6 有单播地址（用于单个接口的标识符）、任播地址（也叫泛播，一组接口的标识符）、组播地址（IPV6 中的组播在功能上与 IPV4 的组播功能类似）之分。

6. 过渡技术

IPv4 和 IPv6 的过渡期间，主要采用**三种基本技术**。

（1）双协议栈：主机同时运行 IPv4 和 IPv6 两套协议栈，同时支持两套协议，一般来说，IPv4 和 IPv6 地址之间存在某种转换关系，如 IPv6 的低 32 位可以直接转换为 IPv4 地址，实现互相通信。

（2）隧道技术：这种机制用来在 IPv4 网络之上建立一条能够传输 IPv6 数据报的隧道，例如可以将 IPv6 数据报当作 IPv4 数据报的数据部分加以封装，只需要加一个 IPv4 的首部，就能在 IPv4 网络中传输 IPv6 报文。隧道技术包括：6to4 隧道、6over4 隧道、ISATAP 隧道。

（3）翻译技术：利用一台专门的翻译设备（如转换网关），在纯 IPv4 和纯 IPv6 网络之间转换 IP 报头的地址，同时根据协议不同对分组做相应的语义翻译，从而使纯 IPv4 和纯 IPv6 站点之间能够透明通信。

第 2 学时　网络规划和管理

网络规划和管理是嵌入式应用技术的基础知识点。根据历年考试情况，上午考试涉及相关知识点的分值在 2～3 分左右，下午考试中一般不会涉及。本学时考点知识结构如图 2-2-1 所示。

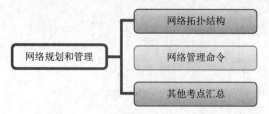

图 2-2-1　网络规划和管理知识结构

2.1　网络拓扑结构

2.1.1　考点分析

历年嵌入式系统设计师考试试题涉及本部分的相关知识点有：网络基本拓扑结构分类，层次化局域网模型，建筑物综合布线系统。

2.1.2　知识点精讲

1. 网络拓扑结构分类

网络拓扑结构按分布范围分类见表 2-2-1。

表 2-2-1　网络拓扑结构按范围分类

网络分类	缩写	分布距离	计算机分布范围	传输速率范围
局域网	LAN	10m 左右	房间	4Mb/s～1Gb/s
		100m 左右	楼寓	
		1000m 左右	校园	
城域网	MAN	10km	城市	50kb/s～100Mb/s
广域网	WAN	100km 以上	国家或全球	9.6kb/s～45Mb/s

按拓扑结构分类如图 2-2-2 所示。

其中，总线型指网络中一个信息源结点连接到一个或多个目的结点，采用集中控制、令牌访问、CSMA/CD 等方式，具有连线少、成本较低、资源利用率高等优点，但存在通信吞吐量低、延迟大的缺点，尤其在网络负载重的情况下。

树型指网络中所有结点挂接到一个树形结构上，可以采用集中控制、令牌访问等方式，具有连线简单、成本较低的优点，但存在通信吞吐量低、延迟大的缺点，尤其在网络负载重的情况下。

星型指网络中所有结点连接到中心交换机，结点之间的通信经过交换机路由转发，具有通信吞吐量高、延迟小、连线较简单的优点，但存在成本高、交换机单点故障风险的缺点。

环型流动方向固定、效率低、扩充难；分布式任意结点连接、管理难、成本高。

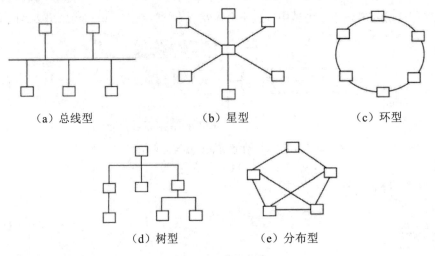

（a）总线型　　　　　　　（b）星型　　　　　　　（c）环型

（d）树型　　　　　　　（e）分布型

图 2-2-2　拓扑结构

　　一般来说，办公室局域网是星型拓扑结构，中间结点就是交换机，一旦交换机损坏，整个网络都瘫痪了，这就是星型结构。同理，由路由器连接起来的小型网络也是星型结构。

　　2. 层次化局域网模型

　　三层模型将网络划分为核心层、汇聚层和接入层，每一层都有着特定的作用。

　　核心层提供不同区域之间的最佳路由和高速数据传送；汇聚层将网络业务连接到接入层，并且实施与安全、流量、负载和路由相关的策略；接入层为用户提供了在本地网段访问应用系统的能力，还要解决相邻用户之间的互访需要，接入层要负责一些用户信息（例如用户 IP 地址、MAC 地址和访问日志等）的收集工作和用户管理功能（包括认证和计费等）。

　　图 2-2-3 是一个三层示例，一般设计思路都是从下往上设计，即先设计接入层、汇聚层，再考虑核心层数据交换的速度以满足下面两层的要求。

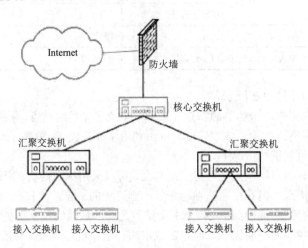

图 2-2-3　三层局域网模型

3．建筑物综合布线系统（Premises Distribution System，PDS）

建筑物综合布线系统示意如图 2-2-4 所示。

工作区子系统：实现工作区终端设备到水平子系统的信息插座之间的互联。

水平布线子系统：实现信息插座和管理子系统之间的连接。

设备间子系统：实现中央主配线架与各种不同设备之间的连接。

垂直干线子系统：实现各楼层设备间子系统之间的互连。

管理子系统：为连接其他子系统提供连接手段。

建筑群子系统：各个建筑物通信系统之间的互联。

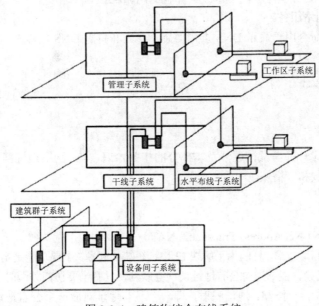

图 2-2-4　建筑物综合布线系统

2.2　网络管理命令

2.2.1　考点分析

历年嵌入式系统设计师考试试题涉及本部分的相关知识点有：常用网络命令具体含义。

2.2.2　知识点精讲

常用网络命令如下所述。

ipconfig 命令：用来查看网络配置信息，如 IP 地址、子网掩码、网管 IP、DNS、DHCP 等。Linux 下是 ifconfig 命令。

ping 命令：利用 ICMP 报文来测试网络的连通性、是否丢包、名称解析等，如 ping 127.0.0.1

检查 TCP/IP 协议，ping 本机 IP 检查网卡工作，ping 网关等。

arp 命令：用于显示和修改 ARP 缓存中的表项。

netstat 命令：用来显示网络活动状态，如 TCP/UDP 的 IP、端口号、统计信息等。

tracert 命令：利用 ICMP 报文，来探测到达目标的路径，参数通常为-d。

pathing 命令：把 ping 和 tracert 结合起来，探测路径、延时、丢包率等。

nbtstat 命令：用来显示 NetBIOS 的名称缓存。

route 命令：显示和修改本地 IP 路由器表，参数 add 添加、delete 删除、change 修改、print 显示路由表（同 netstat -r）。

netsh 命令：命令行脚本程序，可修改计算机的网络配置。

net 命令：管理网络服务。

nslookup 命令：命令用于显示 DNS 查询信息，诊断和排除 DNS 故障。

2.3 其他考点汇总

2.3.1 考点分析

历年嵌入式系统设计师考试试题涉及本部分的相关知识点有：网络地址翻译技术，默认网关设置，PPP 协议，冲突域和广播域。

2.3.2 知识点精讲

1. 网络地址翻译（Net Address Translate，NAT）

NAT 是网络地址翻译技术，目的为了解决 IP 地址短缺的问题，主要功能是实现企业内部私有地址到互联网公有地址的转换，能够通过公有地址访问互联网，只有当要访问外网时才涉及到 NAT 技术。

静态 NAT：固定的一对一 IP 地址映射，即一个私有地址对应一个公有地址，不能复用，一般用于 WEB 服务器、FTP 服务器等固定 IP 的主机服务器。

动态 NAT：分为 Basic NAT（动态地址转换）和 NAPT 或 PAT（网络地址端口转换）两种。

其中 Basic Nat 是多个私有地址对应少量公有地址，本质是有一个公有地址池，当需要访问外网时，从公有地址池中动态选择一个公有地址，即一个公有地址只能**同时**与一个私有地址建立映射，当使用完后该公有地址才会被**回收**，才能分配给其他私有地址。

NAPT 则是多对一模式，即多个私有地址对应一个公有地址，是 N:1 模式的，使用一个公有 IP 地址，多个**端口号**对应私有 IP 地址。也称为 IP 地址伪装，可以隐藏内部主机。

适用范围：对外服务器提供 internet 用户访问，应采用静态 NAT（一对一）；个人电脑访问 internet，应采用动态 NAT（多对多）或 PAT（一对多）；内部服务器由于只供内部用户使用，所以不用配置 NAT。

2. 默认网关

一台主机可以有多个网关。默认网关的意思是一台主机如果找不到可用的网关，就把数据包发给默认指定的网关，由这个网关来处理数据包。现在主机使用的网关，一般指的是默认网关。

默认网关的 IP 地址必须与本机 IP 地址在同一个网段内，即同网络号。

3．PPP

安全认证介绍：PPP 的 NCP 可以承载多种协议的三层数据包。PPP 使用 LCP 控制多种链路的参数（建立、认证、压缩、回拨）。

PPP 的认证类型：密码认证协议（Password Authentication Protocol，PAP）是通过二次握手建立认证（明文不加密），质询握手认证协议（Challenge Handshake Authentication Protocol，CHAP），通过三次握手建立认证（密文采用 MD5 加密）。PPP 的双向验证，采用的是 CHAP 的主验证风格。PPP 的加固验证，采用的是两种（PAP，CHAP）验证同时使用。

4．冲突域和广播域

路由器可以阻断广播域和冲突域，交换机只能阻断冲突域，因此一个路由器下可以划分多个广播域和多个冲突域；一个交换机下整体是一个广播域，但可以划分多个冲突域；而物理层设备集线器下整体作为一个冲突域和一个广播域。

第 3 学时　多媒体技术

多媒体技术是嵌入式应用技术的基础知识点。根据历年考试情况，上午考试涉及相关知识点的分值在 3 分左右，下午考试中一般不会涉及。本学时考点知识结构如图 2-3-1 所示。

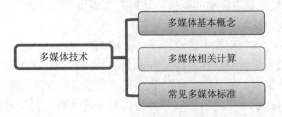

图 2-3-1　多媒体技术知识结构

3.1　多媒体基本概念

3.1.1　考点分析

历年嵌入式系统设计师考试试题涉及本部分的相关知识点有：媒体的分类及特点，声音，图形和图像。

3.1.2　知识点精讲

1．媒体的分类

媒体分为以下五大类。

感觉媒体：直接作用于人的感觉器官，使人产生直接感觉的媒体。常见的感觉媒体分为文本、图形、图像、动画、音频和视频。

表示媒体：指传输感觉媒体的中介媒体，即用于数据交换的编码。如文本编码、声音编码和图像编码等。

表现媒体：进行信息输入和信息输出的媒体，也即输入输出设备。如键盘、鼠标和麦克风、显示器、打印机和音响等。

存储媒体：存储表示媒体的物理介质。如磁盘、光盘和内存等。

传输媒体：传输表示媒体的物理介质。如电缆、光纤、双绞线等。

2. 声音

主要用声音的**带宽**（图 2-3-2）来衡量声音的大小，单位是 Hz。声音是一种模拟信号，要对其进行处理，就必须将其转化为数字信号。转换过程有三个步骤：采样、量化、编码。

图 2-3-2 声音的带宽

人耳能听到的音频信号的频率范围是 20Hz～20kHz。

声音的**采样频率**一般为最高频率的**两倍**，才能保证不失真。

（1）数字音乐合成方法。

数字调频合成法（FM）：使高频振荡波的频率按调制信号规律变化的一种调制方式。采用不同调制波频率和调制指数，就可以方便地合成具有不同频谱分布的波形，再现某些乐器的音色。可以采用这种方法得到具有独特效果的"电子模拟声"，创造出丰富多彩的声音，是真实乐器所不具备的音色。

波表合成法（Wavetable）：将各种真实乐器所能发出的所有声音（包括各个音域、声调）录制下来，存储为一个波表文件。播放时，根据 MIDI 文件记录的乐曲信息向波表发出指令，从"表格"中逐一找出对应的声音信息，经过合成、加工后回放出来，合成的音质更好。

（2）声音特性。

音高：表示各种声音的高低，主要取决于声波的振动频率，振动频率越高则音越高。

音调：表示声音的调子的高低，由声音本身的频率决定。

音色：又称为音品，由声音波形的谐波频谱和包络决定。

声音文件格式：.wav、.snd、.au、.aif、.voc、.mp3、.ra、.mid 等。

3. 图形和图像

（1）颜色三要素。

亮度：彩色明暗深浅程度。

色调（红、绿）：颜色的类别。

饱和度：颜色的纯度，即颜色的深浅，或者说掺入白光的程度。

（2）彩色空间。即设备显示图片所使用的色彩空间，普通的计算机显示器是 RGB 色彩空间，除了红、绿、蓝三原色外，其他颜色都是通过这三原色叠加形成的。

电视中使用 YUV 色彩空间，主要是为了兼容黑白电视，使用的是亮度原理，即调不同的亮度，显示不同的颜色。

CMY（CMYK），印刷书籍时采用的色彩空间，这个采用的是和 RGB 相反的减法原理，浅蓝、粉红、黄三原色的印刷颜料实际上是吸收除了本身色彩之外的其他颜色的，因此，印刷出来才是这些颜色。

HSV（HSB），艺术家彩色空间，是从艺术的角度划分的。

图像的属性：分辨率（每英寸像素点数 dpi）、像素深度（存储每个像素所使用的二进制位数）。

图像文件格式：.bmp、.gif、.jpg、.png、.tif、.wmf 等。

DPI：每英寸像素点数。

图像深度是图像文件中记录一个像素点所需要的位数，用来确定图像每个像素可能有的颜色数。

显示深度表示显示器中存储屏幕上一个点的位数（bit），也即显示器可以显示的颜色数。

水平分辨率：显示器在横向上具有的像素点数目。

垂直分辨率：显示器在纵向上具有的像素点数目。

矢量图的基本组成单位是图元，**位图**的基本组成单位是像素，**视频和动画**的基本组成单元是帧。

真彩色：指图像中的每个像素值都分成 R、G、B 三个基色分量，每个基色分量直接决定其基色的强度，这样产生的色彩称为真彩色。

伪彩色：图像的每个像素值实际上是一个索引值或代码，该代码值作为色彩查找表中某一项的入口地址，根据该地址可查找出包含实际 R、G、B 的强度值。这种用查找映射的方法产生的色彩称为伪彩色。

3.2 多媒体相关计算

3.2.1 考点分析

历年嵌入式系统设计师考试试题涉及本部分的相关知识点有：图像容量计算，音频容量计算，视频容量计算。

3.2.2 知识点精讲

1. 图像容量计算

（1）已知像素，位数。每个像素为 16 位，图像为 640×480 像素，则容量为 640×480×16÷8=614400B。

（2）已知像素，色数。640×480 像素，256 色的图像，则容量为 640×480×$\log_2(256)$÷8=307200B。

2. 音频容量计算

音频容量=采样频率（Hz）×量化/采样位数（位）×声道数 / 8

3. 视频容量计算

视频容量=每帧图像容量×每秒帧数×时间 + 音频容量×时间

例：使用 150DPI 的扫描分辨率扫描一幅 3×4 英寸的彩色照片，得到原始的 24 位真彩色图像的数据量是（　　）Byte。

解析：DPI 是每英寸像素点数，因此扫描后像素点数为 3×150×4×150=270000 个，24 位彩色图像的含义是每个像素点占 24bit=3Byte，因此数据量为 270000×3=810000Byte。

3.3　常见多媒体标准

3.3.1　考点分析

历年嵌入式系统设计师考试试题涉及本部分的相关知识点有：JPEG 标准和 MPEG 标准，数据压缩标准。

3.3.2　知识点精讲

1. JPEG 标准和 MPEG 标准

主要是图像的 JPEG 标准和视频的 MPEG 标准，对于 MPEG，要掌握每个级别的代表设备标准，具体如图 2-3-3 所示。

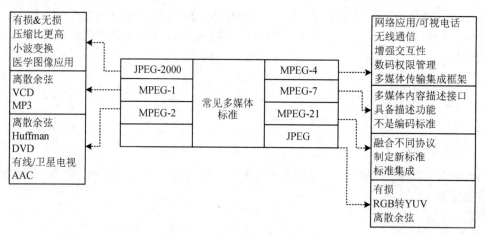

图 2-3-3　JPEG 标准和 MPEG 标准

2. 数据压缩基础

数据能够压缩的前提是有冗余，**冗余分类**如下。

空间冗余（几何冗余）：对于一副画面中同样的信息，在压缩时，不需要重复存储，只记录一次信息内容，而后记录这些相同信息出现的位置即可。

时间冗余：在压缩视频时，对于一帧和下一帧，只记录变化的部分，不变的部分不记录。

视觉冗余：例如 JPEG 标准，就是有损压缩，对于人眼关注不到的细节就不存储，找到一个临界值，达到视觉欺骗的效果。

信息熵冗余：不同的信息编码的冗余效率是不同的，可以通过改变信息编码来改变冗余。

结构冗余：对于结构相同的模块，只记录一次。和空间冗余有点类似。

知识冗余：从知识角度来说，有些可以根据常识推导出来的东西，可以不用记录。

3．有损压缩和无损压缩

压缩后能够还原的编码方式称为无损压缩（熵编码法）：例如 WINRAR 压缩等，最终可以还原出原数据，最经典的无损压缩就是哈夫曼编码。

压缩后无法还原的编码方式就是有损压缩（熵压缩法）：例如 JPEG 格式的图片。

第 4 学时　信息安全

信息安全技术是嵌入式应用技术的基础知识点。根据历年考试情况，上午考试涉及相关知识点的分值在 2～3 分左右，下午考试中一般会涉及加解密技术、信息摘要和数字签名等技术原理及算法。本学时考点知识结构如图 2-4-1 所示。

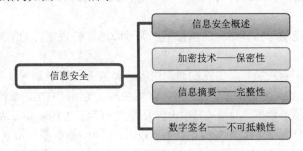

图 2-4-1　信息安全知识结构

4.1　信息安全概述

4.1.1　考点分析

历年嵌入式系统设计师考试试题涉及本部分的相关知识点有：信息安全的基本要素，常见的安全攻击和威胁分类，安全体系结构，安全保护等级。

4.1.2　知识点精讲

1．信息安全基本要素

主要包括信息的保密性、完整性、可用性，另外也包括其他属性，如真实性、可核查性、不可抵赖性和可靠性。

保密性：信息不被泄漏给未授权的个人、实体和过程，或信息不被其使用的特性。方法包括：最小授权原则；防暴露；信息加密；物理保密。

完整性：信息未经授权不能改变的特性。影响完整性的主要因素有设备故障、误码、人为攻击和计算机病毒等。保证完整性的方法包括：

（1）协议：通过安全协议检测出被删除、失效、被修改的字段。

（2）纠错编码方法：利用校验码完成检错和纠错功能。

（3）密码校验和方法。

（4）数字签名：能识别出发送方来源。

（5）公证：请求系统管理或中介机构证明信息的真实性。

可用性：需要时，授权实体可以访问和使用的特性。一般用系统正常使用时间和整个工作时间之比来度量。

其他属性：

真实性：指对信息的来源进行判断，能对伪造来源的信息予以鉴别。

可核查性：系统实体的行为可以被独一无二地追溯到该实体的特性，这个特性就是要求该实体对其行为负责，为探测和调查安全违规事件提供了可能性。

不可抵赖性：是指建立有效的责任机制，防止用户否认其行为，这一点在电子商务中是极其重要的。

可靠性：系统在规定的时间和给定的条件下，无故障地完成规定功能的概率。

2. 安全攻击和威胁

被动攻击：不直接影响源站和目的站的通信内容，如监听、窃取。

主动攻击：直接影响源站和目的站的通信内容，如中断（将源站发出的数据中断，不再发送给目的站），篡改（截获二者通信数据，并修改其中内容），伪造（第三方伪装成源站和目的站进行通信）。

也可以按服务类型分为服务型攻击和非服务型攻击，其中，服务型攻击就是针对上层服务的攻击，主要代表是 DOS 攻击，非服务型攻击是针对底层的攻击。安全威胁分类见表 2-4-1。

表 2-4-1 安全威胁分类

攻击类型	攻击名称	描述
被动攻击	窃听（网络监听）	用各种可能的合法或非法的手段窃取系统中的信息资源和敏感信息
	业务流分析	通过对系统进行长期监听，利用统计分析方法对诸如通信频度、通信的信息流向、通信总量的变化等参数进行研究，从而发现有价值的信息和规律
	非法登录	有些资料将这种方式归为被动攻击方式
主动攻击	假冒身份	通过欺骗通信系统（或用户）达到非法用户冒充成为合法用户，或者特权小的用户冒充成为特权大的用户的目的。黑客大多是采用假冒进行攻击
	抵赖	这是一种来自用户的攻击，比如：否认自己曾经发布过的某条消息、伪造一份对方来信等
	旁路控制	攻击者利用系统的安全缺陷或安全性上的脆弱之处获得非授权的权利或特权
	重放攻击	所截获的某次合法的通信数据拷贝，出于非法的目的而被重新发送
	拒绝服务（DOS）	对信息或其他资源的合法访问被无条件地阻止

窃听和业务流分析都是通过监听手段实现，只不过业务流分析更注重长期监听和监听后的分析处理。

3. 安全体系结构

可划分为物理线路安全、网络安全、系统安全和应用安全；从各级安全需求字面上也可以理解为：物理线路就是物理设备、物理环境；网络安全指网络上的攻击、入侵；系统安全指的是操作系统漏洞、补丁等；应用安全就是上层的应用软件，包括数据库软件。

4. 安全保护等级

用户自主保护级：适用于普通内联网的用户。

系统审计保护级：适用于通过内联网或国际网进行商务活动，需要保密的非重要单位。

安全标记保护级：适用于地方各级国家机关、金融机构、邮电通信、能源与水源供给部门、交通运输、大型工商与信息技术企业、重点工程建设单位。

结构化保护级：适用于中央级国家机关、广播电视部门、重要物资储备单位、社会应急服务部门、尖端科技企业集团、国家重点科研机构和国际建设等部门。

访问验证保护级：适用于国防关键部门和依法需要对计算机信息系统实施特殊隔离的单位。

4.2 加密技术——保密性

4.2.1 考点分析

历年嵌入式系统设计师考试试题涉及本部分的相关知识点有：对称加密技术原理及算法，非对称加密技术原理及算法，数字信封原理。

4.2.2 知识点精讲

1. 加解密基本概念

一个密码系统，通常简称为密码体制(Cryptosystem)，由五部分组成：①明文空间 M，它是全体明文的集合；② 密文空间 C，它是全体密文的集合；③ 密钥空间 K，它是全体密钥的集合，其中每一个密钥 K 均由加密密钥 Ke 和解密密钥 Kd 组成，即 K=< Ke, Kd>；④ 加密算法 E，它是一组由 M 至 C 的加密变换；⑤ 解密算法 D，它是一组由 C 到 M 的解密变换。

对于每一个确定的密钥，加密算法将确定一个具体的加密变换，解密算法将确定一个具体的解密变换，而且解密变换就是加密变换的逆变换。对于明文空间 M 中的每一个明文 M，加密算法 E 在密钥 Ke 的控制下将明文 M 加密成密文 C：C=E (M, Ke)，而解密算法 D 在密钥 Kd 的控制下将密文 C 解密出同一明文 M：M=D (C, Kd) =D (E (M, Ke),Kd)。

2. 对称加密技术

对称加密技术就是对数据的加密和解密的密钥（密码）是相同的，属于不公开密钥加密算法。其缺点是加密强度不高（因为只有一个密钥），且密钥分发困难（因为密钥还需要传输给接收方，也要考虑保密性等问题）。

常见的对称密钥加密算法如下：

DES：替换+移位、56 位密钥、64 位数据块、速度快、密钥易产生。

3DES：三重 DES，两个 56 位密钥 K1、K2。

加密：K1 加密→K2 解密→K1 加密。

解密：K1 解密→K2 加密→K1 解密

AES：是美国联邦政府采用的一种区块加密标准，这个标准用来替代原先的 DES。对其要求是"至少像 3DES 一样安全"。

RC-5：RSA 数据安全公司的很多产品都使用了 RC-5。

IDEA：128 位密钥，64 位数据块，比 DES 的加密性好，对计算机功能要求相对低。

3．非对称加密技术

非对称加密技术就是对数据的加密和解密的密钥是不同的，是公开密钥加密算法。其缺点是加密速度慢（密钥有 1024 位，计算量大，不适合加密大数据）。

非对称技术的原理是：发送方（甲方）和接收方（乙方）都分别有各自的公钥和私钥，且甲方的公钥加密只能由甲方的私钥解密，乙方同。双方的公钥是可以共享的，但是私钥只能自己保密，此时，甲方要传输数据给乙方，明显应该使用乙方的公钥来加密，这样，只有使用乙方的私钥才能解密，而乙方的私钥只有乙方才有，保证了数据的保密性，也不用分发解密的密钥。

常见的非对称加密算法有：RSA[512 位（或 1024 位）密钥，计算量极大，难破解]、Elgamal、ECC（椭圆曲线算法）、背包算法、Rabin、D-H 等。

相比较可知，对称加密算法密钥一般只有 56 位，因此加密过程简单，适合加密大数据，也因此加密强度不高；而非对称加密算法密钥有 1024 位，相应的解密计算量庞大，难以破解，却不适合加密大数据，一般用来加密对称算法的密钥，这样，就将两个技术组合使用了，这也是数字信封的原理。

4．数字信封原理

信是对称加密的密钥，数字信封就是对此密钥进行非对称加密，具体过程：发送方将数据用对称密钥加密传输，而将对称密钥用接收方公钥加密发送给对方。接收方收到数字信封，用自己的私钥解密信封，取出对称密钥解密得原文。

数字信封运用了对称加密技术和非对称加密技术，本质是使用对称密钥加密数据，非对称密钥加密对称密钥，解决了对称密钥的传输问题。

4.3 信息摘要——完整性

4.3.1 考点分析

历年嵌入式系统设计师考试试题涉及本部分的相关知识点有：信息摘要技术原理，信息摘要算法。

4.3.2 知识点精讲

所谓信息摘要，就是一段数据的特征信息，当数据发生了改变，信息摘要也会发生改变，发送方会将数据和信息摘要一起传给接收方，接收方会根据接收到的数据重新生成一个信息摘要，若此摘要和接收到的摘要相同，则说明数据正确。**信息摘要是由哈希函数生成的。**

信息摘要的特点：不管数据多长，都会产生固定长度的信息摘要；任何不同的输入数据，都会产生不同的信息摘要；单向性，即只能由数据生成信息摘要，不能由信息摘要还原数据。

信息摘要算法：MD5（产生 128 位的输出）、SHA-1（安全散列算法，产生 160 位的输出，安全性更高）。

由上述特点可知，使用信息摘要可以保证传输数据的完整性，只需要双方比对生成的信息摘要是否相同即可判断数据有没有被篡改，但是这样会出现一个问题，就是当发送方发送的数据和信息摘要都被篡改了，那么接收方拿到错误的数据生成的信息摘要也和篡改的信息摘要相同，接收方就无能为力了，这个问题，在后面的数字签名技术会解决。

4.4　数字签名——不可抵赖性

4.4.1　考点分析

历年嵌入式系统设计师考试试题涉及本部分的相关知识点有：数字签名技术原理，数字签名和信息摘要的合并使用，数字证书的组成和原理。

4.4.2　知识点精讲

1. 数字签名原理及过程

上述技术只保证了数据传输过程的保密性和完整性，却无法保证发送者是否非法，即在传输过程中，数据被第三方截获，即使他不能解密获取真实数据，但是他可以伪造一段数据，也用加密算法加密后再发送给接收方，那么接收方无法判断发送方是否合法，其只会用发送方告诉他的方法来解密。此时就要用到数字签名技术来验证发送方是否合法。

数字签名属于非对称加密体制，主要功能有：不可否认、报文鉴别、报文的完整性。

原理：若发送方需要发送数据，应该使用发送方的私钥进行数字签名，而其公钥是共享的，任何接收方都可以拿来解密，因此，接收方使用了发送方的公钥解密，就必然知道此数据是由发送方的私钥加密的，而发送的私钥只属于发送方，唯一标识了数据是由谁发送的，这就是数字签名的过程原理。

将数字签名技术和非对称加密技术合并使用，数据的传输过程如图 2-4-2 所示，将明文使用 A 的私钥进行数字签名，再将传输数据使用 B 的公钥加密，到达 B 后，B 首先使用自己的私钥解密，然后使用 A 的公钥来核实签名，确认发送方合法，才会取出明文。

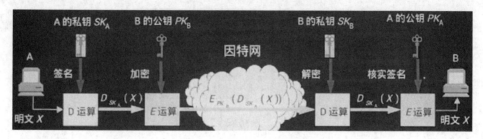

图 2-4-2　数据传输过程

由上述过程可知，数字签名技术与非对称加密技术使用公钥和私钥的过程是完全相反的。

2. 数字签名和信息摘要合用

当**数字签名和信息摘要合用后**，就能保证不会产生错误，因为数字签名确定了唯一的发送方，第三方无法伪造，如果数据被篡改，数字签名肯定错误，若数字签名无误，则数据肯定没被篡改，然后可根据信息摘要验证数据的完整性。

同时，因为数字签名本质也是基于非对称加密算法的原理，因此其对整个报文进行签名的速度也很慢，生成了信息摘要后，可以只对信息摘要进行数字签名，这就大大提高了效率，接收方收到后可以对信息摘要先核实签名，然后再将自己生成的信息摘要和核实签名后的信息摘要进行比对即可。

3. 数字证书

数字证书又称为数字标识，由用户申请，证书签证机关 CA 对其核实签发，是对用户公钥的认证。上述的技术都是在原发送方是正确的情况下所做的加密和认证技术，然而当发送方本身就是伪造的，即发送的公钥本身就是假的，那么后续的加密、数字签名都没有意义了，因此对发送方的公钥进行验证是十分重要的。

数字证书是将**持有者的公钥和持有者信息**绑定起来的机制，每一个发送方都要先向 CA 申请数字证书，数字证书是经过 CA 数字签名的，也即 CA 使用私钥加密，当发送方要发送数据时，接收方首先下载 CA 的公钥，去验证数字证书的真伪，如果是真的，就能保证发送方是真的，因为 CA 是官方权威的机构，其合法性毋庸置疑。

最安全的过程要验证两步：①在网银系统中，使用网银时，要先下载该银行的数字证书，之后，本地客户机会用 CA 的公钥对数字证书进行解密，解密成功说明是 CA 颁发的，是该银行系统而非黑客冒充。②确认了通信对方无误后，就可以采用上述的一系列加密和认证技术来对通信数据进行加密，确保数据不会在发送过程中被截获篡改。

第 5 学时　网络安全

网络安全是嵌入式应用技术的基础知识点。根据历年考试情况，上午考试涉及相关知识点的分值在 2～3 分左右，下午考试中一般不会涉及。本学时考点知识结构如图 2-5-1 所示。

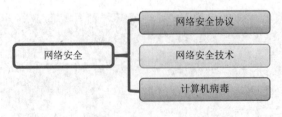

图 2-5-1　网络安全知识结构

5.1 网络安全协议

5.1.1 考点分析

历年嵌入式系统设计师考试试题涉及本部分的相关知识点有：各层网络安全协议，SSL/SSH/SET 等协议特点，PGP 协议技术原理及传输过程。

5.1.2 知识点精讲

1. 网络安全协议

物理层主要使用物理手段隔离、屏蔽物理设备等，其他层都是靠协议来保证传输的安全，具体如图 2-5-2 所示，要求记住每层的安全协议名。

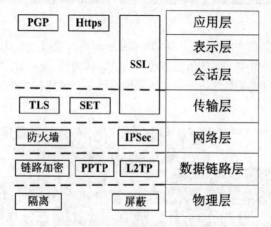

图 2-5-2   网络安全协议层

SSL 协议用于网银交易，**SSL** 被设计为加强 Web 安全传输（HTTP/HTTPS/）的协议（还有 SMTP/NNTP 等），**SSH** 被设计为加强 Telnet/FTP 安全的传输协议。

SET 安全电子交易协议主要应用于 B2C 模式（电子商务）中保障支付信息的安全性。SET 协议本身比较复杂，设计比较严格，安全性高，它能保证信息传输的机密性、真实性、完整性和不可否认性。SET 协议是 PKI 框架下的一个典型实现，同时也在不断升级和完善，如 SET 2.0 将支持借记卡电子交易。

2. PGP 协议

安全电子邮件协议，多用于电子邮件传输的安全协议，是比较完美的一种安全协议。

PGP 提供两种服务：数据加密和数字签名。数据加密机制可以应用于本地存储的文件，也可以应用于网络上传输的电子邮件。数字签名机制用于数据源身份认证和报文完整性验证。PGP 使用 RSA 公钥证书进行身份认证，使用 IDEA （128 位密钥）进行数据加密，使用 MD5 进行数据完整性验证。

发送方 A 有三个密钥：A 的私钥、B 的公钥、A 生成的一次性对称密钥。

接收方 B 有两个密钥：B 的私钥、A 的公钥。

发送方原理：A 使用信息摘要算法，将明文生成信息摘要，然后使用 A 的私钥，对信息摘要进行数字签名，将摘要和明文都用一次性对称密钥加密，然后将对称密钥用 B 的公钥加密，最终将这整套数据传输到互联网上，如图 2-5-3 所示。

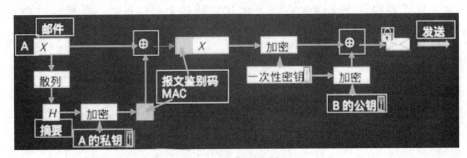

图 2-5-3　发送方原理

接收方原理：B 接收到密文后，首先使用 B 的私钥解密，获取一次性对称密钥，然后使用对称密钥来解密密文，获取经过数字签名的信息摘要和明文，接着使用 A 的公钥核实数字签名，得到信息摘要，再使用同样的信息摘要算法，将明文生成信息摘要，和接收到的信息摘要比对，如果无误，则安全，如图 2-5-4 所示。

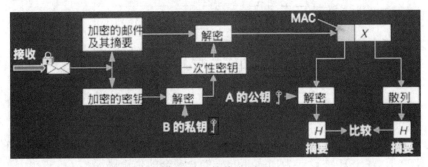

图 2-5-4　接收方原理

上述，发送方和接收方的加密和解密过程是完全的逆过程，要注意理解。

5.2　网络安全技术

5.2.1　考点分析

历年嵌入式系统设计师考试试题涉及本部分的相关知识点有：防火墙技术原理，入侵检测技术，入侵防御技术，杀毒软件等。

5.2.2　知识点精讲

1. 防火墙技术

防火墙是在内部网络和外部因特网之间增加的一道安全防护措施，分为网络级防火墙和应用级防火墙，两级之间的安全手段如图 2-5-5 所示。

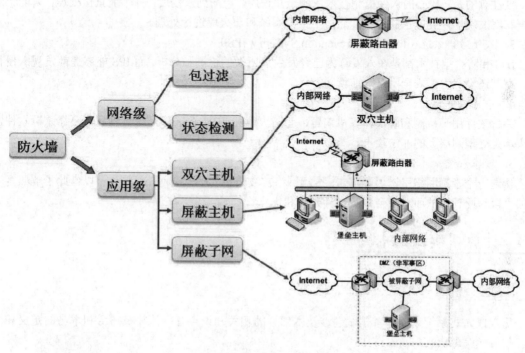

图 2-5-5　防火墙安全手段

网络级防火墙层次低，但是效率高，因为其使用包过滤和状态监测手段，一般只检验网络包外在（起始地址、状态）属性是否异常。若异常，则过滤掉，不与内网通信，因此对应用和用户是透明的。但是这样的问题是，如果遇到伪装的危险数据包就没办法过滤，此时，就要依靠应用级防火墙。**应用级防火墙**层次高，效率低，因为应用级防火墙会将网络包拆开，具体检查里面的数据是否有问题，会消耗大量时间，造成效率低下，但是安全强度高。

要特别注意的是图 2-5-5 中的**屏蔽子网方法**，是在内网和外网之间增加了一个屏蔽子网，相当于多了一层网络，称为 **DMZ（非军事区）**。这样，内网和外网通信必须多经过一道防火墙，屏蔽子网中一般存放的是邮件服务器、WEB 服务器等内外网数据交互的服务器，可以屏蔽掉一些来自内部的攻击，但是完全来自系统内部服务器的攻击还是无法屏蔽掉。

2. 入侵检测系统（Intrusion Detection System，IDS）

防火墙技术主要是分隔来自外网的威胁，却对来自内网的直接攻击无能为力，此时就要用到入侵检测技术。入侵检测技术位于防火墙之后的第二道屏障，作为防火墙技术的补充。

原理： 监控当前系统/用户行为，使用入侵检测分析引擎进行分析，这里包含一个知识库系统，囊括了历史行为、特定行为模式等操作，将当前行为和知识库进行匹配，就能检测出当前行为是否是入侵行为，如果是入侵，则记录证据并上报给系统和防火墙，交由它们处理。

上述过程中，即使不是入侵行为，也可以起到一个数据采集的作用，即将当前行为录入知识库作为合法行为，方便之后的匹配。

要注意的是：核心的入侵检测技术依赖于知识库，检测到入侵后，并不能直接处理，只能记录证据和案发现场，类似于监视器，然后上报给系统和防火墙进行处理。

3．入侵防御系统（Intrusion Prevention System，IPS）

IDS 和防火墙技术都是在入侵行为已经发生后所做的检测和分析，而 IPS 能够提前发现入侵行为，在其还没有进入安全网络之前就防御。

4．杀毒软件

杀毒软件用于检测和解决计算机病毒，与防火墙和 IDS 要区分，计算机病毒要靠杀毒软件，防火墙是处理网络上的非法攻击。

5．蜜罐系统

伪造一个蜜罐网络引诱黑客攻击，蜜罐网络被攻击不影响安全网络，并且可以借此了解黑客攻击的手段和原理，从而对安全系统进行升级和优化。

5.3　计算机病毒与木马

5.3.1　考点分析

历年嵌入式系统设计师考试试题涉及本部分的相关知识点有：计算机病毒和木马的定义和分类，代表性病毒特点。

5.3.2　知识点精讲

1．计算机病毒和木马

定义： 编制或者在计算机程序中插入的破坏计算机功能或者破坏数据，影响计算机使用并且能够自我复制的一组计算机指令或者程序代码。

特点： 具有传染性、隐蔽性、潜伏性、破坏性、针对性、衍生性、寄生性、未知性。

病毒分类见表 2-5-1。

表 2-5-1　病毒分类

类型	特征	危害
文件型	感染 DOS 下的 COM，EXE 文件	随着 DOS 的消失已逐步消失，危害越来越小
引导型	启动 DOS 系统时，病毒被触发	随着 DOS 的消失已逐步消失，危害越来越小
宏病毒	针对 Office 的一种病毒，由 Office 的宏语言编写	只感染 Office 文件，其中以 Word 文档为主

续表

类型	特征	危害
VB 脚本病毒	通过 IE 浏览器激活	用户浏览网页时会感染，清除较容易
蠕虫	有些采用电子邮件附件的方式发出，有些利用操作系统漏洞进行攻击	破坏文件、造成数据丢失，使系统无法正常运行，是目前危害性最大的病毒
木马	通常是病毒携带的一个附属程序	夺取计算机控制权
黑客程序	一个利用系统漏洞进行入侵的工具	通常会被计算机病毒所携带，用以进行破坏

2. 代表性病毒实例

蠕虫病毒（感染 EXE 文件）：熊猫烧香，罗密欧与朱丽叶，恶鹰，尼姆达，冲击波，欢乐时光。

木马：QQ 消息尾巴木马，特洛伊木马，X 卧底，冰河。

宏病毒（感染 Word、Excel 等文件中的宏变量）：美丽沙，台湾 1 号。

CIH 病毒：史上唯一破坏硬件的病毒。

红色代码：蠕虫病毒+木马。

第 6 学时　知识产权和标准化

知识产权和标准化是嵌入式应用技术的基础知识点。根据历年考试情况，上午考试涉及相关知识点的分值在 2～3 分左右，下午考试中一般不会涉及。本学时考点知识结构如图 2-6-1 所示。

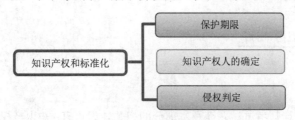

图 2-6-1　知识产权和标准化知识结构

6.1　保护期限

6.1.1　考点分析

历年嵌入式系统设计师考试试题涉及本部分的相关知识点有：知识产权保护期限。

6.1.2　知识点精讲

注意：*各国的知识产权法律都只适用于本国范围内，在其他国家不适用。*

保护期限各种情况见表 2-6-1。

表 2-6-1　知识产权保护期限

客体类型	权力类型	保护期限
公民作品	署名权、修改权、保护作品完整权	没有限制
	发表权、使用权和获得报酬权	作者终生及其死亡后的 50 年（第 50 年的 12 月 31 日）
单位作品	发表权、使用权和获得报酬权	50 年（首次发表后的第 50 年的 12 月 31 日），若其间未发表，不保护
公民软件产品	署名权、修改权	没有限制
	发表权、复制权、发行权、出租权、信息网络传播权、翻译权、使用许可权、获得报酬权、转让权	作者终生及死后 50 年（第 50 年 12 月 31 日）。合作开发，以最后死亡作者为准
单位软件产品	发表权、复制权、发行权、出租权、信息网络传播权、翻译权、使用许可权、获得报酬权、转让权	50 年（首次发表后的第 50 年的 12 月 31 日），若其间未发表，不保护
注册商标		有效期 10 年（若注册人死亡或倒闭 1 年后，未转移则可注销，期满后 6 个月内必须续注）
发明专利权		保护期为 20 年（从申请日开始）
实用新型和外观设计专利权		保护期为 10 年（从申请日开始）
商业秘密		不确定，公开后公众可用

6.2　知识产权人的确定

6.2.1　考点分析

历年嵌入式系统设计师考试试题涉及本部分的相关知识点有：知识产权人的确定，职务作品和委托作品的区分。

6.2.2　知识点精讲

1. 职务作品

职务作品是指公民为完成法人或者其他组织工作任务所创作的作品。其特征是：创作的作品应当属于作者的职责范围；对作品的使用应当属于作者所在单位的正常工作或业务范围之内。

2. 委托作品

委托作品，是指根据作者与某一个人或法人签订的委托合同所创作的作品。委托一方按双方同意的标准支付作者一定的报酬，作者则为此创作某一具体作品。

单位和委托的区别在于，当合同中未规定著作权的归属时，著作权默认归于单位，而委托创作中，著作权默认归属于创作方个人，具体见表 2-6-2 和表 2-6-3。

表 2-6-2　著作权归属（一）

情况说明		判断说明	归属
作品	职务作品	利用单位的物质技术条件进行创作，并由单位承担责任的	除署名权外其他著作权归单位
		有合同约定，其著作权属于单位	除署名权外其他著作权归单位
		其他	作者拥有著作权，单位有权在业务范围内优先使用
软件	职务作品	属于本职工作中明确规定的开发目标	单位享有著作权
		属于从事本职工作活动的结果	单位享有著作权
		使用了单位资金、专用设备、未公开的信息等物质、技术条件，并由单位或组织承担责任的软件	单位享有著作权
专利权	职务作品	本职工作中作出的发明创造	单位享有专利
		履行本单位交付的本职工作之外的任务所作出的发明创造	单位享有专利
		离职、退休或调动工作后 1 年内，与原单位工作相关	单位享有专利

表 2-6-3　著作权归属（二）

情况说明		判断说明	归属
作品软件	委托创作	有合同约定，著作权归委托方	委托方
		合同中未约定著作权归属	创作方
	合作开发	只进行组织、提供咨询意见、物质条件或者进行其他辅助工作	不享有著作权
		共同创作的	共同享有，报人头比例。成果可分割的，可分开申请
	商标	谁先申请谁拥有（除知名商标的非法抢注）同时申请，则根据谁先使用（需提供证据）无法提供证据，协商归属，无效时使用抽签（但不可不确定）	
	专利	谁先申请谁拥有同时申请则协商归属，如果协商未果，则专利局驳回所有申请人的申请	

6.3　侵权判定

6.3.1　考点分析

历年嵌入式系统设计师考试试题涉及本部分的相关知识点有：侵权判定，商标权、专利权、商业秘密等权利特点。

6.3.2　知识点精讲

1. 侵权判定

一般通用化的东西不算侵权，个人未发表的东西被抢先发表是侵权。

中国公民、法人或者其他组织的作品，不论是否发表，都享有著作权。

开发软件所用的思想、处理过程、操作方法或者数学概念不受保护。

著作权法不适用于下列情形：法律、法规、国家机关的决议、决定、命令和其他具有立法、行政、司法性质的文件，及其官方正式译文；时事新闻；历法、通用数表、通用表格和公式。

只要不进行传播、公开发表、盈利都不算侵权，具体见表 2-6-4。

表 2-6-4　侵权判定

不侵权	侵权
✓个人学习、研究或者欣赏； ✓适当引用； ✓公开演讲内容； ✓用于教学或科学研究； ✓复制馆藏作品； ✓免费表演他人作品； ✓室外公共场所艺术品临摹、绘画、摄影、录像； ✓将汉语作品译成少数民族语言作品或盲文出版	✓未经许可，发表他人作品； ✓未经合作作者许可，将与他人合作创作的作品当作自己单独创作的作品发表的； ✓未参加创作，在他人作品中署名； ✓歪曲、篡改他人作品的； ✓剽窃他人作品的； ✓使用他人作品，未付报酬； ✓未经出版者许可，使用其出版的图书、期刊的版式设计的

2. 商业秘密

构成条件：未公开、能为权利人带来利益、保密性。

商业秘密无固定的保密时间，一般由企业自行规定，且不能延长。

3. 专利权

期限：发明专利权保护期限为自申请日起 20 年；实用新型专利权和外观设计专利权保护期限为自申请日起 10 年。

专利权谁先申请就归谁，若同一天申请，则双方协商确定申请人，若协商未果，则专利局驳回所有申请人的申请。

4. 商标权

必须使用注册商标的商品范围包括：国家规定并由国家工商行政管理局公布的人用药品和烟草

第 2 天

制品、国家规定并由国家工商行政管理局公布的其他商品。

商标权认定方式与专利权类似，也是谁先申请就归谁，如果同一天申请，则谁先使用该商标就归谁，若都未使用或同时使用，则由双方协商或者以抽签方式决定（比专利权多一个使用判断）。

"近似商标"是指文字、数字、图形、三维标志或颜色组合等商标的构成要素的发音、视觉、含义或排列顺序及整体结构上虽有一定区别，但又使人难以区分，容易产生混淆的商标。会产生商标侵权，故不能同时注册。由双方协商决定，协商未果后采用抽签方式决定。

5. 引用资料

只能引用发表的作品，不能引用未发表的作品；只能限于介绍、评论作品；只要不构成自己作品的主要部分，可适当引用资料；不必征得原作者的同意，不需要向他支付报酬。

第**3**天
动手编程，软件设计

通过第 2 天的学习，您应该掌握了计算机应用技术，这些应用技术不依托于具体嵌入式平台或是 PC 端平台，但是涉及大部分基础知识。学习了这些基础应用技术之后，第 3 天将开始学习嵌入式软件程序设计的相关知识。

第 3 天学习的知识点包括嵌入式软件程序设计，数据结构与算法，系统分析与设计，系统测试与维护。

第 1 学时　软件程序设计基础

软件程序设计是嵌入式软件程序设计的基础知识点。根据历年考试情况，上午考试涉及相关知识点的分值在 2～3 分左右，下午考试中一般不会涉及。本学时考点知识结构如图 3-1-1 所示。

图 3-1-1　软件程序设计基础知识结构

1.1 嵌入式软件开发原理

1.1.1 考点分析

历年嵌入式系统设计师考试试题涉及本部分的相关知识点有：嵌入式软件开发流程，宿主机和目标机，交叉编译，交叉调试，常用编辑，编译，调试等开发工具。

1.1.2 知识点精讲

1. 宿主机和目标机

嵌入式软件开发不同于传统软件开发，其所使用的开发环境、工具都有特殊性，在嵌入式软件开发中，一般使用宿主机和目标机的模式进行系统开发，并且借助于开发工具进行目标开发。

宿主机是指普通 PC 机中构建的开发环境，一般需要配置交叉编译器，借助于宿主机的环境，使用交叉编译器进行目标编译，代码生成，同时借助仿真器或者网络进行目标机的程序调式。

目标机可以是嵌入式系统的实际运行环境，也可以是能够替代实际运行环境的仿真系统。

嵌入式软件开发方式一般是在宿主机上建立开发环境，完成编码和交叉编译工作，然后在宿主机和目标机之间建立连接，将目标程序下载到目标机中进行交叉调试和运行，如图 3-1-2 所示。

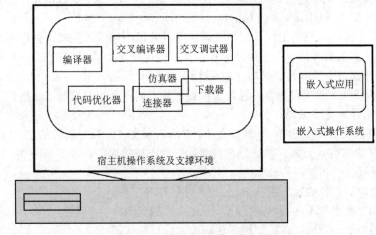

图 3-1-2　嵌入式软件开发方式

2. 交叉编译

嵌入式软件开发所采用的编译为交叉编译。所谓交叉编译就是在一个平台上生成可以在另一个平台上执行的代码。编译的最主要工作是将程序转化成运行该程序的 CPU 所能识别的机器代码，由于不同的体系结构有不同的指令系统，因此，不同的 CPU 需要有相应的编译器，而交叉编译就如同翻译一样，把相同的程序代码翻译成不同 CPU 的对应可执行二进制文件。

由于一般通用计算机拥有非常丰富的系统资源、使用方便的集成开发环境和调试工具等，而嵌入式系统的系统资源非常紧缺，无法在其上运行相关的编译工具，因此，嵌入式系统的开发需要借助宿主机（通用计算机）来编译出目标机的可执行代码。

3. 交叉调试

嵌入式软件经过编译和链接后即进入调试阶段，调试是软件开发过程中必不可少的一个环节，嵌入式软件开发过程中的交叉调试与通用软件开发过程中的调试方式有很大的差别。

在常见软件开发中，调试器与被调试的程序往往运行在同一台计算机上，调试器是一个单独运行着的进程，它通过操作系统提供的调试接口来控制被调试的进程。而在嵌入式软件开发中，调试时采用的是在宿主机和目标机之间进行的交叉调试，调试器仍然运行在宿主机的通用操作系统之上，但被调试的进程却是运行在基于特定硬件平台的嵌入式操作系统中。

调试器和被调试进程通过串口或者网络进行通信，调试器可以控制、访问被调试进程，读取被调试进程的当前状态，并能够改变被调试进程的运行状态。

4. 嵌入式软件开发特点和挑战

特点：需要交叉编译工具、通过仿真手段进行调试、开发板是中间目标机、可利用的资源有限、需要与硬件打交道。

挑战：软硬件协同设计、嵌入式操作系统、代码优化、有限 I/O 功能。

5. 开发工具

嵌入式软件的开发可以分为编码、交叉编译、交叉调试几个阶段。各个阶段的工具如下。

（1）编辑器：用于编写嵌入式源代码程序，从理论上讲，任何一个文本编辑器都可以用来编写源代码。各种集成开发环境会提供功能强大的编辑器，如 VS 系列、eclipse、keil、CSS 等。

常见的独立编辑器：UE、Source Insight、vim 等。

（2）编译器：编译阶段的工作是用交叉编译工具处理源代码，生成可执行的目标文件，在嵌入式系统中，由于宿主机和目标机系统不一样，需要使用交叉编译，GNU C/C++（gcc）是目前常用的一种交叉编译器，支持非常多的宿主机/目标机组合。

gcc 是一个功能强大的工具集合，包含了预处理器、编译器、汇编器、连接器等组件，会在需要时去调用这些组件来完成编译任务。

gcc 识别的文件类型主要包括 C 语言文件、C++语言文件、预处理后的 C 文件、预处理后的C++文件、汇编语言文件、目标文件、静态链接库、动态链接库等。以 C 程序为例，gcc 的编译过程主要分为四个阶段。

1）预处理阶段，即完成宏定义和 include 文件展开等工作。

2）根据编译参数进行不同程度的优化，编译成汇编代码。

3）用汇编器把上一阶段生成的汇编码进一步生成目标代码。

4）用连接器把上一阶段生成的目标代码、其他一些相关的系统目标代码以及系统的库函数连接起来，生成最终的可执行代码。

在 gcc 的高级用法上，一般希望通过使用编译器达到两个目的：检查出源程序的错误；生成速度快、代码量小的执行程序。这可以通过设置不同的参数来实现，例如，"-g"参数可以对执行程序进行调试。

（3）调试器：在开发嵌入式软件时，交叉调试是必不可少的一步。嵌入式软件调试的特点包括调试器运行在宿主机上，被调试程序运行在目标机上。调试器通过某种通信方式与目标机建立联系，如串口、并口、网络、JTAG 等。

在目标机上一般有调试器的某种代理，能配合调试器一起完成对目标机上运行程序的调试，可以是软件或支持调试的硬件。

gdb 是 GNU 开源组织发布的一个强大的程序调试工具。一般来说，gdb 的主要功能包括：

1）执行程序。运行准备调试的程序，在命令后面可以跟随发给该程序的任何参数。

2）显示数据。检查各个变量的值，显示被调试的语言中任何有效的表达式。

3）断点。用来在调试的程序中设置断点，该命令有四种形式：①使程序恰好在执行给定行之前停止；②使程序恰好在进入指定的函数之前停止；③如果条件是真，程序到达指定行或函数时停止；④在指定例程的入口处设置断点。

4）断点管理。包括显示当前 gdb 的断点信息、删除指定的某个断点、禁止使用某个断点、允许使用某个断点、清除源文件中某一代码行上的所有断点等。

5）变量检查赋值。识别数组或变量的类型，提供一个结构的定义，将值赋予变量。

6）单步执行。包括不进入的单步执行、进入的单步执行。如果已经进入了某函数，退出该函数返回到它的调用函数中。

7）函数调用。调用和执行一个函数。结束执行当前函数，显示其返回值。

8）机器语言工具。有一组专用的 gdb 变量可以用来检查和修改计算机的通用寄存器。

9）信号。gdb 通常可以捕捉到发送给它的大多数信号，通过捕捉信号，它就可决定对于正在运行的进程要做些什么工作。

1.2　程序设计语言基本概念

1.2.1　考点分析

历年嵌入式系统设计师考试试题涉及本部分的相关知识点有：解释和编译区分，常见的程序设计语言及特点，程序设计语言的基本成分。

1.2.2　知识点精讲

1．解释和编译

解释和编译都是将高级语言翻译成计算机硬件认可的机器语言加以执行。不同之处在于编译程序生成独立的可执行文件，直接运行，运行时无法控制源程序，效率高。而解释程序不生成可执行文件，可以逐条解释执行，用于调试模式，可以控制源程序，因为还需要控制程序，因此执行速度慢，效率低。

2．常见程序设计语言

低级语言：机器语言、汇编语言。

高级语言：高级程序设计语言，更接近人的语言，主要包括 Fortran 语言（科学计算，执行效率高）、Pascal 语言（为教学开发，表达能力强）、C 语言（指针操作能力强，可以开发系统级软件，高效）、C++语言（面向对象，高效）、Java 语言（面向对象，中间代码，跨平台）、C#语言（面向对象，中间代码，.Net 框架）、Python 语言（面向对象、解释型）、Prolog 语言（逻辑型程序设计语言）。

程序设计语言定义三要素：语法、语义、语用。

语法是指由程序设计语言的基本符号组成程序中的各个语法成分（包括程序）的一组规则，其中由基本字符构成的符号（单词）书写规则称为词法规则，由符号构成语法成分的规则称为语法规则。程序设计语言的语法可用形式语言进行描述。

语义是程序设计语言中按语法规则构成的各个语法成分的含义，可分为静态语义和动态语义。静态语义指编译时可以确定的语法成分的含义，而运行时刻才能确定的含义是动态语义。一个程序的执行效果说明了该程序的语义，它取决于构成程序的各个组成部分的语义。

语用表示了构成语言的各个记号和使用者的关系，涉及符号的来源、使用和影响。

语言的实现则有个语境问题。语境是指理解和实现程序设计语言的环境，包括编译环境和运行环境。

3. 程序设计语言的基本成分

数据成分：指一种程序设计语言的数据和数据类型。数据分为常量（程序运行时不可改变）、变量（程序运行时可以改变）、全局量（存储空间在静态数据区分配）、局部量（存储空间在堆栈区分配）。数据类型有整型、字符型、双精度、单精度浮点型、布尔型等。

运算成分：指明允许使用的运算符号及运算规则，包括算术运算、逻辑运算、关系运算、位运算等。

控制成分：指明语言允许表述的控制结构，包括顺序结构、选择结构、循环结构，如图 3-1-3 和图 3-1-4 所示。

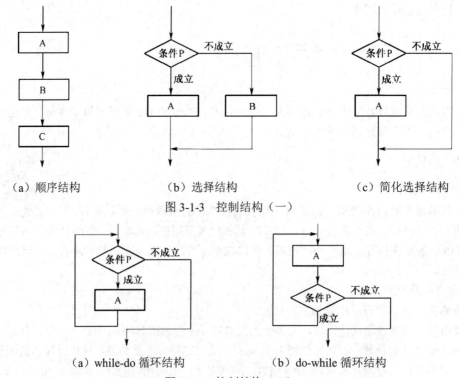

（a）顺序结构　　　　　（b）选择结构　　　　　（c）简化选择结构

图 3-1-3　控制结构（一）

（a）while-do 循环结构　　　　（b）do-while 循环结构

图 3-1-4　控制结构（二）

传输成分：指明语言允许的数据传输方式。如赋值处理、数据的输入输出等。

1.3　编译程序基本原理

1.3.1　考点分析

历年嵌入式系统设计师考试试题涉及本部分的相关知识点有：编译程序基本原理，编译程序各个阶段的特点。

1.3.2　知识点精讲

编译程序对高级语言源程序进行编译的过程中，要不断收集、记录和使用源程序中一些相关符号的类型和特征等信息，并将其存入符号表中，编译过程如下：

词法分析：是编译过程的第一个阶段。这个阶段的任务是从左到右一个字符一个字符地读入源程序，即对构成源程序的字符流进行扫描然后根据构词规则识别单词（也称单词符号或符号)。

语法分析：是编译过程的一个逻辑阶段。语法分析的任务是在词法分析的基础上将单词序列组合成各类语法短语，如"程序""语句""达式"等。语法分析程序判断源程序在结构上是否正确，源程序的结构由上下文无关文法描述。

语义分析：是编译过程的一个逻辑阶段。语义分析的任务是对结构上正确的源程序进行上下文有关性质的审查，进行类型审查。如类型匹配、除法除数不为 0 等。语义分析又分为静态语义错误（在编译阶段能够查找出来）和动态语义错误（只能在运行时发现）。

中间代码生成和代码优化：这两步可以省略。中间代码是根据语义分析产生的，需要经过优化链接，最终生成可执行的目标代码。引入中间代码的目的是进行与机器无关的代码优化处理。常用的中间代码有后缀式（逆波兰式）、三元式（三地址码）、四元式和树等形式。

代码优化需要考虑三个问题：一是如何生成较短的目标代码；二是如何充分利用计算机中的寄存器，减少目标代码访问存储单元的次数；三是如何充分利用计算机指令系统的特点，以提高目标代码的质量。

目标代码生成：目标代码和运行环境相关，可以省略生成中间代码的步骤，直接生成目标代码。整个编译过程如图 3-1-5 所示。

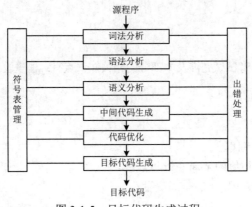

图 3-1-5　目标代码生成过程

第 2 学时　C 语言编程基础

C 语言编程基础是嵌入式软件程序设计的基础知识点。根据历年考试情况，上午考试涉及相关知识点的分值在 5～6 分左右，下午考试中也会大量涉及 C 语言代码分析和填空，占下午考试 20～30 分左右，因此十分重要。本学时考点知识结构如图 3-2-1 所示。

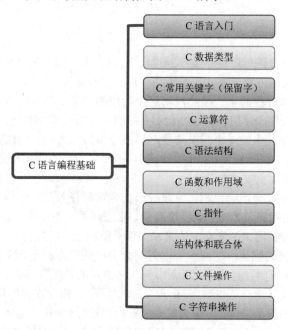

图 3-2-1　C 语言编程基础知识结构

2.1　C 语言入门

2.1.1　考点分析

历年嵌入式系统设计师考试试题涉及本部分的相关知识点有：程序段和代码段，C 语言基本语法。

2.1.2　知识点精讲

1. 程序段和代码段

（1）text 段：存放程序代码。

（2）data 段：存放有初值的全局变量和常量。

（3）bss 段：存放未被初始化的全局变量。

2．C 语言入门实例

让我们看一段简单的代码，可以输出单词 "Hello World"。

```
#include <stdio.h>
int main()
{
    /* 我的第一个 C 程序 */
    printf("Hello, World! \n");
     return 0;
}
```

程序的第一行 #include <stdio.h> 是预处理器指令，告诉 C 编译器在实际编译之前要包含 stdio.h 文件。

下一行 int main() 是主函数，程序从这里开始执行，**C 语言程序都是从 main 函数开始执行**。

下一行 /*...*/ 将会被编译器忽略，这里放置程序的注释内容。它们被称为程序的注释。

下一行 printf(...) 是 C 中另一个可用的函数，会在屏幕上显示消息 "Hello, World!"。

下一行 return 0; 终止 main() 函数，并返回值 0。

3．英文分号（;）

在 C 程序中，分号是语句结束符。也就是说，每个语句必须以分号结束。它表明一个逻辑实体的结束。

4．注释

C 语言有两种注释方式：

（1）以//开始的单行注释，这种注释可以单独占一行。

（2）/* */这种格式的注释可以单行或多行。

不能在注释内嵌套注释，注释也不能出现在字符串或字符值中。

5．标识符

C 标识符是用来标识变量、函数，或任何其他用户自定义项目的名称。一个标识符以字母 A～Z 或 a～z 或下划线（_）开始，不能以数字开始，后跟零个或多个字母、下划线和数字（0～9）。C 标识符内不允许出现标点字符，比如 @、$ 和 %。C 是区分大小写的编程语言。

6．保留字

C 语言自己保留的关键字，编写程序时不能与之重复，如变量定义 int/char/double 等保留字。

7．C 中的空格

只包含空格的行，被称为空白行，可能带有注释，C 编译器会完全忽略它。在 C 中，空格用于描述空白符、制表符、换行符和注释。空格分隔语句的各个部分，让编译器能识别语句中的某个元素（比如 int）在哪里结束，下一个元素在哪里开始。因此，在下面的语句中：

```
int age;
```

int 和 age 之间必须至少有一个空格字符（通常是一个空白符），这样编译器才能够区分它们。另一方面，在下面的语句中：

```
fruit = apples + oranges;      // 获取水果的总数
```

fruit 和 =或者 = 和 apples 之间的空格字符不是必需的，但是为了增强可读性，可以根据需要适当增加一些空格。

2.2　C 数据类型

2.2.1　考点分析

历年嵌入式系统设计师考试试题涉及本部分的相关知识点有：C 语言基本数据类型，变量与常量的定义，sizeof()函数，变量存储类型。

2.2.2　知识点精讲

1. 基本类型

在不同字长编译器中，各类型长度见表 3-2-1。

表 3-2-1　数据类型长度

字长	类型							
	char	char*	short	int	long	long long	float	double
16 位	8	16	16	16	32	64	32	64
32 位	8	32	16	32	32	64	32	64
64 位	8	64	16	32	64	64	32	64

2. sizeof 获取存储字节

为了得到某个类型或某个变量在特定平台上的准确大小，可以使用 sizeof 运算符。表达式 sizeof(type) 得到对象或类型的存储字节大小。

3. void 类型

void 类型指定没有可用的值。它通常用于以下三种情况。

（1）函数返回为空。C 中有各种函数都不返回值，或者您可以说它们返回空。不返回值的函数的返回类型为空。例如 void exit (int status);

（2）**函数参数为空**。C 中有各种函数不接受任何参数。不带参数的函数可以接受一个 void。例如 **int rand(void);**

（3）**指针指向 void**。类型为 void * 的指针代表对象的地址，而不是类型。例如，内存分配函数 **void *malloc(size_t size);** 返回指向 void 的指针，可以转换为任何数据类型。

4. 变量

变量其实只不过是程序可操作的存储区的名称。C 中每个变量都有特定的类型，类型决定了变量存储的大小和布局，该范围内的值都可以存储在内存中，运算符可应用于变量上。

变量的名称可以由字母、数字和下划线字符组成。它必须以字母或下划线开头。大写字母和小写字母是不同的，因为 C 是大小写敏感的。

变量定义：指定一个数据类型，并包含了该类型的一个或多个变量的列表，如下所示：

```
type variable_list;
```

在这里，type 必须是一个有效的 C 数据类型，可以是 char、w_char、int、float、double 或任何用户自定义的对象，variable_list 可以由一个或多个标识符名称组成，多个标识符之间用逗号分隔。下面列出几个有效的声明：

```
int     i, j, k;
```

变量可以在声明的时候被初始化（指定一个初始值）。初始化器由一个等号，后跟一个常量表达式组成，如下所示：

```
type variable_name = value;
```

下面列举几个实例：

```
int d = 3, f = 5;              //定义并初始化  整型变量 d 和 f
char x = 'x';                  //字符型变量 x 的值为 'x'
```

5．C 数组

定义一维数组，语法如下：

```
type arrayName [ arraySize ];
```

6．C 枚举

枚举语法定义格式为：

```
enum    枚举名    {枚举元素 1,枚举元素 2,…};
```

枚举元素 1 默认为 0，可以赋其他值；

枚举元素的值默认在前一个元素基础上加 1；

定义枚举变量：

```
enum DAY
{
     MON = 1, TUE, WED, THU, FRI, SAT, SUN
};
```

7．C 中的左值（lvalue）和右值（rvalue）

C 中有两种类型的表达式：

（1）左值（lvalue）：指向内存位置的表达式被称为左值表达式。左值可以出现在赋值号的左边或右边。

（2）右值（rvalue）：术语右值（rvalue）指的是存储在内存中某些地址的数值。右值是不能对其进行赋值的表达式，也就是说，右值可以出现在赋值号的右边，但不能出现在赋值号的左边。

变量是左值，因此可以出现在赋值号的左边。数值型的字面值是右值，因此不能被赋值，不能出现在赋值号的左边。

下面这个不是一个有效的语句，会生成编译时错误：

```
10 = 20;
```

8．C 常量

整数常量可以是十进制、八进制或十六进制的常量。前缀指定基数：0x 或 0X 表示十六进制，0 表示八进制，不带前缀则默认表示十进制。

浮点常量由整数部分、小数点、小数部分和指数部分组成。可以使用小数形式或者指数形式来表示浮点常量，如：

```
3.14159        /* 合法的 */
314159E-5      /* 合法的 */
```

字符常量是括在单引号中，可以是一个普通的字符（例如 'x'）、一个转义序列（例如 '\t'），或一个通用的字符（例如 '\u02C0'）。在 C 中，有一些特定的字符，当它们前面有反斜杠时，它们就具有特殊的含义，被用来表示如换行符（\n）或制表符（\t）等。

字符串字面值或常量是括在双引号（""）中的。一个字符串包含类似于字符常量的字符：普通的字符、转义序列和通用的字符。

9. 变量存储类型

变量存储类型是指数据在内存中存储的方法，即确定所定义的变量在内存中的存储位置，也确定了变量的作用域和生存期，内部变量存储类型有三种，分别是：自动内部变量、寄存器内部变量、静态内部变量。

自动（auto）存储型变量又称自动变量，它是最常用的一种变量的存储类型，在函数内部或复合语句内部定义的局部变量（或称为内部变量）。只要存储类型是缺省的，均为自动变量。它的特点是其生命期域定义它的函数或复合语句的执行期同长，且有效范围仅在定义它的函数或复合语句内。

寄存器（register）存储型变量一般存储在计算机 CPU 的通用寄存器中，因而定义的这种类型变量存取速度快，适合于频繁使用的变量，可加快程序的运行速度，由于 CPU 中通用寄存器的数目有限，且每次可供 C 语言使用的通用寄存器数更有限，因而在程序中不宜大量使用这种存储类型的变量，以二三个为宜，当然超过可用的寄存器数，也不会出错，编译程序会将超过可用寄存器数的寄存器型变量当作 auto 变量处理。一般将最频繁使用的变量定义成寄存器型变量。

静态（static）存储型变量是分配在存储器中 C 程序占据的数据段内，对运行的 C 程序而言，这是一个程序所用的固定内存区域，因而静态变量的存储地址在整个程序的运行执行期间均保留，不会被别的变量占据。静态变量可以定义成全局变量或局部变量，当定义成全局变量时，它在定义它的整个程序执行期间均存在，其原来的存储位置不会变化。当定义成局部变量时，虽然在定义它的函数内或复合语句中有效，但在执行完该函数或复合语句后，静态变量最后取得的值仍然保存，不会消失，因为它所占的存储地址不会被别的变量占用，这样，当程序再次调用该函数或执行该复合语句时，该静态变量当前值就是再次进入该函数或执行该复合语句的初始值。

假设有一个内部整型变量 aa，按不同存储类型的变量声明如下：

（1）自动内部变量：int aa; 或 auto int aa;

（2）寄存器内部变量：register int aa; 或 register aa;

（3）静态内部变量：static int aa;

2.3 C 常用关键字（保留字）

2.3.1 考点分析

历年嵌入式系统设计师考试试题涉及本部分的相关知识点有：C 语言保留字，条件编译原理。

2.3.2　知识点精讲

1．宏定义#define

用来定义一个可以代替值的宏，语法格式如下：

```
#define 宏名称 值
```

实例：

```
#define LENGTH 10     //后续使用可用 LENGTH 代替 10 这个常量
```

2．const 关键字

定义一个只读的变量，本质是修改了变量的存储方式为只读。

```
const int   LENGTH = 10;    //定义变量 LENGTH=10，且只读，即无法修改 LENGTH 值
```

3．static 关键字

static 关键字指示编译器在程序的生命周期内保持局部变量的存在，而不需要在每次它进入和离开作用域时进行创建和销毁。因此，使用 static 修饰局部变量可以在函数调用之间保持局部变量的值。

static 修饰符也可以应用于全局变量或函数。当 static 修饰全局变量或函数时，会使变量或函数的作用域限制在声明它的文件内。

4．extern 关键字

extern 关键字用于提供一个全局变量的引用，全局变量对所有的程序文件都是可见的。

可以这么理解，extern 是用来在另一个文件中声明一个全局变量或函数。extern 修饰符通常用于当有两个或多个文件共享相同的全局变量或函数的时候。

5．typedef 关键字

C 语言提供了 typedef 关键字，您可以使用它来为类型取一个新的名字。下面的实例为单字节数字定义了一个术语 BYTE：

```
typedef unsigned char BYTE;
```

在这个类型定义之后，标识符 BYTE 可作为类型 unsigned char 的缩写，例如：

```
BYTE   b1, b2;
```

也可以使用 typedef 来为用户自定义的数据类型取一个新的名字。

6．条件编译

C 语言中提供控制编译器流程的语句为条件编译语句，在一般情况下，C 源程序中所有的行都参加编译过程，但有时出于对程序代码优化的考虑，希望对其中一部分内容只是在满足一定条件时才进行编译，形成目标代码，这种对一部分内容指定编译的条件称为条件编译。

下面是关于 # ifdef 语句的使用规则：

```
#ifdef   宏名
        程序段 1；
#else
        程序段 2；
#endif
```

或者

```
#ifdef   宏名
        程序段；
```

```
#endif
```

该语句的作用是，如果#ifdef 后面的"宏名"在此前已用#define 语句定义，则编译"程序段 1"或"程序段"；否则编译"程序段 2"。如果没有#else 部分，则当"宏名"未定义时直接跳过#endif。

下面是关于#ifndef 语句的使用规则：

```
#ifndef   宏名
      程序段 1；
#else
      程序段 2；
#endif
```

或者

```
#ifndef   宏名
     程序段；
#endif
```

#ifndef 语句的功能与#ifdef 语句的功能正好相反，如果#ifndef 后面的"宏名"未定义，则编译"程序段 1"或"程序段"；否则编译"程序段 2"。如果没有#else 部分，则当"宏名"已定义时直接跳过＃endif。

2.4　C 运算符

2.4.1　考点分析

历年嵌入式系统设计师考试试题涉及本部分的相关知识点有：C 语言的各种运算符，运算符优先级判断。

2.4.2　知识点精讲

1．算术运算符

表 3-2-2 显示了 C 语言支持的所有算术运算符。假设变量 A 的值为 10，变量 B 的值为 20，则运算结果见表 3-2-2。

表 3-2-2　算术运算符应用实例

运算符	描述	实例
+	把两个操作数相加	A + B 将得到 30
-	从第一个操作数中减去第二个操作数	A - B 将得到 -10
*	把两个操作数相乘	A * B 将得到 200
/	分子除以分母	B / A 将得到 2
%	取模运算符，整除后的余数	B % A 将得到 0
++	自增运算符，整数值增加 1	A++ 将得到 11
--	自减运算符，整数值减少 1	A-- 将得到 9

2. 关系运算符

表 3-2-3 显示了 C 语言支持的所有关系运算符。假设变量 A 的值为 10，变量 B 的值为 20，则运算结果见表 3-2-3。

表 3-2-3　关系运算符应用实例

运算符	描述	实例
==	检查两个操作数的值是否相等，如果相等则条件为真	(A == B) 不为真
!=	检查两个操作数的值是否相等，如果不相等则条件为真	(A != B) 为真
>	检查左操作数的值是否大于右操作数的值，如果是则条件为真	(A > B) 不为真
<	检查左操作数的值是否小于右操作数的值，如果是则条件为真	(A < B) 为真
>=	检查左操作数的值是否大于或等于右操作数的值，如果是则条件为真	(A >= B) 不为真
<=	检查左操作数的值是否小于或等于右操作数的值，如果是则条件为真	(A <= B) 为真

3. 逻辑运算符

表 3-2-4 显示了 C 语言支持的所有逻辑运算符。假设变量 A 的值为 1，变量 B 的值为 0，则运算结果见表 3-2-4。

表 3-2-4　逻辑运算符应用实例

运算符	描述	实例
&&	称为逻辑与运算符。如果两个操作数都非零，则条件为真	(A && B) 为假
||	称为逻辑或运算符。如果两个操作数中有任意一个非零，则条件为真	(A || B) 为真
!	称为逻辑非运算符。用来逆转操作数的逻辑状态。如果条件为真则逻辑非运算符将使其为假	!(A && B) 为真

4. 位运算符

位运算符作用于位，并逐位执行操作。&、 | 和 ^ 的真值表见表 3-2-5。

表 3-2-5　&、|和^的真值有

p	q	p & q	p | q	p ^ q
0	0	0	0	0
0	1	0	1	1
1	1	1	1	0
1	0	0	1	1

假设如果 A = 60，且 B = 13，现在以二进制格式表示为如下所示：

A = 0011 1100

第 3 天

B = 0000 1101

A&B = 0000 1100

A|B = 0011 1101

A^B = 0011 0001

~A = 1100 0011

表 3-2-6 显示了 C 语言支持的位运算符。假设变量 A 的值为 60，变量 B 的值为 13，则：

表 3-2-6　位运算符应用实例

运算符	描述	实例
&	按位与操作，按二进制位进行"与"运算。运算规则： 0&0=0; 0&1=0; 1&0=0; 1&1=1;	(A & B) 将得到 12，即为 0000 1100
|	按位或运算符，按二进制位进行"或"运算。运算规则： 0|0=0; 0|1=1; 1|0=1; 1|1=1;	(A | B) 将得到 61，即为 0011 1101
^	异或运算符，按二进制位进行"异或"运算。运算规则： 0^0=0; 0^1=1; 1^0=1; 1^1=0;	(A ^ B) 将得到 49，即为 0011 0001
~	取反运算符，按二进制位进行"取反"运算。运算规则： ~1=0; ~0=1;	(~A) 将得到 -61，即为 1100 0011，一个有符号二进制数的补码形式
<<	二进制左移运算符。将一个运算对象的各二进制位全部左移若干位（左边的二进制位丢弃，右边补 0）	A << 2 将得到 240，即为 1111 0000
>>	二进制右移运算符。将一个数的各二进制位全部右移若干位，正数左补 0，负数左补 1，右边丢弃	A >> 2 将得到 15，即为 0000 1111

5. 赋值运算符

表 3-2-7 列出了 C 语言支持的赋值运算符。

表 3-2-7　赋值运算符

运算符	描述	实例
=	简单的赋值运算符，把右边操作数的值赋给左边操作数	C = A + B 将把 A + B 的值赋给 C
+=	加且赋值运算符，把右边操作数加上左边操作数的结果赋值给左边操作数	C += A 相当于 C = C + A

续表

运算符	描述	实例
-=	减且赋值运算符，把左边操作数减去右边操作数的结果赋值给左边操作数	C -= A 相当于 C = C - A
*=	乘且赋值运算符，把右边操作数乘以左边操作数的结果赋值给左边操作数	C *= A 相当于 C = C * A
/=	除且赋值运算符，把左边操作数除以右边操作数的结果赋值给左边操作数	C /= A 相当于 C = C / A
%=	求模且赋值运算符，求两个操作数的模赋值给左边操作数	C %= A 相当于 C = C % A
<<=	左移且赋值运算符	C <<= 2 等同于 C = C << 2
>>=	右移且赋值运算符	C >>= 2 等同于 C = C >> 2
&=	按位与且赋值运算符	C &= 2 等同于 C = C & 2
^=	按位异或且赋值运算符	C ^= 2 等同于 C = C ^ 2
|=	按位或且赋值运算符	C |= 2 等同于 C = C | 2

表 3-2-8 列出了 C 语言支持的其他一些重要的运算符，包括 sizeof 和 ?:。

表 3-2-8　C 语言支持的其他重要运算符

运算符	描述	实例
sizeof()	返回变量的大小	sizeof(a) 将返回 4，其中 a 是整数
&	返回变量的地址	&a; 将给出变量的实际地址
*	指向一个变量	*a; 将指向一个变量
?:	条件表达式	如果条件为真? 则值为 X : 否则值为 Y

6. C 中的运算符优先级

优先级最高者其实并不是真正意义上的运算符，包括：数组下标、函数调用操作符、各结构成员选择操作符。它们都是自左向右结合。

单目运算符的优先级仅次于上述运算符，在所有的真正意义的运算符中，它们的优先级最高。

双目运算符的优先级低于单目运算符的优先级。在双目运算符中，算术运算符的优先级最高，移位运算符次之，关系运算符再次之，接着就是逻辑运算符，赋值运算符，最后是条件运算符。总结以下两点：

（1）任何一个逻辑运算符的优先级低于任何一个关系运算符。

（2）移位运算符的优先级比算术运算符要低，但是比关系运算符要高。

C 语言运算符优先级见表 3-2-9。

表 3-2-9　C 语言运算符优先级

运算符	结合性
( ) [] --> .	自左向右
! ～ ++ -- (type) * & sizeof	自右向左
* / %	自左向右
+ -	自左向右
<< >>	自左向右
< <= > >=	自左向右
== !=	自左向右
&	自左向右
^	自左向右
|	自左向右
&&	自左向右
||	自左向右
?:	自右向左
Assignments	自右向左
,	自左向右

2.5　C 语法结构

2.5.1　考点分析

历年嵌入式系统设计师考试试题涉及本部分的相关知识点有：C 语言判断，循环语句结构。

2.5.2　知识点精讲

1. C 判断

判断结构要求程序员指定一个或多个要评估或测试的条件，以及条件为真时要执行的语句（必需的）和条件为假时要执行的语句（可选的）。

C 语言把任何非零和非空的值假定为 true，把零或 null 假定为 false。

判断语句格式：

（1）if 语句。

```
if (boolean_expression)
{
    /* 如果布尔表达式为真将执行的语句 */
}
```

（2）if else 语句（扩展 if elseif else）。

```
if (boolean_expression)
{
    /* 如果布尔表达式为真将执行的语句 */
}
else
{
    /* 如果布尔表达式为假将执行的语句 */
}
```

（3）switch case 语句。

```
switch (expression){
    case constant - expression:
    statement(s);
    break; /* 可选的 */
    case constant - expression:
    statement(s);
    break; /* 可选的 */

    /* 您可以有任意数量的 case 语句 */
    default: /* 可选的 */
    statement(s);
}
```

2. C 循环

循环语句允许我们多次执行一个语句或语句组，C 语言提供了以下几种循环类型：

（1）while 语句。

```
while (condition)
{
    statement(s);
}
```

（2）for 语句。

```
for (init; condition; increment)
{
    statement(s);
}
```

（3）do while 语句（至少保证执行一次循环体）。

```
do
{
    statement(s);
} while (condition);
```

3. 循环控制语句

（1）break 语句。C 语言中 break 语句有以下两种用法：

1）当 break 语句出现在一个循环内时，循环会立即终止，且程序流将继续执行紧接着循环的下一条语句。

它可用于终止 switch 语句中的一个 case。

2）如果使用的是嵌套循环（即一个循环内嵌套另一个循环），break 语句会停止执行最内层的循环，然后开始执行该块之后的下一行代码。

（2）continue 语句。C 语言中的 continue 语句会跳过当前循环中的代码，强迫开始下一次循环。

对于 for 循环，continue 语句执行后自增语句仍然会执行。对于 while 和 do…while 循环，continue 语句重新执行条件判断语句。

（3）goto 语句（不建议使用）。C 语言中的 goto 语句允许把控制无条件转移到同一函数内的被标记的语句。

2.6　C 函数和作用域

2.6.1　考点分析

历年嵌入式系统设计师考试试题涉及本部分的相关知识点有：C 语言函数语法，作用域范围。

2.6.2　知识点精讲

1．C 函数

C 语言中的函数定义的一般形式如下：

```
return_type function_name( parameter list )
{
    body of the function
}
```

在 C 语言中，函数由一个函数头和一个函数主体组成。下面列出一个函数的所有组成部分。

（1）返回类型：一个函数可以返回一个值。return_type 是函数返回值的数据类型。有些函数执行所需的操作而不返回值，在这种情况下，return_type 是关键字 void。

（2）函数名称：这是函数的实际名称。函数名和参数列表一起构成了函数签名。

（3）参数：参数就像是占位符。当函数被调用时，您向参数传递一个值，这个值被称为实际参数。参数列表包括函数参数的类型、顺序、数量。参数是可选的，也就是说，函数可能不包含参数。

（4）函数主体：函数主体包含一组定义函数执行任务的语句。

以下是 max() 函数的源代码。该函数有两个参数 num1 和 num2，会返回这两个数中较大的那个数。

```
/* 函数返回两个数中较大的那个数 */
int max(int num1, int num2)
{
    /* 局部变量声明 */
    int result;

    if (num1 > num2)
        result = num1;
```

```
    else
        result = num2;

    return result;
}
```

函数声明会告诉编译器函数名称及如何调用函数。函数的实际主体可以单独定义。

函数声明语法格式如下：

```
return_type function_name( parameter list );
```

针对上面定义的函数 max()，以下是函数声明：

```
int max(int num1, int num2);
```

在函数声明中，参数的名称并不重要，只有参数的类型是必需的，因此下面也是有效的声明：

```
int max(int, int);
```

调用函数时，传递所需参数，如果函数返回一个值，则可以存储返回值。例如：

```
ret = max(a, b);
```

2. C 作用域

局部变量：在某个函数或块的内部声明的变量称为局部变量。它们只能被该函数或该代码块内部的语句使用。局部变量在函数外部是不可知的。

全局变量：定义在函数外部，通常是在程序的顶部。全局变量在整个程序生命周期内都是有效的，在任意的函数内部能访问全局变量。全局变量可以被任何函数访问。也就是说，全局变量在声明后整个程序中都是可用的。

在程序中，局部变量和全局变量的名称可以相同，但是在函数内，如果两个名字相同，会使用局部变量值，全局变量不会被使用。

形式参数：函数的参数，被当作该函数内的局部变量，如果与全局变量同名它们会优先使用。

```
int test(int, int);     //形参，只声明
test(5, 3);             //实参，已赋值
```

2.7 C 指针

2.7.1 考点分析

历年嵌入式系统设计师考试试题涉及本部分的相关知识点有：C 语言指针，函数指针，传值与传址区别。

2.7.2 知识点精讲

1. C 指针

每一个变量都有一个内存位置，每一个内存位置都定义了可使用连字号（&）运算符访问的地址，它表示在内存中的一个地址。

指针是一个变量，其值为另一个变量的地址，即内存位置的直接地址。就像其他变量或常量一样，必须在使用指针存储其他变量地址之前，对其进行声明。指针变量声明的一般形式为：

```
type *var-name;
```

在这里，type 是指针的基类型，它必须是一个有效的 C 数据类型，var-name 是指针变量的名称。用来声明指针的星号（*）与乘法中使用的星号是相同的。但是，在这个语句中，星号是用来指定一个变量是指针。以下是有效的指针声明：

```
int    *ip;    /* 一个整型的指针 */
```

使用指针时会频繁进行以下几个操作：①定义一个指针变量；②把变量地址赋值给指针；③访问指针变量中可用地址的值。这些是通过使用一元运算符"*"来返回位于操作数所指定地址的变量的值。

```
#include <stdio.h>

int main()
{
    int    var = 20;    /* 实际变量的声明 */
    int    *ip;          /* 指针变量的声明 */

    ip = &var;    /* 在指针变量中存储 var 的地址 */

    printf("Address of var variable: %p\n", &var);

    /* 在指针变量中存储的地址 */
    printf("Address stored in ip variable: %p\n", ip);

    /* 使用指针访问值 */
    printf("Value of *ip variable: %d\n", *ip);

    return 0;
}
```

2. 函数指针

函数指针是指向函数的指针变量。通常我们说的指针变量是指向一个整型、字符型或数组等变量，而函数指针是指向函数。函数指针可以像一般函数一样，用于调用函数、传递参数。

函数指针变量的声明：

```
typedef int (*fun_ptr)(int,int);    //声明一个指向同样参数、返回值的函数指针类型
```

3. 传值与传址

传值调用：将实参的值传递给形参，形参的改变不会导致调用点所传的实参的值改变。实参可以是合法的变量、常量和表达式。

传址调用：即引用调用，将实参的地址传递给形参，即相当于实参存储单元的地址引用，因此其值改变的同时就改变了实参的值。实参不能为常量，只能是合法的变量和表达式。

因此，在编程时，要改变参数值就传址，不改变就传值。

4. C 内存管理

定义一个指针必须使其指向某个存在的内存空间的地址才能使用，否则使用野指针会造成段错误，内存分配与释放函数如下：

```
void free(void *addr);    //该函数释放 addr 所指向的内存块，释放的是动态分配的内存空间
void *malloc(int size);   //在堆区分配一块指定大小为 size 的内存空间，用来存放数据，不会被初始化
```

2.8   结构体和联合体

2.8.1   考点分析

历年嵌入式系统设计师考试试题涉及本部分的相关知识点有：C 语言结构体、联合体语法。

2.8.2   知识点精讲

1.   C 结构体

C 数组允许定义可存储相同类型数据项的变量，结构是 C 编程中另一种用户自定义的可用的数据类型，它允许存储不同类型的数据项。

为了定义结构，必须使用 **struct** 语句。struct 语句定义了一个包含多个成员的新的数据类型，struct 语句的格式如下：

```
struct tag {
    member - list
    member - list
    member - list
    ...
} variable - list;
```

tag   是结构体标签。

member-list 是标准的变量定义，比如 int i; 或者 float f, 或者其他有效的变量定义。

variable-list 结构变量，定义在结构的末尾，最后一个分号之前，可以指定一个或多个结构变量。

在一般情况下，**tag、member-list、variable-list** 这三个部分至少要出现两个。以下为实例：

```
//此声明声明了拥有三个成员的结构体，分别为整型的 a，字符型的 b 和双精度的 c
//同时又声明了结构体变量 s1
//这个结构体并没有标明其标签
struct
{
    int a;
    char b;
    double c;
} s1;

//此声明声明了拥有三个成员的结构体，分别为整型的 a，字符型的 b 和双精度的 c
//结构体的标签被命名为 SIMPLE,没有声明变量
struct SIMPLE
{
    int a;
    char b;
    double c;
};
//用 SIMPLE 标签的结构体，另外声明了变量 t1、t2、t3
struct SIMPLE t1, t2[20], *t3;

//也可以用 typedef 创建新类型
```

```
typedef struct
{
    int a;
    char b;
    double c;
} Simple2;
//现在可以用 Simple2 作为类型声明新的结构体变量
Simple2 u1, u2[20], *u3;
```

为了**访问结构的成员**，使用成员访问运算符英文句号（.）。

2．C 联合体（共用体）

共用体是一种特殊的数据类型，允许在相同的内存位置存储不同的数据类型。可以定义一个带有多成员的共用体，但是任何时候只能有一个成员带有值。共用体提供了一种使用相同的内存位置的有效方式。

为了定义共用体，您必须使用 **union** 语句，方式与定义结构类似。union 语句定义了一个新的数据类型，带有多个成员。union 语句的格式如下：

```
union[union tag]
{
    member definition;
    member definition;
    ...
    member definition;
}[one or more union variables];
```

union tag 是可选的，每个 member definition 是标准的变量定义，比如 int i; 或者 float f; 或者其他有效的变量定义。在共用体定义的末尾，最后一个分号之前，可以指定一个或多个共用体变量，这是可选的。下面定义一个名为 Data 的共用体类型，有三个成员 i、f 和 str：

```
union Data
{
    int i;
    float f;
    char    str[20];
} data;
```

共用体占用的内存应足够存储共用体中最大的成员。

为了**访问联合体的成员**，使用成员访问运算符英文句号（.）。

2.9　C 文件操作

2.9.1　考点分析

历年嵌入式系统设计师考试试题涉及本部分的相关知识点有：C 语言文件操作函数。

2.9.2　知识点精讲

1．打开文件方式

可以使用 fopen() 函数来创建一个新的文件或者打开一个已有的文件，这个调用会初始化类型

FILE 的一个对象，类型 FILE 包含了所有用来控制流的必要的信息。下面是这个函数调用的原型：

```
FILE *fopen( const char * filename, const char * mode );
```

其中，filename 是字符串，用来命名文件，访问模式 mode 的值可以是下列值中的一个：r 代表 read，+代表可读可写，w 代表 write，b 代表 bit 二进制文件，t 代表 text，a 代表追加。默认处理的是 text 文件，如果处理的是二进制文件，则需使用下面的访问模式来取代上面的访问模式（加字母 b）："rb"、"wb"、"ab"、"rb+"、"r+b"、"wb+"、"w+b"、"ab+"、"a+b"。访问模式见表 3-2-10。

表 3-2-10　访问模式

模式	描述
r	打开一个已有的文本文件，允许读取文件
w	打开一个文本文件，允许写入文件。如果文件不存在，则会创建一个新文件。在这里，您的程序会从文件的开头写入内容。如果文件存在，则该会被截断为零长度，重新写入
a	打开一个文本文件，以追加模式写入文件。如果文件不存在，则会创建一个新文件。在这里，您的程序会在已有的文件内容中追加内容
r+	打开一个文本文件，允许读写文件
w+	打开一个文本文件，允许读写文件。如果文件已存在，则文件会被截断为零长度，如果文件不存在，则会创建一个新文件
a+	打开一个文本文件，允许读写文件。如果文件不存在，则会创建一个新文件。读取会从文件的开头开始，写入则只能是追加模式

2. 关闭文件

使用 fclose( ) 函数关闭文件，函数的原型如下：

```
int fclose( FILE *fp );
```

如果成功关闭文件，fclose( ) 函数返回零，如果关闭文件时发生错误，函数返回 EOF。

3. 文件的读写操作

fgetc：从文件中读取一个字符。

fputc：写一个字符到文件中去。

fgets：从文件中读取一个字符串。

fputs：写一个字符串到文件中去。

fread：以二进制形式读取文件中的数据。

fwrite：以二进制形式写数据到文件中去。

4. 文件定位函数

fseek：函数设置文件指针 stream 的位置。

5. 文件检错函数

feof()函数用于检测文件当前读写位置是否处于文件尾部。只有当当前位置不在文件尾部时，才能从文件读数据。

函数定义：int feof(FILE*fp)

返回值：0 或非 0

feof()是检测流上的文件结束符的函数，如果文件结束，则返回非 0 值，没结束则返回 0。

6. 文件结束函数

文件操作的每个函数在执行中都有可能出错，C 语言提供了相应的标准函数 ferror 用于检测文件操作是否出现错误。

函数定义：int ferror (FILE*fp)

返回值：0 或非 0

Ferror 函数检查上次对文件 fp 所进行的操作是否成功，如果成功则返回 0；出错返回非 0。因此，应该及时调用 ferror 函数检测操作执行的情况，以免丢失信息。

2.10　C 字符串操作

2.10.1　考点分析

历年嵌入式系统设计师考试试题涉及本部分的相关知识点有：C 语言字符串操作函数。

2.10.2　知识点精讲

C 语言里的字符串操作函数都定义在头文件 string.h 中。String .h 头文件定义了一个变量类型、一个宏和各种操作字符数组的函数。下面是头文件 string.h 中定义的变量和宏：

```
size_t  //这是无符号整数类型，它是 sizeof 关键字的结果
NULL    //这个宏是一个空指针常量的值
```

下面是头文件 string.h 中定义的函数，以下常用的函数需要掌握，见表 3-2-11。

表 3-2-11　常用的函数

函数	描述
void *memcpy(void *dest, const void *src, size_t n)	从 src 复制 n 个字符到 dest
void *memset(void *str, int c, size_t n)	复制字符 c（一个无符号字符）到参数 str 所指向的字符串的前 n 个字符
char *strcat(char *dest, const char *src)	把 src 所指向的字符串追加到 dest 所指向的字符串的结尾
char *strncat(char *dest, const char *src, size_t n)	把 src 所指向的字符串追加到 dest 所指向的字符串的结尾，直到 n 字符长度为止
char *strchr(const char *str, int c)	在参数 str 所指向的字符串中搜索第一次出现字符 c（一个无符号字符）的位置
int strcmp(const char *str1, const char *str2)	把 str1 所指向的字符串和 str2 所指向的字符串进行比较
int strncmp(const char *str1, const char *str2, size_t n)	把 str1 和 str2 进行比较，最多比较前 n 个字节
char *strcpy(char *dest, const char *src)	把 src 所指向的字符串复制到 dest

函数	描述
char *strncpy(char *dest, const char *src, size_t n)	把 src 所指向的字符串复制到 dest，最多复制 *n* 个字符
size_t strlen(const char *str)	计算字符串 str 的长度，直到空结束字符，但不包括空结束字符
char *strrchr(const char *str, int c)	在参数 str 所指向的字符串中搜索最后一次出现字符 c（一个无符号字符）的位置
char *strstr(const char *haystack, const char *needle)	在字符串 haystack 中查找第一次出现字符串 needle（不包含空结束字符）的位置

第 3 学时　数据结构与算法

数据结构与算法是嵌入式软件程序设计的基础知识点。根据历年考试情况，上午考试涉及相关知识点的分值在 1～2 分左右，下午考试中一般会涉及基本的数据结构的 C 语言实现填空，如环形队列。本学时考点知识结构如图 3-3-1 所示。

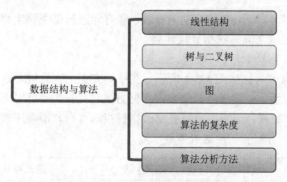

图 3-3-1　数据结构与算法知识结构

3.1　线性结构

3.1.1　考点分析

历年嵌入式系统设计师考试试题涉及本部分的相关知识点有：线性表，顺序存储和链式存储，栈和队列原理，环形队列。

3.1.2　知识点精讲

1. 线性表

线性表是线性结构（每个元素最多只有一个出度和一个入度，表现为一条线状）的代表，线性表按存储方式分为顺序表和链表，存储形式如图 3-3-2 所示。

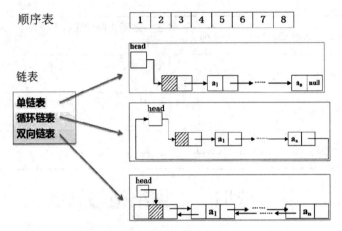

图 3-3-2　线性表存储形式

图 3-3-2 中，**顺序表**是需要一段连续的内存空间来存放顺序表中的所有元素，这些元素在物理地址上是相邻的。

而**链表**又可分为单链表、循环链表、双向链表，所有元素只是逻辑上相邻，在实际物理存储时处于不同的空闲块中，元素之间通过指针域连接。

2. 顺序存储和链式存储

顺序存储和链式存储的对比如图 3-3-3 所示。在空间方面，因为链表还需要存储指针，因此有空间浪费存在。在时间方面，由顺序表和链表的存储方式可知，当需要对元素进行**破坏性操作（插入、删除）**时，链表效率更高，因为其只需要修改指针指向即可，而顺序表因为地址是连续的，当删除或插入一个元素后，后面的其他结点位置都需要变动。

性能类别	具体项目	顺序存储	链式存储
空间性能	存储密度	=1，更优	<1
	容量分配	事先确定	动态改变，更优
时间性能	查找运算	$O(n/2)$	$O(n/2)$
	读运算	$O(1)$，更优	$O[(n+1)/2]$，最好情况为 1，最坏情况为 n
	插入运算	$O(n/2)$，最好情况为 O，最坏情况为 n	$O(1)$，更优
	删除运算	$O[(n-1)/2]$	$O(1)$，更优

图 3-3-3　顺序存储和链式存储的对比

而当需要对元素进行**不改变结构操作（读取、查找）**时，顺序表效率更高，因为其物理地址是连续的，如同数组一般，只需按索引号就可快速定位，而链表需要从头结点开始，一个个地查找下去。

3. 队列和栈

队列和栈的结构如图 3-3-4 所示，**队列是先进先出**，分队头和队尾；**栈是先进后出**，只有栈顶能进出。

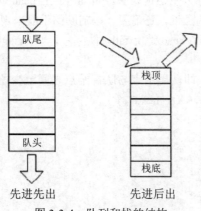

先进先出   先进后出

图 3-3-4   队列和栈的结构

4. 环形队列

环形队列是一个首尾相连的先进先出（First Input First Output，FIFO）数据结构，采用数组存储，到达尾部时将转回到 0 位置，该转回是通过取模操作来实现的。因此环形队列逻辑上是将数组元素 q[0]与 q[MAX-1]连接，形成一个存放队列的环形空间。为了方便读写，还要用数组下标来指明队列的读写位置，其中 head 指向可以读的位置，tail 指向可以写的位置，环形队列如图 3-3-5 所示。

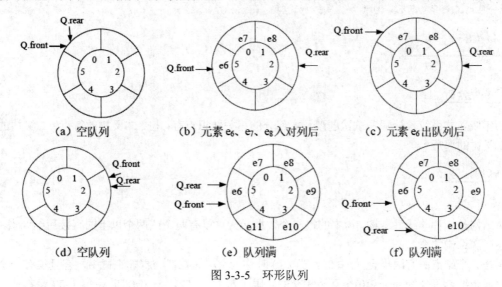

(a) 空队列   (b) 元素 e_6、e_7、e_8 入对列后   (c) 元素 e_6 出队列后

(d) 空队列   (e) 队列满   (f) 队列满

图 3-3-5   环形队列

环形队列是对实际编程极为有用的数据结构，它有如下特点：①它是一个首尾相连的 FIFO 的数据结构，采用数组的线性空间；②数据组织简单，能很快知道队列是否满或空；③能以很快的速

度来存取数据。因为简单高效，甚至在硬件上都实现了环形队列。

内存上没有环形的结构，因此环形队列实际上是数组的线性空间来实现。当数据到了尾部，它将转回到 0 位置来处理，这个转回是通过数组下标索引取模操作（Index% MAXN）来实现的。

环形队列的关键是判断队列为空还是为满。当 tail 追上 head 时，队列为满；当 head 追上 tail 时，队列为空。但如何知道谁追上谁，还需要一些辅助的手段来判断，辅助手段有如下两种：

一是附加一个标志位 tag，当 head 追上 tail，队列空，则令 tag=0，当 tail 追上 head，队列满，则令 tag=1。

二是限制 tail 追上 head，即队尾结点与队首结点之间至少留有一个元素的空间。队列空时 head==tail，队列满时(tail+1)%MAXN=head。

设环形队列数据结构定义如下：

```
typedef struct ringg
{
    int head; /*头部,出队列方向*/
    int tail; /*尾部,入队列方向*/
    int tag;
    int size; /*队列总尺寸*/
    int space[RINGQ_MAX]; /*队列空间*/
}RINGQ;
RINGQ *q;
```

入队操作时，如队列不满，则写入如下语句：

```
q->tail=(q->tail+1)%q->size;
```

出队操作时，如果队列不空，则从 head 处读出。下一个可读的位置在如下语句处：

```
q->head=(q->head+1)%q->size;
```

3.2 树与二叉树

3.2.1 考点分析

历年嵌入式系统设计师考试试题涉及本部分的相关知识点有：树，二叉树的特点，二叉树的存储，二叉树的遍历。

3.2.2 知识点精讲

1. 树

树结构是一种非线性结构，树中的每一个数据元素可以有两个或两个以上的直接后继元素，用来描述层次结构关系。

树是 n 个结点的有限集合（$n \geq 0$），当 $n=0$ 时称为空树，在任一棵非空树中，有且仅有一个根结点；其余结点可分为 $m(m \geq 0)$ 个互不相交的有限子集 T1，T2，…,Tm，其中每个 Ti 又都是一棵树，并且成为根结点的子树。

树的结构如图 3-3-6 所示。

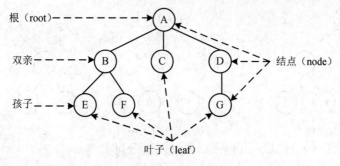

图 3-3-6 树的结构

树的基本概念如下：

（1）双亲、孩子和兄弟。结点的子树的根称为该结点的孩子；相应地，该结点称为其子结点的双亲。具有相同双亲的结点互为兄弟。

（2）结点的度。一个结点的子树的个数记为该结点的度。例如 A 的度为 3，B 的度为 2，C 的度为 0，D 的度为 1。

（3）叶子结点。叶子结点也称为终端结点，指度为 0 的结点。例如， E、F、C、G 都是叶子结点。

（4）内部结点。度不为 0 的结点，称为分支结点或非终端结点。除根结点以外的分支结点也称为内部结点。例如，B、D 都是内部结点。

（5）结点的层次。根为第一层，根的孩子为第二层，依此类推，若某结点在第 i 层，则其孩子结点在第 i＋1 层。例如，A 在第 1 层，B、C、D 在第 2 层，E、F 和 G 在第 3 层。

（6）树的高度。一棵树的最大层数记为树的高度（或深度）。例如，图中所示树的高度为 3。

（7）有序（无序）树。若将树中结点的各子树看成是从左到右具有次序的，即不能交换，则称该树为有序树，否则称为无序树。

2. 二叉树

二叉树是 n 个结点的有限集合，它或者是空树，或者是由一个根结点及两棵互不相交的且分别称为左、右子树的二叉树所组成，与树的区别在于每个根结点最多只有两个孩子结点。

二叉树有一些性质如下，要求掌握，在实际考试中可以用**特殊值法**验证。

（1）二叉树第 i 层（i≥1）上至多有 2^{i-1} 个节点。

（2）深度为 k 的二叉树至多有 2^k-1 个节点（k≥1）。由性质 1，每一层的节点数都取最大值即可，即 $\sum_{i=1}^{k} 2^{i-1} = 2^k-1$。

（3）对任何一棵二叉树，若其终端节点数为 n0，度为 2 的节点数为 n2，则 n0=n2＋1。

（4）具有 n 个节点的完全二叉树的深度为 $[\log_2 n]+1$。

三种特殊的二叉树如图 3-3-7 所示。

由图 3-3-7 可知，**满二叉树**每层都是满的。**完全二叉树**的 k-1 层是满的，第 k 层结点从左到右是满的。

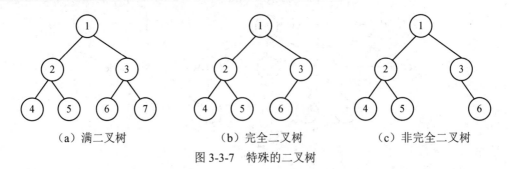

（a）满二叉树　　　　　　（b）完全二叉树　　　　　　（c）非完全二叉树

图 3-3-7　特殊的二叉树

3. 二叉树的存储结构

二叉树的顺序存储结构

顺序存储，就是用一组连续的存储单元存储二叉树中的节点，按照从上到下，从左到右的顺序依次存储每个节点。

对于深度为 k 的完全二叉树，除第 k 层外，其余每层中节点数都是上一层的两倍，由此，从一个节点的编号可推知其双亲、左孩子、右孩子结点的编号。假设有编号为 i 的节点，则有：

若 i=1，则该节点为根节点，无双亲；若 i>1，则该节点的双亲节点为[$i/2$]。

若 2i≤n（n 是完全二叉树中结点的个数），则该节点存在左孩子且左孩子编号为 2i；若 2i》n，则该结点无左孩子。

若 2i+1≤n，则该节点存在右孩子且右孩子编号为 2i+1；若 2i+1>n，则该结点无右孩子。

显然，顺序存储结构对完全二叉树而言既简单又节省空间，而对于一般二叉树则不适用。

因为在顺序存储结构中，以节点在存储单元中的位置来表示节点之间的关系，那么对于一般的二叉树来说，也必须按照完全二叉树的形式存储，也就是要添上一些实际并不存在的"虚节点"，这将造成空间的浪费。

二叉树的链式存储结构

由于二叉树中节点包含有数据元素、左子树根、右子树根及双亲等信息，因此可以用三叉链表或二叉链表（即一个节点含有三个指针或两个指针）来存储二叉树，链表的头指针指向二叉树的根节点，如图 3-3-8 所示。

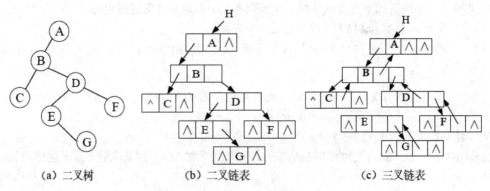

（a）二叉树　　　　　　（b）二叉链表　　　　　　（c）三叉链表

图 3-3-8　二叉树的链式存储

4. 二叉树的遍历

一棵非空的二叉树由根结点、左子树、右子树三部分组成，遍历这三部分，也就遍历了整棵二叉树。这三部分遍历的基本顺序是先左子树后右子树，但根结点顺序可变，以**根结点访问的顺序**为准有三种遍历方式：①**先序**（前序）遍历：根左右。②**中序**遍历：左根右。③**后序**遍历：左右根。

还有**层次**遍历方法：按层次，从上到下，从左到右。

例：有二叉树如图 3-3-9 所示，求前序、中序、后序遍历。

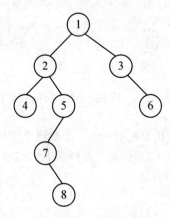

图 3-3-9   二叉树例图

解析：前序：12457836；中序：42785136；后序：48752631。

3.3 图

3.3.1 考点分析

历年嵌入式系统设计师考试试题涉及本部分的相关知识点有：图的基本概念，图的存储，图的遍历。

3.3.2 知识点精讲

1. 图的基本概念

图也是一种非线性结构，图中任意两个结点间都可能有直接关系。相关定义如下：

无向图：图的结点之间连接线是没有箭头的，不分方向。

有向图：图的结点之间连接线是箭头，区分 A 到 B 和 B 到 A 是两条线。

完全图：无向完全图中，结点两两之间都有连线，n 个结点的连线数为 $(n-1)+(n-2)+\cdots+1=n*(n-1)/2$；有向完全图中，结点两两之间都有互通的两个箭头，$n$ 个结点的连线数为 $n*(n-1)$。

度、出度和入度：顶点的度是关联与该顶点的边的数目。在有向图中，顶点的度为出度和入度之和。出度是以该顶点为起点的有向边的数目。入度是以该顶点为终点的有向边的数目。

路径：存在一条通路，可以从一个顶点到达另一个顶点，有向图的路径也是有方向的。

2. 图的存储

邻接矩阵：假设一个图中有 n 个结点，则使用 n 阶矩阵来存储这个图中各结点的关系，规则是若结点 i 到结点 j 有连线，则矩阵 $R_{i,j}=1$，否则为 0，示例如图 3-3-10 所示。

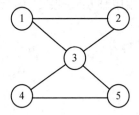

$$R_1 = \begin{bmatrix} 0 & 1 & 1 & 0 & 0 \\ 1 & 0 & 1 & 0 & 0 \\ 1 & 1 & 0 & 1 & 1 \\ 0 & 0 & 1 & 0 & 1 \\ 0 & 0 & 1 & 1 & 0 \end{bmatrix}$$

图 3-3-10　邻接矩阵示例

由图 3-3-9 可知，如果是一个无向图，肯定是沿对角线对称的，只需要存储上三角或者下三角就可以了，而有向图则不一定对称。

邻接链表：用到了两个数据结构，先用一个一维数组将图中所有顶点存储起来，而后对此一维数组的每个顶点元素，使用链表挂上和其有连线关系的结点的编号和权值，示例如图 3-3-11 所示。

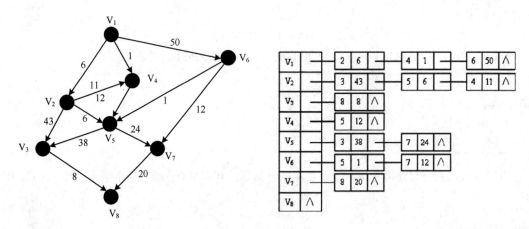

图 3-3-11　邻接链表示例

存储特点：图中的顶点数决定了邻接矩阵的阶和邻接表中的单链表数目，无论是对有向图还是无向图，边数的多少决定了单链表中的结点数，而不影响邻接矩阵的规模，因此采用何种存储方式与有向图、无向图没有区别，要看图的边数和顶点数，完全图适合采用邻接矩阵存储。

3. 图的遍历

深度优先遍历：从任一顶点出发，遍历到底，直至返回，再选取任一其他结点出发，重复这个过程直至遍历完整个图。

广度优先遍历：先访问完一个顶点的所有邻接顶点，而后再依次访问其邻接顶点的所有邻接顶点，类似于层次遍历。

在实际应用中，一般给出邻接表或者邻接矩阵来求遍历，可以先画出图，再求遍历，这样最保险，当然简单的结构也可以利用存储结构特点来求。图的遍历方法如图 3-3-12 所示。

遍历方法	说明	示例	图例
深度优先	（1）首先访问出发顶点 V； （2）依次从 V 出发搜索 V 的任意一个邻接点 W； （3）若 W 未访问过，则从该点出发继续深度优先遍历； 它类似于树的前序遍历	V_1，V_2，V_4，V_8，V_5，V_3，V_6，V_7	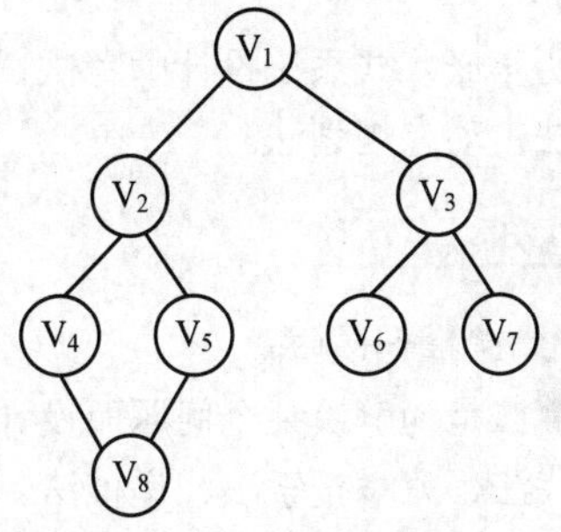
广度优先	（1）首先访问出发顶点 V； （2）然后访问与顶点 V 邻接的全部未访问顶点 W、X、Y、…； （3）然后再依次访问 W、X、Y、…邻接的未访问的顶点	V_1，V_2，V_3，V_4，V_5，V_6，V_7，V_8	

图 3-3-12　图的遍历方法

3.4　算法的复杂度

3.4.1　考点分析

历年嵌入式系统设计师考试试题涉及本部分的相关知识点有：算法的时间和空间复杂度计算。

3.4.2　知识点精讲

算法复杂度分为时间复杂度和空间复杂度。时间复杂度是指执行算法所需要的计算工作量；空间复杂度是指执行这个算法所需要的内存空间。

在计算机科学中，算法的时间复杂度是一个函数，它定量描述了该算法的运行时间。这是一个关于代表算法输入值的字符串的长度的函数。一般情况下，算法的基本操作重复执行的次数是模块 n 的某一个函数 $f(n)$，因此，算法的时间复杂度记做：$T(n)=O(f(n))$。

算法的时间复杂度是一个执行时间数量级的表示，并不是执行算法程序所需要的时间值，也与算法程序的长度无必然联系，也不能简单地认为就是算法程序中的指令条数，而是算法执行过程中所需要的基本运算次数，与模块 n（规模）相关，随着 n 的增大，算法执行的时间的增长率和 $f(n)$ 的增长率成正比。

考试中经常涉及上述的时间复杂度，需要注意的是，时间复杂度是一个大概的规模表示，一般以循环次数表示（因为程序运行时间与软硬件环境相关，不能以绝对运行时间衡量），$O(n)$ 说明执行时间是 n 的正比，另外，log 对数的时间复杂度一般在查找二叉树的算法中出现。渐进符号 O 表示一个渐进变化程度，实际变化必须小于等于 O 括号内的渐进变化程度。

3.5 算法分析方法

3.5.1 考点分析

历年嵌入式系统设计师考试试题涉及本部分的相关知识点有：递推和递归，分治法，回溯法，贪心法，动态规划法。

3.5.2 知识点精讲

1. 递推和递归

算法是为解决某个问题而设计的步骤和方法，有了算法，就可以据此编写程序。常用算法主要有迭代法、穷举搜索法、递推法、递归法、贪婪法、回溯法等。

解决同一个问题，不同的人（甚至是同一个人）可能会写出几种不同的算法，但算法有优劣之分。递推法是利用所解问题本身所具有的递推关系来求得问题解的一种算法。递推法与递归法的关系是，任何可以用递推法解决的问题，可以很方便地用递归法写出程序解决。反之，许多用递归法解决的问题不能用递推法解决。这是因为递归法利用递归时的压栈，可以有任意长度和顺序的前效相关性，这是递推法所不具备的。

C 语言支持递归，即一个函数可以调用其自身。但在使用递归时，程序员需要注意定义一个从函数退出的条件，否则会进入死循环。

例：数的阶乘递归实现代码：

```c
#include <stdio.h>

double factorial(unsigned int i)
{
    if (i <= 1)
    {
    return 1;
    }
    return i * factorial(i - 1);
}
int   main()
{
    int i = 15;
    printf("%d 的阶乘为 %f\n", i, factorial(i));
    return 0;
}
```

2. 分治法

分治法的设计思想是将一个难以直接解决的大问题分解成一些规模较小的相同问题，以便各个击破，分而治之。如规模为 n 的问题可分解成 k 个子问题，1<k≤n，这些子问题互相独立且与原问题相同。分治法产生的子问题往往是原问题的较小模式，这就为递归技术提供了方便。

一般来说，分治算法在每一层递归上都有 3 个步骤。

（1）分解。将原问题分解成一系列子问题。

（2）求解。递归地求解各子问题。若子问题足够小则直接求解。

（3）合并。将子问题的解合并成原问题的解。

凡是涉及到分组解决的都是分治法，例如归并排序算法完全依照上述分治算法的3个步骤进行。

（1）分解。将 n 个元素分成各含 n/2 个元素的子序列。

（2）求解。用归并排序对两个子序列递归地排序。

（3）合并。合并两个已经排好序的子序列以得到排序结果。

3. 回溯法

概念：有"通用的解题法"之称，可以系统地搜索一个问题的所有解或任一解。在包含问题的所有解的解空间树中，按照深度优先的策略，从根结点触发搜索解空间树。搜索至任一结点时，总是先判断该结点是否肯定不包含问题的解，如果不包含，则跳过对以该结点为根的子树的搜索，逐层向其祖先结点回溯；否则，进入该子树，继续按深度优先的策略进行搜索。

可以理解为先进行深度优先搜索，一直向下探测，当此路不通时，返回上一层探索另外的分支，重复此步骤，这就是回溯，意为先一直探测，当不成功时再返回上一层。回溯法一般用于**解决迷宫类**的问题。

4. 贪心法

和动态规划法一样，贪心法也经常用于解决最优化问题。与动态规划法不同的是，贪心法在解决问题的策略上是仅根据当前已有的信息做出选择，而且一旦做出了选择，不管将来有什么结果，这个选择都不会改变。换而言之，贪心法并不是从整体最优考虑，它所做出的选择只是在某种意义上的局部最优。这种局部最优选择并不能保证总能获得全局最优解，但通常能得到较好的近似最优解。

贪心法问题一般具有两个重要的性质。

（1）最优子结构。当一个问题的最优解包含其子问题的最优解时，称此问题具有最优子结构。问题具有最优子结构是该问题可以采用动态规划法或者贪心法求解的关键性质。

（2）贪心选择性质。指问题的整体最优解可以通过一系列局部最优的选择即贪心选择来得到。这是贪心法和动态规划法的主要区别。证明一个问题具有贪心选择性质也是贪心法的一个难点。

贪心法典型应用：背包问题。

背包问题的定义与 0-1 背包问题类似，但是每个物品可以部分装入背包。即在 0-1 背包问题中，$x_i=0$ 或者 $x_i=1$，而在背包问题中，$0 \leq x_i \leq 1$。

为了更好地分析该问题，考虑一个例子：n=5，W=100，下表给出了各个物品的重量、价值和单位重量的价值。假设物品已经按其单位重量的价值从大到小排好序。

物品 i	1	2	3	4	5
w_i	30	10	20	50	40
v_i	65	20	30	60	60
v_i/w_i	2.1	2	1.5	1.2	1

为了得到最优解，必须把背包放满。现在用贪心策略求解，首先要选出度量的标准。

（1）按最大价值先放背包的原则。

（2）按最小重量先放背包的原则。

（3）按最大单位重量价值先放背包的原则。

5．动态规划法

动态规划算法与分治法类似，其基本思想也是将待求解问题分解成若干个子问题，先求解子问题，然后从这些子问题的解得到原问题的解。与分治法不同的是，适合用动态规划求解的问题，经分解得到的子问题往往不是独立的。若用分治法来解这类问题，则相同的子问题会被求解多次，以至于最后解决原问题需要耗费指数级时间。然而，不同子问题的数目常常只有多项式量级。如果能够保存已解决的子问题的答案，在需要时再找出已求得的答案，这样就可以避免大量的重复计算，从而得到多项式时间的算法。为了达到这个目的，可以用一个表来记录所有已解决的子问题的答案。不管该子问题以后是否被用到，只要它被计算过，就将其结果填入表中。这就是动态规划法的基本思路。

动态规划算法通常用于求解具有某种最优性质的问题。在这类问题中，可能会有许多可行解，每个解都对应一个值，我们希望找到具有最优值（最大值或最小值）的那个解。当然，最优解可能会有多个，动态规划算法能找出其中的一个最优解。设计一个动态规划算法，通常按照以下几个步骤进行。

（1）找出最优解的性质，并刻画其结构特征。

（2）递归地定义最优解的值。

（3）以自底向上的方式计算出最优值。

（4）根据计算最优值时得到的信息，构造一个最优解。

步骤（1）～（3）是动态规划算法的基本步骤。在只需要求出最优值的情形下，步骤（4）可以省略。若需要求出问题的一个最优解，则必须执行步骤（4）。

对于一个给定的问题，若其具有以下两个性质，可以考虑用动态规划法来求解。

（1）最优子结构。一个问题的最优解中包含了其子问题的最优，也就是说该问题具有最优子结构。当一个问题具有最优子结构时，提示我们动态规划法可能会适用，但是此时贪心策略可能也是适用的。

（2）重叠子问题。重叠子问题指用来解原问题的递归算法可反复地解同样的子问题，而不是总在产生新的子问题。即当一个递归算法不断地调用同一个问题时，就说该问题包含重叠子问题。

典型应用：0-1 背包问题。

有 n 个物品，第 i 个物品价值为 v_i，重量为 w_i，其中 v_i 和 w_i 均为非负数，背包的容量为 W，W 为非负数。现需要考虑如何选择装入背包的物品，使装入背包的物品总价值最大。

满足约束条件的任一集合(x1, x2, …, xn)是问题的一个可行解，问题的目标是要求问题的一个最优解。考虑一个实例，假设 n＝5，W＝17，每个物品的价值和重量如下表所示，可将物品 1、2 和 5 装入背包，背包未满，获得价值 22，此时问题的解为（1，1，0，0，1）；也可以将物品 4 和 5 装入背包，背包装满，获得价值 24，此时解为（0，0，0，1，1）。

物品编号	1	2	3	4	5
价值 v	4	5	10	11	13
重量 w	3	4	7	8	9

（1）刻画 0-1 背包问题的最优解的结构。

可以将背包问题的求解过程看作是进行一系列的决策过程，即决定哪些物品应该放入背包，哪些物品不放入背包。如果一个问题的最优解包含了物品 n，即 xn=1，那么其余 x1，x2，…，xn-1 一定构成子问题 1，2，…，n-1 在容量为 W-wn 时的最优解。如果这个最优解不包含物品 n，即 xn＝0，那么其余 x1，x2，…，xn-1 一定构成子问题 1, 2, …, n-1 在容量为 W 时的最优解。

（2）递归定义最优解的值。

根据上述分析的最优解的结构递归地定义问题最优解。设 c[i, w]表示背包容量为 w 时 i 个物品导致的最优解的总价值，得到下式。显然，问题要求 c[n, W]。

$$c[i,w]=\begin{cases} 0, & i=0 \text{ 或 } w=0 \\ c[i-1,w], & w_i > w \\ \max\{c[i-1,w-w_i]+v_i, c[i-1,w]\}, & i>0 \text{ 且 } w_i \leqslant w \end{cases}$$

第 4 学时　软件工程基础

软件工程基础是嵌入式系统开发和维护的基础知识点。根据历年考试情况，上午考试涉及相关知识点的分值在 3～4 分左右，下午考试中一般会涉及 CMM 关键过程域，软件开发模型等知识。本学时考点知识结构如图 3-4-1 所示。

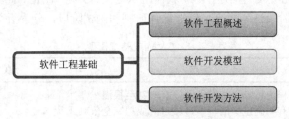

图 3-4-1　软件工程基础知识结构

4.1　软件工程概述

4.1.1　考点分析

历年嵌入式系统设计师考试试题涉及本部分的相关知识点有：系统开发生命周期，能力成熟度模型（Capability Maturity Model for Software，CMM）分级，以及 CMM 各级关键过程域。CMMI 几乎不考。

4.1.2　知识点精讲

1. 单个系统开发生命周期（明确各阶段产出物）

单个系统开发生命周期如图 3-4-2 所示。

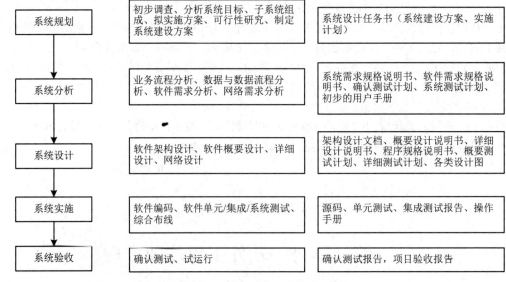

图 3-4-2　单个系统开发生命周期

2．能力成熟度模型（重点掌握）

CMM 是对软件组织化阶段的描述，随着软件组织定义、实施、测量、控制和改进其软件过程，软件组织的能力经过这些阶段逐步提高。针对软件研制和测试阶段，分为五个级别，见表 3-4-1。

表 3-4-1　CMM 成熟度模型

能力等级	特点	关键过程区域
初始级（Initial）	软件过程的特点是杂乱无章，有时甚至很混乱，几乎没有明确定义的步骤，项目的成功完全依赖个人的努力和英雄式核心人物的作用	无
可重复级（Repeatable）	建立了基本的项目管理过程和实践来跟踪项目费用、进度和功能特性，有必要的过程准则来重复以前在同类项目中的成功	软件配置管理、软件质量保证、软件子合同管理、软件项目跟踪与监督、软件项目策划、软件需求管理
已定义级（Defined）	管理和工程两方面的软件过程已经文档化、标准化，并综合成整个软件开发组织的标准软件过程。所有项目都采用根据实际情况修改后得到的标准软件过程开发和维护软件	同行评审、组间协调、软件产品工程、集成软件管理、培训大纲、组织过程定义、组织过程集点
已管理级（Managed）	制定了软件过程和产品质量的详细度量标准。对软件过程和产品质量有定量的理解和控制	软件质量管理和定量过程管理
优化级（Optimized）	加强了定量分析，通过来自过程质量反馈和来自新观念、新技术的反馈使过程能不断持续地改进	过程更改管理、技术改革管理和缺陷预防

3．能力成熟度模型集成（Capability Maturity Model Integration，CMMI）（仅需了解）

CMMI 是若干过程模型的综合和改进，不仅仅支持软件过程模型，还支持多个工程学科和领域的、系统的、一致的过程改进框架，能适应现代工程的特点和需要，能提高过程的质量和工作效率。

CMMI 有阶段式模型和连续式模型两种表示方法。

（1）阶段式模型：类似于 CMM，它关注组织的成熟度，五个成熟度模型见表 3-4-2。

表 3-4-2　CMMI 成熟度模型

能力等级	特点	关键过程区域
初始级	过程不可预测且缺乏控制	无
已管理级	过程为项目服务	需求管理、项目计划、配置管理、项目监督与控制、供应商合同管理、度量和分析、过程和产品质量保证
已定义级	过程为组织服务	需求开发、技术解决方案、产品集成、验证、确认组织级过程焦点、组织级过程定义、组织级培训、集成项目管理、风险管理、集成化的团队、决策分析和解决方案、组织级集成环境
定量管理	过程已度量和控制	组织过程性能、定量项目管理
优化级	集中于过程改进和优化	组织级改革与实施、因果分析和解决方案

（2）连续式模型：关注每个过程域的能力，一个组织对不同的过程域可以达到不同的能力等级。

4.2　软件开发模型

4.2.1　考点分析

历年嵌入式系统设计师考试试题涉及本部分的相关知识点有：各软件开发模型的原理和特点，统一过程，MVC 模型架构。

4.2.2　知识点精讲

1．瀑布模型

瀑布模型是结构化方法中的模型，是结构化的开发，开发流程如同瀑布一般，一步一步地走下去，直到最后完成项目开发，只适用于需求明确或者二次开发（需求稳定），当需求不明确时，最终开发的项目会错误，有很大的缺陷。

2．原型

与瀑布模型相反，原型针对的就是需求不明确的情况，首先快速构造一个功能模型，演示给用户看，并按用户要求及时修改，中间再通过不断的演示与用户沟通，最终设计出项目，就不会出现与用户要求不符合的情况，采用的是迭代的思想。不适合超大项目开发。

3. 增量模型

增量模型首先开发核心模块功能，而后与用户确认，之后再开发次核心模块的功能，即每次开发一部分功能，并与用户需求确认，最终完成项目开发，优先级最高的服务最先交付，但由于并不是从系统整体角度规划各个模块，因此不利于模块划分。难点在于如何将客户需求划分为多个增量。与原型不用的是增量模型的每一次增量版本都可作为独立可操作的作品，而原型的构造一般是为了演示。

4. 螺旋模型

螺旋模型是原型加瀑布模型的混合，分为制定计划、风险分析、实施工程和提交评审四个过程，针对需求不明确的项目，与原型类似。但是螺旋模型增加了风险分析，这也是其最大的特点。适合大型项目开发。

5. V 模型

V 模型特点是增加了很多轮测试，并且这些测试贯穿于软件开发的各个阶段，不像其他模型都是软件开发完再测试，很大程度上保证了项目的准确性。V 模型强调的是测试分段和测试计划先行。测试分段就是编码阶段进行单元测试，详细设计阶段对应集成测试，概要设计阶段进行系统测试，需求分析阶段进行验收测试；测试计划提前是指的在需求分析阶段进行验收测试和系统测试的测试计划，概要设计阶段进行集成测试的测试计划，详细设计阶段进行单元测试的测试计划。V 模型开发和测试级别如图 3-4-3 所示。

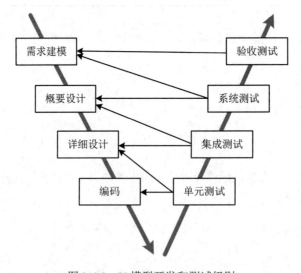

图 3-4-3　V 模型开发和测试级别

6. 喷泉模型

喷泉模型特点是面向对象的模型，而上述其他的模型都是结构化的模型，具有迭代和无间隙的特点。

7. 基于构件的开发模型

基于构件的开发模型特点是增强了复用性，在系统开发过程中，会构建一个构件库，供其他系统复用，因此可以提高可靠性，节省时间和成本。

8. 形式化方法模型

形式化方法模型是建立在严格数学基础上的一种软件开发方法，主要活动是生成计算机软件形式化的数学规格说明。

9. 统一过程（Rational Unified Process，UP）

UP 针对大型项目，有**三大特点**：用例和风险驱动；以架构为中心；迭代并且增量。

开发的**四个阶段**：起始（确认需求和风险评估）；精化（完成架构设计）；构建（开发剩余构件，组装构件）；移交（进行测试，交付系统）。

UP 的每一次迭代都是一次完整的软件开发过程，包括整个软件开发生命周期，有**五个核心工作流**（需求、分析、设计、实现、测试）。

10. MVC 模型

MVC，即模型－视图－控制器。

模型表示企业数据和业务规则。在 MVC 的三个部件中，模型拥有最多的处理任务。例如它可能用像 EJBs 和 Cold Fusion Components 这样的构件对象来处理数据库。被模型返回的数据是中立的，即模型与数据格式无关，这样一个模型能为多个视图提供数据。由于应用于模型的代码只需写一次就可以被多个视图重用，所以减少了代码的重复性。

视图是用户看到并与之交互的界面。对老式的 Web 应用程序来说，视图就是由 HTML 元素组成的界面，在新式的 Web 应用程序中，HTML 依旧在视图中扮演着重要的角色，但一些新的技术已层出不穷，它们包括 Adobe Flash 和 XHTML、XML/XSL、WML 等一些标识语言和 Webservices。如何处理应用程序的界面变得越来越有挑战性。MVC 的好处是它能为应用程序处理很多不同的视图。

控制器接受用户的输入并调用模型和视图去完成用户的需求。所以当单击 Web 页面中的超链接和发送 HTML 表单时，控制器本身不输出任何东西和做任何处理。它只是接收请求并决定调用哪个模型构件去处理请求，然后确定用哪个视图来显示模型处理返回的数据。

完整的流程模型如图 3-4-4 所示。

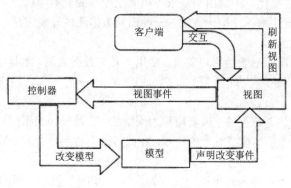

图 3-4-4　完整的流程模型

4.3　软件开发方法

4.3.1　考点分析

历年嵌入式系统设计师考试试题涉及本部分的相关知识点有：各软件开发方法原理及特点，敏捷开发方法。

4.3.2　知识点精讲

1. 结构化方法

结构是指系统内各个组成要素之间的相互联系、相互作用的框架。结构化方法也称为生命周期法，是一种传统的信息系统开发方法，由结构化分析（Structured Analysis,SA）、结构化设计（Structured Design, SD）和结构化程序设计（Structured Programming，SP）三部分有机组合而成，其精髓是自顶向下、逐步求精和模块化设计。

结构化方法的主要特点

（1）开发目标清晰化。结构化方法的系统开发遵循"用户第一"的原则。

（2）开发工作阶段化。每个阶段工作完成后，要根据阶段工作目标和要求进行审查，这使各阶段工作有条不紊地进行，便于项目管理与控制。

（3）开发文档规范化。结构化方法每个阶段工作完成后，要按照要求完成相应的文档，以保证各个工作阶段的衔接与系统维护工作的遍历。

（4）设计方法结构化。在系统分析与设计时，从整体和全局考虑，自顶向下地分解；在系统实现时，根据设计的要求，先编写各个具体的功能模块，然后自底向上逐步实现整个系统。

结构化方法的不足和局限

（1）开发周期长：按顺序经历各个阶段，直到实施阶段结束后，用户才能使用系统。

（2）难以适应需求变化：不适用于需求不明确或经常变更的项目。

（3）很少考虑数据结构：结构化方法是一种面向数据流的开发方法，很少考虑数据结构。

结构化方法常用工具

结构化方法一般利用图形表达用户需求，常用工具有数据流图、数据字典、结构化语言、判定表以及判定树等。

2. 原型方法

原型化方法也称为快速原型法，或者简称为原型法。它是一种根据用户初步需求，利用系统开发工具，快速地建立一个系统模型展示给用户，在此基础上与用户交流，最终实现用户需求的信息系统快速开发的方法。

按是否实现功能分类：分为水平原型（行为原型，功能的导航）、垂直原型（结构化原型，实现了部分功能）。

按最终结果分类：分为抛弃式原型、演化式原型。

原型法的特点

原型法可以使系统开发的周期缩短、成本和风险降低、速度加快，获得较高的综合开发效益。

原型法是以用户为中心来开发系统的，用户参与的程度大大提高，开发的系统符合用户的需求，因而增加了用户的满意度，提高了系统开发的成功率。

由于用户参与了系统开发的全过程，对系统的功能和结构容易理解和接受，有利于系统的移交，有利于系统的运行与维护。

原型法的不足：开发的环境要求高；管理水平要求高。

由以上的分析可以看出，原型法的优点主要在于能更有效地确认用户需求。从直观上来看，原型法适用于那些需求不明确的系统开发。事实上，对于分析层面难度大、技术层面难度不大的系统，适合于原型法开发。

从严格意义上来说，目前的原型法不是一种独立的系统开发方法，而只是一种开发思想，它只支持在系统开发早期阶段快速生成系统的原型，没有规定在原型构建过程中必须使用哪种方法。因此，它不是完整意义上的方法论体系。这就注定了原型法必须与其他信息系统开发方法结合使用。

3．面向对象方法

面向对象（Object-Oriented，OO）方法认为，客观世界是由各种对象组成的，任何事物都是对象，每一个对象都有自己的运动规律和内部状态，都属于某个对象类，是该对象类的一个元素。复杂的对象可由相对简单的各种对象以某种方式而构成，不同对象的组合及相互作用就构成了系统。

面向对象方法的特点

使用 OO 方法构造的系统具有更好的复用性，其关键在于建立一个全面、合理、统一的模型（用例模型和分析模型）。

OO 方法也划分阶段，但其中的系统分析、系统设计和系统实现三个阶段之间已经没有"缝隙"。也就是说，这三个阶段的界限变得不明确，某项工作既可以在前一个阶段完成，也可以在后一个阶段完成；前一个阶段工作做得不够细，在后一个阶段可以补充。

面向对象方法可以普遍适用于各类信息系统的开发。

面向对象方法的不足之处

必须依靠一定的面向对象技术支持，在大型项目的开发上具有一定的局限性，不能涉足系统分析以前的开发环节。

当前，一些大型信息系统的开发，通常是将结构化方法和 OO 方法结合起来。首先，使用结构化方法进行自顶向下的整体划分；然后，自底向上地采用 OO 方法进行开发。因此，结构化方法和 OO 方法仍是两种在系统开发领域中相互依存的、不可替代的方法。

4．Jackson 方法

Jackson 方法面向数据结构的开发方法，适合于小规模的项目。

5．敏捷开发方法

敏捷开发方法针对中小型项目，主要是为了给程序员减负，去掉一些不必要的会议和文档。指代一组模型（极限编程、自适应开发、水晶方法、……），这些模型都具有相同的原则和价值观，具体如图 3-4-5 所示（要求对该图眼熟，并掌握重要概念）。

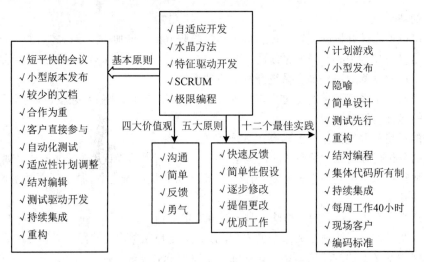

图 3-4-5　敏捷开发方法模型原则和价值观

开发宣言：个体和交互胜过过程和工具、可以工作的软件胜过面面俱到的文档、客户合作胜过合同谈判、响应变化胜过遵循计划。

结对编程：一个程序员开发代码，另一个程序员在一旁观察审查代码，在开发的同时对代码进行初步审查，共同对代码负责，能够有效地提高代码质量。

自适应开发：强调开发方法的适应性（Adaptive）。不像其他方法那样有很多具体的实践做法，它更侧重为软件的重要性提供最根本的基础，并从更高的组织和管理层次来阐述开发方法为什么要具备适应性。

水晶方法：每一个不同的项目都需要一套不同的策略、约定和方法论。

特性驱动开发：是一套针对中小型软件开发项目的开发模式，是一个模型驱动的快速迭代开发过程，它强调的是简化、实用、易于被开发团队接受，适用于需求经常变动的项目。

极限编程（Extreme Programming，XP）：核心是沟通、简明、反馈和勇气。因为知道计划永远赶不上变化，XP 无需开发人员在软件开始初期做出很多的文档。XP 提倡测试先行，为了将以后出现 bug 的几率降到最低。

并列争球法 Scrum：是一种迭代的增量化过程，把每段时间（30 天）一次的迭代称为一个"冲刺"，并按需求的优先级别来实现产品，多个自组织和自治的小组并行地递增实现产品。

第 5 学时　系统分析与设计

系统分析与设计是嵌入式系统开发和维护的基础知识点。根据历年考试情况，上午考试涉及相关知识点的分值在 3～4 分左右，下午考试中一般不会涉及。本学时考点知识结构如图 3-5-1 所示。

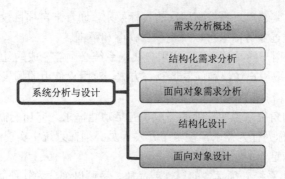

图 3-5-1   系统分析与设计知识结构

5.1   需求分析概述

5.1.1   考点分析

历年嵌入式系统设计师考试试题涉及本部分的相关知识点有：需求工程阶段，需求分类。

5.1.2   知识点精讲

1. 需求工程

软件需求：是指用户对系统在功能、行为、性能、设计约束等方面的期望。是指用户解决问题或达到目标所需的条件或能力，是系统或系统部件要满足合同、标准、规范或其他正式规定文档所需具有的条件或能力，以及反映这些条件或能力的文档说明。

软件需求分为需求开发和需求管理两大过程，如图 3-5-2 所示。

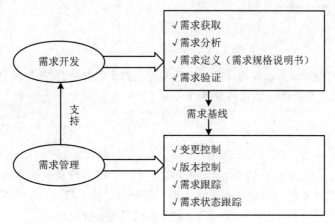

图 3-5-2   软件需求两大过程

2. 需求分类

按需求内容可分为业务需求、用户需求、系统需求三类。

业务需求：反映企业或客户对系统高层次的目标要求，通常来自项目投资人、客户、市场营销部门或产品策划部门。通过业务需求可以确定项目视图和范围。

用户需求：描述的是用户的具体目标，或用户要求系统必须能完成的任务。即描述了用户能使用系统来做什么。通常采取用户访谈和问卷调查等方式，对用户使用的场景进行整理，从而建立用户需求。

系统需求：从系统的角度来说明软件的需求，包括功能需求、非功能需求和设计约束等。

（1）功能需求：也称为行为需求，规定了开发人员必须在系统中实现的软件功能，用户利用这些功能来完成任务，满足业务需要。

（2）非功能需求：指系统必须具备的属性或品质，又可以细分为软件质量属性（如可维护性、可靠性、效率等）和其他非功能需求。

（3）设计约束：也称为限制条件或补充规约，通常是对系统的一些约束说明，例如必须采用国有自主知识产权的数据库系统，必须运行在 UNIX 操作系统之下等。

质量功能部署（QFD）是一种将用户要求转化成软件需求的技术，其目的是最大限度地提升软件工程过程中用户的满意度。为了达到这个目标，QFD 将软件需求分为三类，分别是常规需求、期望需求和意外需求。

（1）常规需求：用户认为系统应该做到的功能或性能，实现越多用户会越满意。

（2）期望需求：用户想当然认为系统应具备的功能或性能，但并不能正确描述自己想要得到的这些功能或性能需求。如果期望需求没有得到实现，会让用户感到不满意。

（3）意外需求：意外需求也称为兴奋需求，是用户要求范围外的功能或性能（但通常是软件开发人员很乐意赋予系统的技术特性），实现这些需求用户会更高兴，但不实现也不影响其购买的决策。

5.2 结构化需求分析

5.2.1 考点分析

历年嵌入式系统设计师考试试题涉及本部分的相关知识点有：结构化需求分析特点，三大模型，数据流图，数据字典，E-R 图，状态转换图。

5.2.2 知识点精讲

1. 基本概念

结构化需求分析的过程：①理解当前的现实环境，获得当前系统的具体模型（物理模型）；②从当前的具体模型抽象出当前系统的逻辑模型；③分析目标系统与当前系统逻辑上的差别，建立目标系统的逻辑模型；④对为目标系统建立的逻辑模型进行补充。

结构化特点：自顶向下，逐步分解，面向数据。

功能模型（数据流图）、行为模型（状态转换图）、数据模型（E-R 图）以及数据字典，如图 3-5-3 所示。

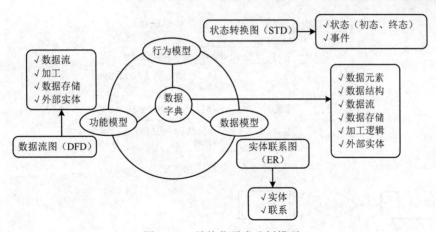

图 3-5-3　结构化需求分析模型

2. 数据流图

数据流图描述数据在系统中如何被传送或变换，以及如何对数据流进行变换的功能或子功能，用于对功能建模，数据流图如图 3-5-4 所示。

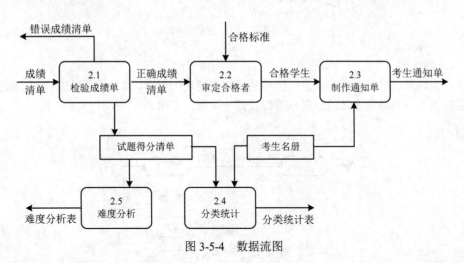

图 3-5-4　数据流图

数据流图是可以分层的，从顶层（即上下文无关数据流）到 0 层、1 层等，顶层数据流图只含有一个加工处理表示整个管理信息系统，描述了系统的输入和输出，以及和外部实体的数据交互。

3. 数据字典

数据字典是用来定义在数据流图中出现的符号或者名称的含义，在数据流图中，每个存储、加工、实体的含义都必须定义在数据流图中，并且父图和子图之间这些名称要相同，示例如图 3-5-5 所示。

4. E-R 图

在 E-R 模型中，使用椭圆表示属性（一般没有）、长方形表示实体、菱形表示联系，联系的两端要填写联系类型，示例如图 3-5-6 所示。

符　号	含　义	举例说明
=	被定义为	
+	与	x=a+b，表示x由a和b组成
[…，…]或 […|…]	或	x=[a，b]，x=[a|b]，表示x由a 或由b组成
{…}	**重复**	x={a}，表示x由0个或多个a组成
(…)	可选	x=(a)，表示a可在x中出现，也可 以不出现

图 3-5-5　数据字典示例

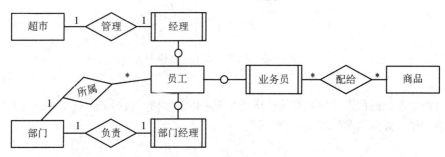

图 3-5-6　E-R 模型示例

5. 状态转换图

状态转换图通过描绘系统的状态及引起系统状态转换的事件，来表示系统的行为。此外，状态转换图还指明了作为特定事件的结果系统将做哪些动作，如图 3-5-7 所示。

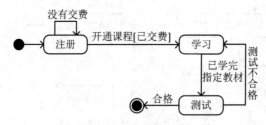

图 3-5-7　状态转换图

5.3　面向对象需求分析

5.3.1　考点分析

历年嵌入式系统设计师考试试题涉及本部分的相关知识点有：面向对象基本概念，UML 事务，关系，图分类。

5.3.2　知识点精讲

1. 面向对象基本概念

（1）对象：由数据及其操作所构成的封装体，是系统中用来描述客观事务的一个实体，是构成系统的一个基本单位。一个对象通常可以由对象名、属性和方法 3 个部分组成。

（2）类：现实世界中实体的形式化描述，类将该实体的属性（数据）和操作（函数）封装在一起。对象是类的实例，类是对象的模板。

类可以分为三种：实体类、接口类（边界类）和控制类。实体类的对象表示现实世界中真实的实体，如人、物等。接口类（边界类）的对象为用户提供一种与系统合作交互的方式，分为人和系统两大类，其中人的接口可以是显示屏、窗口、Web 窗体、对话框、菜单、列表框、其他显示控制、条形码、二维码或者用户与系统交互的其他方法。系统接口涉及到把数据发送到其他系统，或者从其他系统接收数据。控制类的对象用来控制活动流，充当协调者。

（3）抽象：通过特定的实例抽取共同特征以后形成概念的过程。它强调主要特征，忽略次要特征。一个对象是现实世界中一个实体的抽象，一个类是一组对象的抽象，抽象是一种单一化的描述，它强调给出与应用相关的特性，抛弃不相关的特性。

（4）封装：是一种信息隐蔽技术，将相关的概念组成一个单元模块，并通过一个名称来引用。面向对象封装是将数据和基于数据的操作封装成一个整体对象，对数据的访问或修改只能通过对象对外提供的接口进行。

（5）继承：表示类之间的层次关系（父类与子类），这种关系使得某类对象可以继承另外一类对象的特征，又可分为单继承和多继承。

（6）多态：不同的对象收到同一个消息时产生完全不同的结果。包括参数多态（不同类型参数多种结构类型）、包含多态（父子类型关系）、过载多态（类似于重载，一个名字不同含义）、强制多态（强制类型转换）四种类型。多态由继承机制支持，将通用消息放在抽象层，具体不同的功能实现放在低层。

（7）接口：描述对操作规范的说明，其只说明操作应该做什么，并没有定义操作如何做。

（8）消息：体现对象间的交互，通过它向目标对象发送操作请求。

（9）覆盖：子类在原有父类接口的基础上，用适合于自己要求的实现去置换父类中的相应实现。即在子类中重定义一个与父类同名同参的方法。

（10）函数重载：与覆盖要区分开，函数重载与子类父类无关，且函数是同名不同参数。

（11）绑定：是一个把过程调用和响应调用所需要执行的代码加以结合的过程。在一般的程序设计语言中，绑定是在编译时进行的，叫作静态绑定。动态绑定则是在运行时进行的，因此，一个给定的过程调用和代码的结合直到调用发生时才进行。

类的属性和方法分为 public（所有类都可以访问）、private（仅本类内部可以访问）、protect（本类内部可访问、继承子类也可以访问）。

2. 统一建模语言

统一建模语言（Uinfied Modeling Language，UML）是统一建模语言，和程序设计语言并无关系。从总体上来看，UML 结构（图 3-5-8）包括构造块、规则和公共机制三个部分。

（1）构造块。UML 有三种基本的构造块，分别是事物（thing）、关系（relationship）和图（diagram）。事物是 UML 的重要组成部分，关系把事物紧密联系在一起，图是多个相互关联的事物的集合。

（2）规则。规则是构造块如何放在一起的规定。

（3）公共机制。公共机制是指达到特定目标的公共 UML 方法。

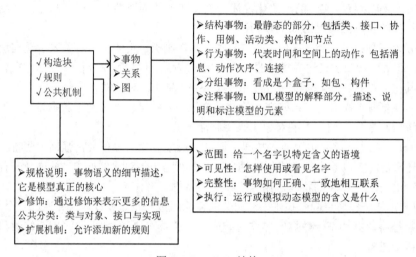

图 3-5-8   UML 结构

3．UML 关系

依赖：一个事物的语义依赖于另一个事物的语义的变化而变化。

关联：是一种结构关系，描述了一组对象之间的连接。关联分为组合和聚合，都是部分和整体的关系。其中组合事物之间的关系更强，表示整体和部分是不可分离的，如公司和部门的关系。聚合也表示整体和部分的关系，但是这种关系中的整体和部分是可以分割开来的，如汽车和轮胎的关系。

泛化：一般/特殊的关系，子类和父类之间的关系。

实现：一个类元指定了另一个类元保证执行的契约。

4．UML 图

（1）用例图。用例图描述了系统提供的一个功能单元，帮助开发人员以一种可视化的方式理解系统的功能需求。它是系统与外界参与者的交互图。

（2）类图。类图描述了一组类、接口、协作和它们之间的关系。类图表示不同的实体如何彼此相关，换句话说，它显示了系统的静态结构。类图可用于表示逻辑类（通常就是业务人员所谈及的事物种类）和实现类（程序员处理的实体）。

（3）序列图。强调时间的先后顺序，序列图显示具体用例的详细流程。它几乎是自描述的，并且显示了流程中不同对象之间的调用关系，同时还可以很详细地显示对不同对象的不同调用。

（4）状态图。状态图表示某个类所处的不同状态和该类的状态转换信息。

（5）活动图。活动图表示在处理某个活动时，两个或多个类对象之间的过程控制流。活动之间可以并行，活动图可用于在业务单元的级别上对更高级别的业务过程进行建模，或者对低级别的内部类操作进行建模。

（6）组件图。组件图提供系统的物理视图，显示系统中的软件对其他软件的依赖关系。

（7）部署图。部署图表示该软件系统如何部署到硬件环境中。用于显示该系统不同的组件将在何处运行，以及将彼此如何通信。

（8）制品图：描述的是系统的物理结构。

（9）包图：由模型本身分解而成的组织单元，以及它们之间的依赖关系。

（10）定时图：强调实际时间。

5.4　结构化设计

5.4.1　考点分析

历年嵌入式系统设计师考试试题涉及本部分的相关知识点有：系统设计内容及步骤，结构化设计组成及原则，内聚和耦合分类及特点。

5.4.2　知识点精讲

1. 系统设计概述

系统设计主要目的：为系统制定蓝图，在各种技术和实施方法中权衡利弊，精心设计，合理地使用各种资源，最终勾画出新系统的详细设计方法。

系统设计方法：结构化设计方法，面向对象设计方法。

系统设计的主要内容：概要设计、详细设计。

概要设计基本任务：又称为系统总体结构设计，是将系统的功能需求分配给软件模块，确定每个模块的功能和调用关系，形成软件的模块结构图，即系统结构图。

详细设计的基本任务：模块内详细算法设计、模块内数据结构设计、数据库的物理设计、其他设计（代码、输入/输出格式、用户界面）、编写详细设计说明书、评审。

2. 结构化设计

结构化设计主要包括以下四点内容。

（1）体系结构设计：定义软件的主要结构元素及其关系。

（2）数据设计：基于实体联系图确定软件涉及的文件系统的结构及数据库的表结构。

（3）接口设计：描述用户界面，软件和其他硬件设备、其他软件系统及使用人员的外部接口，以及各种构件之间的内部接口。

（4）过程设计：确定软件各个组成部分内的算法及内部数据结构，并选定某种过程的表达形式来描述各种算法。

3. 结构化设计基本原理

（1）抽象化。常用的抽象化手段有过程抽象、数据抽象和控制抽象。

- 过程抽象。任何一个完成明确功能的操作都可被使用者当作单位的实体看待，尽管这个操作时机上可能由一系列更低级的操作来完成。

- 数据抽象。与过程抽象一样，允许设计人员在不同层次上描述数据对象的细节。
- 与过程抽象和数据抽象一样，控制抽象可以包含一个程序控制机制而无须规定其内部细节。

（2）自顶向下，逐步细化。将软件的体系结构按自顶向下方式，对各个层次的过程细节和数据细节逐层细化，直到用程序设计语言的语句能够实现为止，从而最后确立整个的体系结构。

（3）模块化。将一个待开发的软件分解成若干个小的简单的部分——模块，每个模块可独立地开发、测试，最后组装成完整的程序。这是一种复杂问题的"分而治之"的原则。模块化的目的是使程序结构清晰，容易阅读，容易理解，容易测试，容易修改。

（4）模块独立。每个模块完成一个相对特定独立的子功能，并且与其他模块之间的联系简单。衡量度量标准有两个：模块间的耦合和模块的内聚。模块独立性强必须做到高内聚低耦合。

4．结构化设计原则

结构化设计原则包括：

（1）保持模块的大小适中。

（2）尽可能减少调用的深度。

（3）多扇入，少扇出。

（4）单入口，单出口。

（5）模块的作用域应该在模块之内。

（6）功能应该是可预测的。

5．内聚和耦合

模块的设计要求独立性高，就必须高内聚，低耦合。内聚是指一个模块内部功能之间的相关性，耦合是指多个模块之间的联系，内聚程度从低到高见表 3-5-1。耦合程度从低到高见表 3-5-2。

表 3-5-1　内聚程度

内聚分类	定义	记忆关键字
偶然内聚	一个模块内的各处理元素之间没有任何联系	无直接关系
逻辑内聚	模块内执行若干个逻辑上相似的功能，通过参数确定该模块完成哪一个功能	逻辑相似、参数决定
时间内聚	把需要同时执行的动作组合在一起形成的模块	同时执行
过程内聚	一个模块完成多个任务，这些任务必须按指定的过程执行	指定的过程顺序
通信内聚	模块内的所有处理元素都在同一个数据结构上操作，或者各处理使用相同的输入数据或者产生相同的输出数据	相同数据结构、相同输入输出
顺序内聚	一个模块中的各个处理元素都密切相关于同一功能且必须顺序执行，前一个功能元素的输出就是下一个功能元素的输入	顺序执行、输入为输出
功能内聚	最强的内聚，模块内的所有元素共同作用完成一个功能，缺一不可	共同作用、缺一不可

表 3-5-2　耦合程度

耦合分类	定义	记忆关键字
无直接耦合	两个模块之间没有直接的关系，它们分别从属于不同模块的控制与调用，不传递任何信息	无直接关系
数据耦合	两个模块之间有调用关系，传递的是简单的数据值，相当于高级语言中的值传递	传递数据值调用
标记耦合	两个模块之间传递的是数据结构	传递数据结构
控制耦合	一个模块调用另一个模块时，传递的是控制变量，被调用模块通过该控制变量的值有选择地执行模块内的某一功能	控制变量、选择执行某一功能
外部耦合	模块间通过软件之外的环境联合（如 I/O 将模块耦合到特定的设备、格式、通信协议上）时	软件外部环境
公共耦合	通过一个公共数据环境相互作用的那些模块间的耦合	公共数据结构
内容耦合	当一个模块直接使用另一个模块的内部数据，或通过非正常入口转入另一个模块内部时	模块内部关联

5.5　面向对象设计

5.5.1　考点分析

历年嵌入式系统设计师考试试题涉及本部分的相关知识点有：面向对象设计原则。

5.5.2　知识点精讲

1．面向对象设计流程
面向对象设计流程如图 3-5-9 所示。

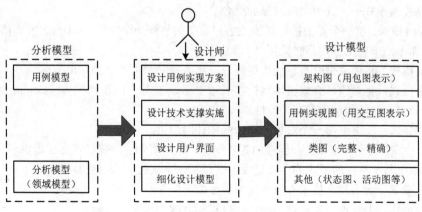

图 3-5-9　面向对象设计流程

2. 设计原则

OOD 同样应遵循抽象、信息隐蔽、功能独立、模块化等设计准则。

面向对象的设计原则包括：

（1）单一责任原则。就一个类而言，应该仅有一个引起它变化的原因。即，当需要修改某个类的时候原因有且只有一个，让一个类只做一种类型责任。

（2）开放-封闭原则。软件实体（类、模块、函数等）应该是可以扩展的，即开放的；但是不可修改的，即封闭的。

（3）里氏替换原则。子类型必须能够替换掉他们的基类型。即，在任何父类可以出现的地方，都可以用子类的实例来赋值给父类型的引用。

（4）依赖倒置原则。抽象不应该依赖于细节，细节应该依赖于抽象。即，高层模块不应该依赖于低层模块，二者都应该依赖于抽象。

（5）接口分离原则。不应该强迫客户依赖于它们不用的方法。接口属于客户，不属于它所在的类层次结构。即：依赖于抽象，不要依赖于具体，同时在抽象级别不应该有对于细节的依赖。这样做的好处就在于可以最大限度地应对可能的变化。

3. 设计模式

（1）创建性设计模式——创建对象。

1）工厂模式：定义一个创建对象的接口，由子类决定需要实例化哪一个类。工厂方法使得子类的实例化的过程推迟。

2）抽象工厂模式：提供一个创建一系列相关或相互依赖对象的接口，而无需指定它们具体的类。抽象工厂模式与工厂模式的最大区别：工厂模式针对一个产品等级结构，而抽象工厂模式需要面对多个产品等级结构。

3）建造者模式：将一个复杂的对象的构建与它的表示分离，使得同样的构建过程可以创建不同的表示。

4）原型模式：用原型实例指定创建对象的种类，并且通过拷贝这个原型来创建新的对象。

5）单例模式：保证一个类仅有一个实例，并提供一个访问它的全局访问点。

（2）结构性模式——处理类或对象的组合。

1）适配器模式：将一个类的接口转换成客户希望的另外一个接口。Adapter 模式使得原本由于接口不兼容而不能一起工作的那些类可以一起工作。

2）桥接模式：将抽象部分与它的实现部分分离，使它们都可以独立地变化。

3）组合模式：将对象组合成树形结构以表示"部分-整体"的层次结构。Composite 使得客户对单个对象和复合对象的使用具有一致性。

4）装饰模式：动态地给一个对象添加一些额外的职责。

5）外观模式：为子系统中的一组接口提供一个一致的界面，外观模式通过提供一个高层接口，隔离了外部系统与子系统间复杂的交互过程，使得复杂系统的子系统更易使用。

6）享元模式：运用共享技术有效地支持大量细粒度的对象。

7）代理模式：为其他对象提供一种代理以控制对这个对象的访问。

（3）结构性模式——描述类与对象怎样交互、怎样分配职责。

1）职责链模式：避免请求发送者与接收者耦合在一起，让多个对象都有可能接收请求，将这些对象连接成一条链，并且沿着这条链传递请求，直到有对象处理它为止。

2）命令模式：将一个请求封装成一个对象，从而使得用不同的请求对客户进行参数化；对请求排队或记录请求日志，以及支持可撤销的操作。

3）解释器模式：给定一个语言，定义它的文法的一种表示，并定义一个解释器，这个解释器使用该表示来解释语言中的句子。

4）迭代器模式：提供一种方法顺序访问一个聚合对象中各个元素，而又无须暴露该对象的内部表示。

5）中介者模式：用一个中介对象来封装一系列的对象交互，中介者使各对象不需要显式地相互引用，从而使其耦合松散，而且可以独立地改变它们之间的交互。

6）备忘录模式：在不破坏封装性的前提下，捕获一个对象的内部状态，并在该对象之外保存这个状态。这样就可以将该对象恢复到原先保存的状态。

7）观察者模式：观察者模式定义了对象间的一种一对多依赖关系，使得每当一个对象改变状态，则所有依赖于它的对象都会得到通知并被自动更新。

8）状态模式：对于对象内部的状态，允许其在不同的状态下，拥有不同的行为，对状态单独封装成类。

9）策略模式：定义了一系列的算法，并将每一个算法封装起来，而且使它们还可以相互替换。策略模式让算法独立于使用它的客户而独立变化。

10）模板方法模式：定义一个操作中的算法的骨架，而将一些步骤延迟到子类中，使得子类可以不改变算法结构即可重定义算法的某些特定的步骤。

11）访问者模式：表示一个作用于某对象结构中的各元素的操作。它使你可以在不改变各元素的类的前提下定义作用于这些元素的新操作。即对于某个对象或者一组对象，不同的访问者，产生的结果不同，执行操作也不同。

第6学时　系统测试与维护

系统测试与维护是嵌入式系统开发和维护的基础知识点。根据历年考试情况，上午考试涉及相关知识点的分值在2~3分左右，下午考试中一般会涉及测试基础知识及测试用例的设计，固定一个大题15分。本学时考点知识结构如图3-6-1所示。

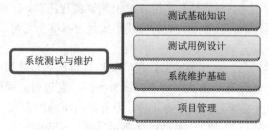

图 3-6-1　系统测试与维护知识结构

6.1 测试基础知识

6.1.1 考点分析

历年嵌入式系统设计师考试试题涉及本部分的相关知识点有：测试原则，动态测试和静态测试原理及分类，各测试阶段含义。

6.1.2 知识点精讲

1. 测试原则

系统测试原则包括如下几项：

（1）软件测试最根本的目的是发现软件的错误。

（2）应尽早并不断地进行测试。

（3）测试工作应该避免由原开发软件的人或小组承担。

（4）在设计测试方案时，不仅要确定输入数据，而且要根据系统功能确定预期的输出结果。

（5）既包含有效、合理的测试用例，也包含不合理、失效的用例。

（6）检验程序是否做了该做的事，且是否做了不该做的事。

（7）严格按照测试计划进行。

（8）妥善保存测试计划和测试用例。

（9）测试用例可以重复使用或追加测试。

2. 动态测试

动态测试也称动态分析，主要特征是计算机必须真正运行被测试的程序，通过输入测试用例，对其运行情况进行分析，判断期望结果和实际结果是否一致。动态测试包括功能确认与接口测试、覆盖率分析、性能分析、内存分析等。在动态分析中，通过最大资源条件进行系统的压力测试，以判断系统的实际承受能力，在通信比较复杂的系统中尤为重要。

黑盒测试法：功能性测试，不了解软件代码结构，根据功能设计用例，测试软件功能。

白盒测试法：结构性测试，明确代码流程，根据代码逻辑设计用例，进行用例覆盖。

灰盒测试法：既有黑盒，也有白盒。

3. 静态测试

静态测试也称静态分析，主要特征是在用计算机测试源程序时，计算机并不真正运行被测试的程序。静态测试包括代码检查、静态结构分析、代码质量度量等。它可以由人工进行，也可以借助软件工具自动进行。

桌前检查：在程序编译后，单元测试前，程序员检查自己编写的程序。

代码审查：由若干个程序员和测试人员组成评审小组，通过召开程序评审会来进行审查。

代码走查：也是采用开会来对代码进行审查，但并非简单的检查代码，而是由测试人员提供测试用例，让程序员扮演计算机的角色，手动运行测试用例，检查代码逻辑。

4. 测试策略

自底向上：从最底层模块开始测试，需要编写驱动程序，而后开始逐一合并模块，最终完成整个系统的测试。优点是较早地验证了底层模块。

自顶向下：先测试整个系统，需要编写桩程序，而后逐步向下直至最后测试最底层模块。优点是较早地验证了系统的主要控制点和判断点。

三明治：既有自底向上也有自顶向下的测试方法，兼有二者的优点，缺点是测试工作量大。

5. 测试阶段

（1）单元测试：也称为模块测试，测试的对象是可独立编译或汇编的程序模块、软件构件或OO 软件中的类（统称为模块），测试依据是软件详细设计说明书。

（2）集成测试：目的是检查模块之间，以及模块和已集成的软件之间的接口关系，并验证已集成的软件是否符合设计要求。测试依据是软件概要设计文档。

（3）确认测试：主要用于验证软件的功能、性能和其他特性是否与用户需求一致。根据用户的参与程度，通常包括以下类型：

内部确认测试：主要由软件开发组织内部按照 SRS（Software Requirement Specification）进行测试。

Alpha 测试：用户在开发环境下进行测试。

Beta 测试：用户在实际使用环境下进行测试，通过该测试后，产品才能交付用户。

验收测试：针对 SRS，在交付前以用户为主进行的测试。其测试对象为完整的、集成的计算机系统。验收测试的目的是，在真实的用户工作环境下，检验软件系统是否满足开发技术合同或SRS。验收测试的结论是用户确定是否接收该软件的主要依据。除应满足一般测试的准入条件外，在进行验收测试之前，应确认被测软件系统已通过系统测试。

（4）系统测试：测试对象是完整的、集成的计算机系统；测试的目的是在真实系统工作环境下，验证完成的软件配置项能否和系统正确连接，并满足系统/子系统设计文档和软件开发合同规定的要求。测试依据是用户需求或开发合同。

其主要内容包括功能测试、健壮性测试、性能测试、用户界面测试、安全性测试、安装与反安装测试等，其中，最重要的工作是进行功能测试与性能测试。功能测试主要采用黑盒测试方法；性能测试主要指标有响应时间、吞吐量、并发用户数和资源利用率等。

（5）配置项测试：测试对象是软件配置项，测试目的是检验软件配置项与 SRS 的一致性。测试的依据是 SRS。在此之间，应确认被测软件配置项已通过单元测试和集成测试。

（6）回归测试：测试目的是测试软件变更之后，变更部分的正确性和对变更需求的符合性，以及软件原有的、正确的功能、性能和其他规定的要求的不损害性。

6.2　测试用例设计

6.2.1　考点分析

历年嵌入式系统设计师考试试题涉及本部分的相关知识点有：黑盒测试用例设计原则，白盒测试用例覆盖率分析，环路复杂度，缺陷探测率等参数计算。

6.2.2　知识点精讲

1. 黑盒测试用例设计

将程序看做一个黑盒子，只知道输入输出，不知道内部代码，由此设计出测试用例，分为下面几类。

等价类划分：把所有的数据按照某种特性进行归类，而后在每类的数据里选取一个即可。等价类测试用例的设计原则为设计一个新的测试用例，使其尽可能多地覆盖尚未被覆盖的有效等价类，重复这一步，直到所有的有效等价类都被覆盖为止；设计一个新的测试用例，使其**仅覆盖一个尚未被覆盖的无效等价类**，重复这一步，直到所有的无效等价类都被覆盖为止。

边界值划分：将每类的边界值作为测试用例，边界值一般为范围的两端值以及在此范围之外的与此范围间隔最小的两个值，如年龄范围为 0～150，边界值为（0,150，-1,151）四个。

错误推测：没有固定的方法，凭经验而言，来推测有可能产生问题的地方，作为测试用例进行测试。

因果图：由一个结果来反推原因的方法，具体结果具体分析，没有固定方法。

2. 白盒测试用例设计

知道程序的代码逻辑，按照程序的代码语句来设计覆盖代码分支的测试用例，覆盖级别从低至高分类如下。

语句覆盖：逻辑代码中的所有语句都要被执行一遍，覆盖层级最低，因为执行了所有的语句，不代表执行了所有的条件判断。

判定覆盖：逻辑代码中的所有判断语句的条件的真假分支都要覆盖一次。

条件覆盖：对于代码中的一个条件，可能是组合的，如 a>0 && b<0，判定覆盖只针对此组合条件的真假分支做两个测试用例，而条件覆盖是对每个独立的条件都要做真假分支的测试用例，共可有四个测试用例，层级更高。注意区别条件覆盖和判定覆盖。条件覆盖是针对每个条件都要真假覆盖；判定覆盖是只针对一个条件判断语句。

MC/DC（判定/条件）覆盖率指在一个程序中每一种输入输出至少应出现一次，在程序中的每一个条件必须产生所有可能的输出结果至少一次，并且每个判定中的每个条件必须能够独立影响一个判定的输出，即在其他条件不变的前提下仅改变这个条件的值，而使判定结果改变。

路径覆盖：逻辑代码中的所有可行路径都覆盖了，覆盖层级最高。

3. McCabe 度量法

McCabe 度量法又称为圈复杂度，有以下三种方法计算圈复杂度。

（1）没有流程图的算法。基数为 1，碰到以下项加 1：

1）分支数(如 if、for、while 和 do while)；switch 中的 case 语句数。

2）如果条件是两个复合条件，则加 2，否则加 1。

（2）给定流程图 G 的圈复杂度 $V(G)$，定义为 $V(G)=E-N+2$，E 是流图中边的数量，N 是流图中结点的数量（推荐使用此方法计算）。

（3）给定流程图 G 的圈复杂度 $V(G)$，定义为 $V(G)=P+1$，P 是流程图 G 中判定结点的数量。

4. 鲁棒性测试

鲁棒是 Robust 的音译，也就是健壮或强壮的意思。它是在异常和危险情况下系统生存的关键。比如说，计算机软件在输入错误、磁盘故障、网络过载或有意攻击情况下，不死机、不崩溃，就是该软件的鲁棒性。所谓"鲁棒性"，是指控制系统在一定（结构、大小）的参数摄动下，维持其他某些性能的特性。鲁棒测试是对各个模块的功能和系统进行容错性的测试。

5. 缺陷探测率（Defect Detection Percentage，DDP）

$$DDP=Bugs(tester) / [Bugs(tester)+Bugs(customer)]$$

其中，Bugs(tester)为软件开发方测试者发现的 Bugs 数目；Bugs(customer)为客户方发现并反馈技术支持人员进行修复的 Bugs 数目。

DDP 越高，说明测试者发现的 Bugs 数目越多，发布后客户发现的 Bugs 就越少，降低了外部故障不一致成本，达到了节约总成本的目的，可获得较高的测试投资回报率（Return on Investment，ROI）。

6. 调试

测试是发现错误，调试是找出错误的代码和原因。调试需要确定错误的准确位置；确定问题的原因并设法改正；改正后要进行回归测试。

调试的方法如下。

（1）蛮力法：又称为穷举法或枚举法，穷举出所有可能的方法一一尝试。

（2）回溯法：又称为试探法，按选优条件向前搜索，以达到目标，当发现原先选择并不优或达不到目标时，就退回一步重新选择，这种走不通就退回再走的技术为回溯法。

（3）演绎法：是由一般到特殊的推理方法，与"归纳法"相反，从一般性的前提出发。得出具体陈述或个别结论的过程。

（4）归纳法：是由特殊到一般的推理方法，从测试所暴露的问题出发，收集所有正确或不正确的数据，分析它们之间的关系，提出假想的错误原因，用这些数据来证明或反驳，从而查出错误所在。

6.3　系统维护基础

6.3.1　考点分析

历年嵌入式系统设计师考试试题涉及本部分的相关知识点有：系统转换方式，可维护性，维护类型判断，软件容错。

6.3.2　知识点精讲

1. 系统转换

系统转换是指新系统开发完毕、投入运行，取代现有系统的过程，需要考虑多方面的问题，以实现与老系统的交接，有以下三种转换计划：

（1）直接转换：现有系统被新系统直接取代了，风险很大，适用于新系统不复杂，或者现有系统已经不能使用的情况。优点是节省成本。

（2）并行转换：新系统和老系统并行工作一段时间，新系统经过试运行后再取代，若新系统在试运行过程中有问题，也不影响现有系统的运行，风险极小，在试运行过程中还可以比较新老系统的性能，适用于大型系统。缺点是耗费人力和时间资源，难以控制两个系统间的数据转换。

（3）分段转换：分期分批逐步转换，是直接和并行转换的集合，将大型系统分为多个子系统，依次试运行每个子系统，成熟一个子系统，就转换一个子系统。同样适用于大型项目，只是更耗时，而且现有系统和新系统间混合使用，需要协调好接口等问题。

2. **系统维护指标**

系统可维护性的评价指标包含以下四种。

（1）易测试性：指为确认经修改软件所需努力有关的软件属性。

（2）易分析性：指为诊断缺陷或失效原因，或为判定待修改的部分所需努力有关的软件属性。

（3）易改变性：指与进行修改、排错或适应环境变换所需努力有关的软件属性。

（4）稳定性：指与修改造成未预料效果的风险有关的软件属性。

软件维护类型包含以下四种

（1）正确性维护：发现了 bug 而进行的修改。

（2）适应性维护：由于外部环境发生了改变，被动进行的对软件的修改和升级。

（3）完善性维护：基于用户主动对软件提出更多的需求，修改软件，增加更多的功能，使其比之前的软件功能更好、性能更高，更加完善。

（4）预防性维护：对未来可能发生的 bug 进行预防性的修改。

3. **软件容错技术**

容错就是软件遇到错误的处理能力，实现容错的手段主要是冗余，包括下面四种冗余技术。

（1）结构冗余：分为静态、动态、混合冗余三种，当错误发生时对错误进行备份处理。

（2）信息冗余：为检错和纠错在数据中加上一段额外的信息，例如校验码原理。

（3）时间冗余：遇到错误时重复执行，例如回滚，重复执行还有错，则转入错误处理逻辑。

（4）冗余附加技术：冗余附加技术是指为实现结构、信息和时间冗余技术所需的资源和技术，包括程序、指令、数据、存放和调动它们的空间和通道等。在屏蔽硬件错误的容错技术中，冗余附加技术包括关键程序和数据的冗余及调用；检测、表决、切换、重构和复算的实现。在屏蔽软件错误的容错技术中，冗余附加技术包括冗余备份程序的存储及调用；实现错误检测和错误恢复的程序；实现容错软件所需的固化程序。

容错技术可以提高计算机系统的可靠性，利用元件冗余保证在局部故障情况下系统还可工作，其中带有热备份的系统称为双重系统。双重系统中，两个子系统同时同步运行，当联机子系统出错时，由备份子系统接替。

计算机系统容错技术主要研究系统对故障的检测、定位、重构和恢复等。典型的容错结构有两种，即单通道计算机加备份计算机结构和多通道比较监控系统结构。

从硬件余度设计角度出发，系统通常采用相似余度或非相似余度实现系统容错，从软件设计角度出发，实现容错常用的有恢复块技术、N 版本技术和防卫式程序设计等。

4. 嵌入式安全关键系统

安全关键系统是指其不正确的功能或失效会导致人员伤亡、财产损失等严重后果的计算机系统。可见，由于嵌入式安全关键系统失效的后果非常严重，所以，安全关键系统有一条原则：任何情况下决不放弃!这要求不仅对符合规范要求的外部状态和输入有正确的处理，而且要求在不符合规范要求的情况，也能适当处理，让系统处于安全的状态。

关于健壮性，是指存在意外的扰动情况下系统保持可接受水平的服务的能力。即，健壮性是关于系统在意外状态下的行为，只有当系统偏离其规范时才可看出它的健壮性或者脆弱性。

6.4 项目管理

6.4.1 考点分析

历年嵌入式系统设计师考试试题涉及本部分的相关知识点有：进度管理，关键路径的计算，质量管理，配置管理，风险管理。

6.4.2 知识点精讲

1. 进度（时间）管理

（1）关键路径-双代号图（PERT 图）。类似于前趋图，是有向图，反映活动之间的依赖关系，有向边上标注活动运行的时间，但无法反映活动之间的并行关系。关键路径相关计算概念如下。

1）最早开始时间（ES）：取所有前驱活动最早完成时间 EF 的最大值。

2）最早完成时间（EF）：最早开始时间（ES）+活动本身时间（DU）。

3）关键路径（项目总工期）：项目中耗时最长的一条线路。

4）最晚完成时间（LF）：取后续活动最晚开始时间的最小值。

5）最晚开始时间（LS）：最晚完成（LF）-活动本身时间（DU）。

6）松弛时间（总时差）：某活动的最晚开始时间-最早开始时间（或最晚完成时间-最早完成时间），也即该活动最多可以晚开始多少天。

7）自由时差：在不影响紧后活动的最早开始时间前提下，该活动的机动时间。

对于有紧后活动的活动,其自由时差等于所有紧后活动最早开始时间减去本活动的最早完成时间所得之差的最小值。

对于没有紧后活动的活动，以网络计划终点节点为节点的完成活动，其自由时差等于计划工期与本活动最早完成时间之差。

8）虚活动：在图中用虚线表示的路径，既不消耗资源也不消耗时间，仅用于表示依赖关系。

例：某软件项目的活动图如图 3-6-2 所示。图中顶点表示项目里程碑，连接顶点的边表示包含的活动，则里程碑_____在关键路径上，活动 FG 的松弛时间为_____。

解析：关键路径就是从起点到终点的最长路径，为 S-D-F-H-FI（将开始 START 简写为 S，结束 FINISH 简写为 FI），长度为 48；松弛时间为 FG 的最晚开始时间-最早开始时间；从第 0 天开始计算，基于网络计划图的前推法，活动 FG 的最早开始时间为第 18，最迟开始时间为第 38。因此，活动 FG 的松弛时间为 20。具体表格法计算关键路径的过程如表 3-6-3 所示。

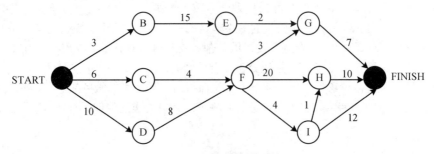

图 3-6-2　某软件项目活动图

活动	ES	DU	EF	LF	LS
SB	0	3	3	24	21
SC	0	6	6	14	8
SD	0	10	10	10	0
BE	3	15	18	39	24
EG	18	2	20	41	39
CF	6	4	10	18	14
DF	10	8	18	18	10
FG	18	3	21	41	38
FH	18	20	38	38	18
FI	18	4	22	36	32
IH	22	1	23	38	37
GFI	21	7	28	48	41
HFI	38	10	48	48	38
IFI	22	12	34	48	36

图 3-6-3　表格法计算关键路径

（2）甘特（Gantt）图。又称为横道图，横轴表示时间，纵轴表示活动，以时间顺序表示活动，能反映活动间的并行关系，但无法反映活动之间的依赖关系，因此也难以清晰地确定关键任务和关键路径。

2. 质量管理

质量是软件产品特性的综合，表示软件产品满足明确（基本需求）或隐含（期望需求）要求的能力。质量管理是指确定质量方针、目标和职责，并通过质量体系中的质量计划、质量控制、质量保证和质量改进来使其实现的所有管理职能的全部活动，主要包括以下过程。

质量规划：识别项目及其产品的质量要求和标准，并书面描述项目将如何达到这些要求和标准的过程。

质量保证：一般是每隔一定时间（例如，每个阶段末）进行的，主要通过系统的质量审计（软件评审）和过程分析来保证项目的质量。质量保证的活动有：技术与方法的应用、进行正式的技术评审、测试系统、标准的实施、控制变更、度量、记录保存和报告。

质量控制：实时监控项目的具体结果，以判断它们是否符合相关的质量标准，制订有效方案，以消除产生质量问题的原因。

一定时间内质量控制的结果也是质量保证的质量审计对象。质量保证的成果又可以指导下一阶段的质量工作，包括质量控制和质量改进。

3. 配置管理

软件配置管理是贯穿整个软件生存周期的一项技术。它的主要功能是控制软件生存周期中软件的改变，减少各种改变所造成的影响，确保软件产品的质量。

配置管理是指以技术和管理的手段来监督和指导开展如下工作的规程：

（1）识别和记录配置项的物理特性和功能特性。

（2）管理和控制上述特性的变更。

（3）记录和报告变更过程和相应的配置项状态。

（4）验证配置项是否与需求一致。

基线： 软件开发过程中特定的点，是项目生存期各开发阶段末尾的特定点，又称为里程碑，反应阶段性成果。配置管理至少应有以下三个基线。

功能基线： 是指在系统分析与软件定义阶段结束时，经过正式批准、签字的系统规格说明书、项目任务书、合同书或协议书中所规定的对待开发软件系统的规格说明。

分配基线： 是指在需求分析阶段结束时，经过正式评审和批准的需求规格说明。分配基线是最初批准的分配配置标识。

产品基线： 是指在综合测试阶段结束时，经过正式评审和批堆的有关所开发的软件产品的全部配置项的规格说明。产品基线是最终批准产品配置标识。

配置项： 配置管理的基本单位。软件开发过程中的所有文档、代码、工具都可作为配置项，主要包括六种类型：环境类（系统开发环境）、定义类（需求分析与系统定义阶段）、设计类（设计阶段）、编码类（编码及单元测试阶段）、测试类（系统测试完成后的工作）、维护类（维护阶段）。即产品组成部分的工作成果+项目管理和机构支撑过程域产生的文档。

检查点： 指在规定的时间间隔内对项目进行检查，比较实际与计划之间的差异，并根据差异进行调整。

里程碑： 里程碑就是在项目过程中管理者或其他利益相关方需要关注的项目状态时间点。完成阶段性工作的标志，不同类型的项目里程碑不同。

软件配置项的版本控制， 配置项有三个状态：草稿、正式、修改，如图 3-6-4 所示。

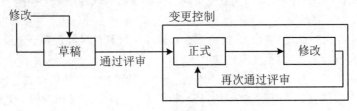

图 3-6-4　配置项

配置项规则如下：

处于草稿状态的配置项的版本号格式为：0.YZ，其中 YZ 数字范围为 01～99。随着草稿的不断完善，YZ 的取值应递增。YZ 的初值和增幅由开发者自己把握。

处于正式发布状态的配置项的版本号格式为：X.Y。其中 X 为主版本号，取指范围为 1～9；Y 为次版本号，取值范围为 1～9。配置项第一次正式发布时，版本号为 1.0。

如果配置项的版本升级幅度比较小，一般只增大 Y 值，X 值保持不变。只有当配置项版本升级幅度比较大时，才允许增大 X 值。

处于正在修改状态的配置项的版本号格式为：X.YZ。在修改配置项时，一般只增大 Z 值，X.Y 值保持不变。

配置库：一般软件项目开发过程采取开发库、受控库和产品库的管理方法，且采取三库物理隔离的策略。

开发库存放项目确定的软件配置项集合，以及项目组需要存放的其他文件或过程记录。

受控库存放在软件开发过程中达到相对稳定、可以作为后续开发活动输入的软件工作产品（或称为配置项）。软件工作产品（配置项）通常分为文档和代码两大类，文档纳入受控库的条件通常规定为"通过评审且评审问题已归零或变更验证已通过，已完成文档签署"；代码纳入受控库的条件通常规定为"通过了项目规定的测试或回归测试，或通过了产品用户认可"的代码状态。

产品库存放作为软件产品的受控库中各阶段基线或产品基线对应的文档、源程序和可执行代码。

4. 风险管理

风险管理就是要对项目风险进行认真的分析和科学的管理，以避免风险的发生或尽量减小风险发生后的影响。但是，完全避开或消除风险，或者只享受权益而不承担风险是不可能的。

风险管理计划编制：如何安排与实施项目的风险管理，制定下列各步的计划。

风险识别：识别出项目中已知和可预测的风险，确定风险的来源、产生的条件、描述风险的特征以及哪些地方可以产生风险，形成一个风险列表。

风险定性分析：对已经识别的风险进行排序，确定风险可能性与影响、确定风险优先级、确定风险类型。

风险定量分析：进一步了解风险发生的可能性具体由多大，后果具体有多严重。方法包括灵敏度分析、期望货币价值分析、决策树分析、蒙特卡罗模拟等。

风险应对计划编制：对每一个识别出来的风险分别制定应对措施，这些措施组成的文档称为风险应对计划。包括消极风险应对策略（避免策略、转移策略、减轻策略）和积极风险应对策划（开拓、分享、强大）。

风险监控：监控风险计划的执行，检测残余风险，识别新的风险，保证风险计划的执行，并评价这些计划对减少风险的有效性。

项目风险：作用于项目上的不确定的事件或条件，既可能产生威胁，也可能带来机会。

通过积极和合理的规划，超过 90% 的风险都可以进行提前应对和管理。风险应该尽早识别出来，高层次风险应记录在章程里。应由对风险最有控制力的一方承担相应的风险。承担风险程度与所得回报要匹配，承担的风险要有上限。

风险的属性：

（1）随机性：风险事件的发生及其后果都具有偶然性（双重偶然），遵循一定的统计规律。

（2）相对性：风险是相对项目活动主体而言的。承受力不同，影响不同。风险承受力影响因素：收益大小（收益越大，越愿意承担风险）；投入大小（投入越大，承受能力越小）；主体的地位和资源（级别高的人能承担较大的风险）。

（3）风险的可变性：条件变化会引起风险变化。其包括性质、后果的变化，以及出现新风险。

风险的分类：

按照后果的不同，风险可划分为纯粹风险（无任何收益）和投机风险（可能带来收益）。

按风险来源，可分为自然风险（天灾）和人为风险（人的活动，又可分为行为风险、经济风险、技术风险、政治和组织风险等）。

按是否可管理，可分为可管理风险（如内部多数风险）和不可管理风险（如外部政策），也要看主体管理水平。

按影响范围，可分为局部风险（非关键路径活动延误）和总体风险（关键路径活动延误）。

按后果承担者，可分为业主、政府、承包商、投资方、设计单位、监理单位、保险公司等风险。

按可预测性，可分为已知风险（已知的进度风险）、可预测风险（可能服务器故障）、不可预测风险（地震、洪水、政策变化等）。

在信息系统项目中，从宏观上来看，风险可以分为项目风险、技术风险和商业风险。

项目风险是指潜在的预算、进度、个人（包括人员和组织）、资源、用户和需求方面的问题，以及它们对项目的影响。项目复杂性、规模和结构的不确定性也构成项目的（估算）风险因素。项目风险威胁到项目计划，一旦项目风险成为现实，可能会拖延项目进度，增加项目的成本。

技术风险是指潜在的设计、实现、接口、测试和维护方面的问题。此外，规格说明的多义性、技术上的不确定性、技术陈旧、最新技术（不成熟）也是风险因素。技术风险威胁到待开发系统的质量和预定的交付时间。如果技术风险成为现实，开发工作可能会变得很困难或根本不可能。

商业风险威胁到待开发系统的生存能力，主要有市场风险、策略风险、销售风险、管理风险、预算风险。

第**4**天
再接再厉，电路分析

通过第 3 天的学习，您应该掌握了嵌入式软件开发的流程，并熟悉嵌入式软件程序开发语言和工具，能够进行软件代码的分析。学习了嵌入式软件开发领域的知识之后，第 4 天将开始学习硬件电路和接口相关知识。

第 4 天学习的知识点包括硬件电路基础，嵌入式微处理器和接口知识。

第 1 学时　硬件电路基础

硬件电路是嵌入式微处理器和接口设计的基础知识点。根据历年考试情况，上午考试涉及相关知识点的分值在 1~2 分左右。下午考试中一般会涉及电路图的分析，占 2~5 分左右。本学时考点知识结构如图 4-1-1 所示。

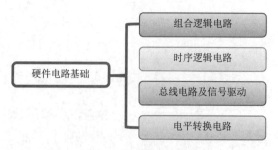

图 4-1-1　硬件电路基础知识结构

1.1　组合逻辑电路

1.1.1　考点分析

历年嵌入式系统设计师考试试题涉及本部分的相关知识点有：组合逻辑电路原理，真值表，布尔代数，门电路，译码器，发光二极管 LED，液晶字符显示器 LCD，数据选择器，数据分配器，多路开关。

1.1.2　知识点精讲

1. 组合逻辑电路原理

数字式电子元件工作状态是二值电平：高电平和低电平。通常不指定具体的电平值，而是采用信号来表示，如，用"逻辑真""1"或"确定"来表示高电平，而用"逻辑假""0"或"不确定"来表示低电平。1 和 0 称为互补信号。

根据电路是否具有存储功能，将逻辑电路划分为两种类型：组合逻辑电路和时序逻辑电路。组合逻辑电路不含存储功能，它的输出值仅取决于当前的输入值；时序逻辑电路含存储功能，它的输出值不仅取决于当前的输入状态，还取决于存储单元中的值。

所谓组合逻辑电路，是指该电路在任一时刻的输出，仅取决于该时刻的输入信号，而与输入信号作用前电路的状态无关。组合逻辑电路一般由门电路组成，不含记忆元件，输入与输出之间无反馈。

常用的组合逻辑电路有译码器和多路选择器等。组合逻辑电路结构如图 4-1-2 所示。

图 4-1-2　组合逻辑电路结构

2. 真值表

由于组合电路中不包含任何存储单元，所以组合电路的输出值可由当前输入值完全确定。这种确定的对应关系可以由真值表（true table）来描述，如图 4-1-3 所示。

A	B	L
0	0	0
0	1	0
1	0	0
1	1	1

图 4-1-3　真值表图

真值表是输入值的所有组合与其对应的输出值构成的表格。真值表能够完全描述任意一种组合逻辑，但表的大小随着输入个数的增加呈指数增长，且不够清晰。

3. 布尔代数

描述逻辑函数的另一种方法是逻辑表达式，可以通过布尔代数（Boolean algebra）实现。布尔代数中有三种典型的操作符：OR、AND 和 NOT。

（1）OR（"或"）操作符，记为"＋"，也称为逻辑和。如 A+B，若 A 和 B 中至少有一位为 1 时，则结果为 1。电路图及真值表如图 4-1-4 所示。

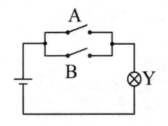

A	B	Y=A+B
0	0	0
0	1	1
1	0	1
1	1	1

（a）电路图　　　　　（b）真值表

图 4-1-4　逻辑和电路图及真值表

（2）AND（"与"）操作符，记为"·"，也称为逻辑乘。如 A·B，当且仅当输入值都为 1 时，其结果才为 1。电路图及真值表如图 4-1-5 所示。

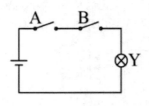

A	B	Y=A·B
0	0	0
0	1	0
1	0	0
1	1	1

（a）电路图　　　　　（b）真值表

图 4-1-5　逻辑乘电路图及真值表

（3）NOT（"非"）操作符，记为"$\overline{A}$"，也称为逻辑非。当输入 A 为 0 时，输出为 1；当输入为 1 时，输出为 0。电路图及真值表如图 4-1-6 所示。

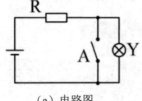

A	Y=$\overline{A}$
0	1
1	0

（a）电路图　　　　　（b）真值表

图 4-1-6　逻辑非电路图及真值表

常用布尔代数定律见表 4-1-1。

144

4. 门电路

门电路可以实现基本的逻辑功能。基本的门电路如图 4-1-7 所示，包括与门、或门和非门。

表 4-1-1　常用布尔代数定律

表达式	名称	运算规律
A+0=A	0-1 律	变量与常量的关系
A·0=0		
A+1=1		
A·1=A		
A+A=A	同一律	逻辑代数的特殊规律，不同于普通代数
A·A=A		
A+$\overline{A}$=1	互补律	
A·$\overline{A}$=0		
$\overline{\overline{A}}$=A	非非律	
A+B=B+A	交换律	与普通代数规律相同
A·B=B·A		
(A+B)+C=A+(B+C)	结合律	
(A·B)·C=A·(B·C)		
A·(B+C)=A·B+A·C	分配律	
A+BC=(A+B)(A+C)		
$\overline{A+B}$=$\overline{A}$·$\overline{B}$	反演律（摩根定律）	逻辑代数的特殊规律，不同于普通代数
$\overline{A·B}$=$\overline{A}$+$\overline{B}$		

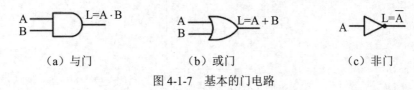

（a）与门　　　　　　　（b）或门　　　　　　　（c）非门

图 4-1-7　基本的门电路

通常在信号的输入或输出端加 "。" 表示对输入/输出信号取非，常见的组合如图 4-1-8 所示。

（a）与非门　　　　　　　（b）或非门

图 4-1-8　非门电路

任何一个逻辑表达式都可以用与门、非门和或门的组合来表示。常见的两种反向门电路为 NOR

和 NAND，它们分别对应或门、与门的取非。NOR 和 NAND 的门电路称为全能门电路，因为任何一种逻辑函数都可以用这种门电路得以实现。

5. 译码器

译码器又称为解码器，将有特定含义的二进制码转换成对应的输出信号。译码器是一种多输入多输出的组合逻辑网络，它有 n 个输入端，m 个输出端。与译码器对应的是编码器，它实现的是译码器的逆功能。译码器的框图如图 4-1-9 所示。

每输入一个 n 位的二进制代码，在 m 个输出端中最多有一个有效，当 $m=2^n$ 时，称为全译码（能够完全翻译输入的信号），当 $m<2^n$ 时，是部分译码。

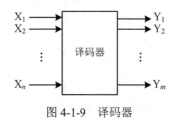

图 4-1-9　译码器

根据逻辑功能的不同，译码器可分为通用译码器和显示译码器两大类。常见的译码器有二进制译码器、二一十进制译码器和显示译码器。

二进制译码器：是一种全译码器，常见的有 2-4 译码器、3-8 译码器，如图 4-1-10 所示，其中 $E_1 \sim E_3$ 是使能信号，$A_0 \sim A_1$ 是输入信号，$Y_0 \sim Y_7$ 是输出信号。默认高电平有效，有圆圈（○）表示低电平有效。

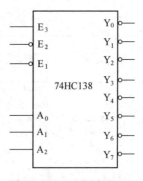

图 4-1-10　二进制译码器

二进制译码器真值表见表 4-1-2。

二一十进制译码器：将二进制代码译成对应的十进制数码 0～9，其 $n=4$，$m=10$，属于部分译码。

显示译码器：即字符显示器，常见的有发光二极管 LED 和液晶 LCD 字符显示器。

6. 发光二极管 LED

发光二极管正向导通时，电子和空穴大量复合，把多余能量以光子形式释放出来，根据材料不同发出不同波长的光。如图 4-1-11 所示，高电平驱动将二极管的阳极接高电平，阴极接地；低电平驱动将二极管阳极接电源，阴极接低电平。

表 4-1-2　二进制译码器真值表

输入						输出							
E_3	$\overline{E}_2$	$\overline{E}_1$	A_2	A_1	A_0	$\overline{Y}_0$	$\overline{Y}_1$	$\overline{Y}_2$	$\overline{Y}_3$	$\overline{Y}_4$	$\overline{Y}_5$	$\overline{Y}_6$	$\overline{Y}_7$
×	H	×	×	×	×	H	H	H	H	H	H	H	H
×	×	H	×	×	×	H	H	H	H	H	H	H	H
L	×	×	×	×	×	H	H	H	H	H	H	H	H
H	L	L	L	L	L	L	H	H	H	H	H	H	H
H	L	L	L	L	H	H	L	H	H	H	H	H	H
H	L	L	L	H	L	H	H	L	H	H	H	H	H
H	L	L	L	H	H	H	H	H	L	H	H	H	H
H	L	L	H	L	L	H	H	H	H	L	H	H	H
H	L	L	H	L	H	H	H	H	H	H	L	H	H
H	L	L	H	H	L	H	H	H	H	H	H	L	H
H	L	L	H	H	H	H	H	H	H	H	H	H	L

注：表中 ◯ 代表输出信号是低电平的输入信号的组合。

（a）高电平驱动　　　　（b）低电平驱动

图 4-1-11　发光二极管

R 为限流电阻，几百到几千欧姆，由发光亮度（流过二极管的电流）决定。

七段 LED 字符显示器：将七个发光二极管封装在一起，每个发光二极管做成字符的一个段。根据内部连接不同可分为共阳极 LED 显示器和共阴极 LED 显示器，如图 4-1-12 所示。

共阴极 LED 显示器高电平驱动；共阳极 LED 显示器低电平驱动。集成电路高电平输出电流小，低电平输出电流相对较大，采用集成门电路直接驱动 LED 时，多采用低电平驱动方式。

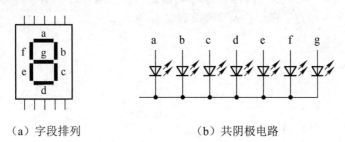

（a）字段排列　　　　（b）共阴极电路

图 4-1-12　七段 LED 字符显示器

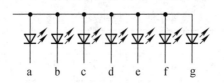

（c）共阳极电路

图 4-1-12　七段 LED 字符显示器（续图）

优点：工作电压低、体积小、寿命长、可靠性高、响应时间短、亮度较高。

缺点：工作电流较大，每一段工作电流在 10mA 左右。

7. 液晶字符显示器 LCD

液晶字符显示器利用液晶有外加电场和无外加电场时不同的光学特性来显示字符，如图 4-1-13 所示。

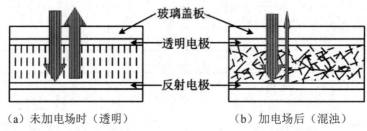

（a）未加电场时（透明）　　　　　　　（b）加电场后（混浊）

图 4-1-13　液晶字符显示器

当未加电场时，液晶处于透明状态，会将光都反射回去；当通电后，液晶中正离子会运动碰撞导致电场混浊，无法反射所有的光线，会呈现出不同的画面。

LCD 和 LED 最大的区别在于 LCD 本身是不发光的，因此 LCD 功耗极小，工作电压很低，缺点是亮度很差，响应速度也较低。

8. 数据选择器

数据选择器又称多路开关，它是以"与或"门或"与或非"门为主的电路。作用相当于多个输入的单刀多掷开关，又称为多路开关。它可以在选择信号的作用下，从多个输入通道中选择某一个通道的数据作为输出。常见的数据选择器有二选一、四选一、八选一、十六选一等。

图 4-1-14 给出了一个二选一的数据选择器，有两个输入信号 A 和 B，一个输出值 C 和一个选择信号 S。选择信号 S 决定了哪个输入量会成为输出值。

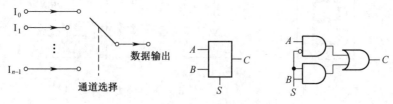

图 4-1-14　二选一的数据选择器

该数据选择器的函数关系式可用下式表示：

$$C = (A \cdot \overline{S}) + (B \cdot S)$$

数据选择器可以实现任意组合逻辑函数。多路选择器通过设置使能端，扩展数据选择器通路数，实现更多路选择。

9. 数据分配器

数据分配器又称多路分配器，它有一个输入端和多个输出端，其逻辑功能是将一个输入端的信号送至多个输出端中的某一个，简称 DMUX，作用与 MUX 正好相反。

一个四位多路分配器如图 4-1-15 所示。

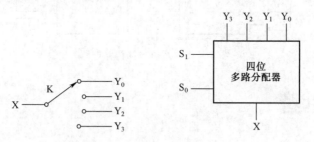

图 4-1-15　四位多路分配器

四位多路分配器真值表见表 4-1-3。

表 4-1-3　四位多路分配器真值表

输入	选择		数据输入			
X	S_1	S_0	Y_3	Y_2	Y_1	Y_0
0	0	×	0	0	0	0
1	0	0	0	0	0	1
1	0	1	0	0	1	0
1	1	0	0	1	0	0
1	1	1	1	0	0	0

若数据输入端 X 为 1，为 2-4 译码器，X 相当于译码器的使能端，选择端 S_0/S_1 相当于译码器的输入端。因此，数据分配器的核心部分实际上是一个带使能端的全译码器，可以理解为输出受 X 控制的译码器。

10. 多路开关

把多路选择器和多路分配器联用，就可以实现在一条线上分时地传送多路信号。即在相同地址的输入控制下，将多路输入信号的任一路从对应的一路输出。图 4-1-16 是一个利用数据选择器和数据分配器实现的八位数据传输电路。

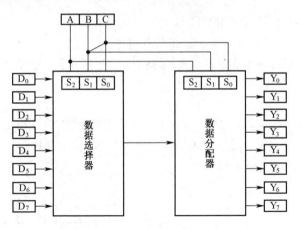

图 4-1-16　八位数据传输电路

1.2　时序逻辑电路

1.2.1　考点分析

历年嵌入式系统设计师考试试题涉及本部分的相关知识点有：时序逻辑电路原理，时钟信号，触发器，电位触发方式触发器，边沿触发方式触发器，寄存器，移位器，计数器。

1.2.2　知识点精讲

1.　时序逻辑电路原理

所谓时序逻辑电路，是指电路任一时刻的输出不仅与该时刻的输入有关，而且还与该时刻电路的状态有关。因此，时序逻辑电路中必须包含记忆元件，用来存储该时刻电路的状态，如图 4-1-17 所示。

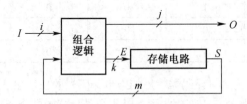

图 4-1-17　时序逻辑电路

图中，I 为时序电路的输入信号；O 为时序电路的输出信号；E 为驱动存储电路转换为下一状态的激励信号；S 为存储电路的状态信号，又称为状态变量，表示时序电路当前的状态，简称现态。

2.　时钟信号

时钟信号是时序逻辑的基础，它用于决定逻辑单元中的状态何时更新。时钟信号是指有固定周期并与运行无关的信号量，时钟频率是时钟周期的倒数。

在电平触发机制中，只有高电平（或低电平）是有效信号，控制状态刷新。在边沿触发机制中，只有上升沿或下降沿才是有效信号，控制状态刷新，如图 4-1-18 所示。

图 4-1-18　时钟信号触发机制

同步是时钟控制系统中的主要制约条件。同步就是指在有效信号沿发生时刻，希望写入单元的数据也有效。数据有效则是指数据量比较稳定（不发生改变），并且只有当输入发生变化时数值才会发生变化。

3. 触发器

触发器是能够存储一位二值信号（0，1）的基本单元电路。

触发器的基本特点：具有两个能自行保持的稳定状态，表示逻辑状态的 0 和 1；根据不同的输入信号可以置成 1 或 0 状态。

触发器种类很多，按时钟控制方式来分有电位触发、边沿触发、主－从触发等方式。按功能分类有 R-S 型、D 型、J-K 型等。同一功能触发器可以由不同触发方式来实现。在选用触发器时，触发方式是必须考虑的因素。

4. 电位触发方式触发器

当触发器的同步控制信号 E 为约定"1"或"0"电平时，触发器接收输入数据，此时输入数据 D 的任何变化都会在输出 Q 端得到反映。当 E 为非约定电平时 触发器状态保持不变。

图 4-1-19 给出了锁定触发器（锁存器）的电位触发器的逻辑图，当时钟信号 E 为高电平 1 时，输入 D 有效和 Q 相同；当 E 为低电平 0 时，输入 D 无论输入什么都无效，输出 Q 的状态会保持不变。

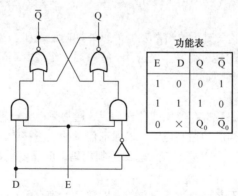

功能表

E	D	Q	$\overline{Q}$
1	0	0	1
1	1	1	0
0	×	Q_0	$\overline{Q}_0$

图 4-1-19　锁存器电位触发器逻辑图

在时钟信号 E 为高电平期间，输入信号发生多次变化，触发器也会发生相应的多次翻转，这种因为输入信号变化而引起触发器状态变化多于一次的现象，称为触发器的空翻，如图 4-1-20 所示。

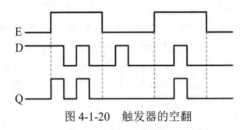

图 4-1-20　触发器的空翻

电平触发器结构简单，常用来组成暂存器，因为其不稳定，不适合做寄存器或计数器。

5．边沿触发方式触发器

边沿触发器在时钟脉冲 CP 的约定边沿跳变（上升沿或下降沿），触发器接收数据，其他状态不接收数据。

常用的边沿触发器是 D 触发器，如图 4-1-21 所示。

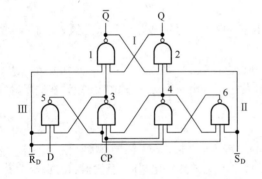

$\overline{R}_D$	$\overline{S}_D$	CP	D	Q	$\overline{Q}$
0	1	×	×	0	1
1	0	×	×	1	0
1	1	↑	0	0	1
1	1	↑	1	1	0

图 4-1-21　D 触发器

电位触发器在 CP=1 期间来到的数据会立刻被接收。但对于边沿触发器，在 CP=1 期间来到的数据，必须"延迟"到该 CP=1 过后的下一个 CP 边沿来到时才被接收。因此边沿触发器又称延迟型触发器。

边沿触发器在 CP 正跳变（对正边沿触发器）以外期间出现在 D 端的数据和干扰不会被接收，因此有很强的抗数据端干扰的能力而被广泛应用，它除用来组成寄存器外，还可用来组成计数器和移位寄存器等。

6．寄存器

寄存器主要用来接收信息、寄存信息或传送信息，通常采用并行输入－并行输出的方式。主要组成部分有触发器、门电路构成的控制电路，以保证信息的正确接收、发送和清除。由于一个触发器仅能寄存一位二进制代码，所以要寄存 n 位二进制代码，就需要具备 n 个触发器。

7．移位器

在时钟信号控制下，将所寄存的信息向左或向右移位的寄存器称为移位寄存器。按照信息移动方向的不同，移位寄存器可以分为单向（左移或右移）及双向移位寄存器。按信息的输入/输出方式分为串行输入/输出、并行输入/输出。输入/输出组合还包括：串行输入－并行输出（串－并转换）；并行输入－串行输出（并－串转换）。

8．计数器

计数器是由各种触发器加逻辑门组成的，它的基本功能就是用来累计时钟输入脉冲的个数。计数器不仅可以用来计数，也可用来定时和分频等。

计数器的种类很多，按照组成计数器各触发器的状态转换所需的时钟脉冲是否统一，可以分为同步计数器和异步计数器；按照计数值的增减情况，可以分为加法（递增）计数器、减法（递减）计数器；按照计数基数，可分为二进制计数器、十进制计数器。

异步计数器的特点是没有公共的时钟脉冲，除第一级外，每级触发器都是由前一级的输出信号触发的，所以高一级触发器的翻转有待低一级触发器翻转后才能进行。由于异步计数器的进位方式是串行的，故又称为串行计数器，如图 4-1-22 所示。

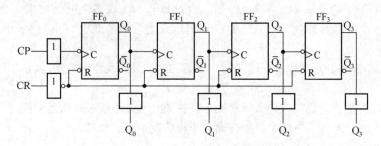

图 4-1-22　串行计数器

由于异步计数器是串行进位的，所以计数器总的延迟时间是各级触发器延迟时间之和，进位信号的传递时间限制了计数器的工作速度。另外，由于各触发器不是在同一时间翻转，因此各触发器输出之间存在着"偏移"，若对计数器输出进行译码，译码器输出就会出现"毛刺"，且计数器的倍数越多，偏移越大，"毛刺"越宽，可能会引起错误。

同步计数器的特点是各个触发器的时钟脉冲均来自同一个计数输入脉冲，各级触发器在计数脉冲作用下同时翻转（即并行进位），所以又称为并行计数器。

同步计数器需要将计数脉冲同时送到各级触发器的 CP 端，故要求产生计数脉冲电路具有较大的负载能力。优点是时钟 CP 同时触发计数器中全部触发器，工作速度快，效率高；缺点是电路结构相对复杂。

计数器运行时，经历的状态是周期性的，是在有限个状态中循环，通常将以此循环所包含的状态总数称为计数器的模，也称进位模。

N 位二进制计数器的进位基数为 2^n，也称为模 2^n 计数器。计数器中能计到的最大数称为计数长度或计数容量，n 位二进制计数器的计数容量为 $2^{(n-1)}$。

移位型计数器是由触发器组成的计数器，一般包括环形计数器和扭环形计数器两种。

（1）环形计数器是由移位寄存器加上一定的反馈电路构成的，它的进位模数和触发器级数相等，状态利用率不高。

（2）扭环形计数器相对于环形计数器，提高了电路状态的利用率，它的进位模数是触发器级数的两倍，因此有效状态是环形计数器状态的两倍。

1.3 总线电路及信号驱动

1.3.1 考点分析

历年嵌入式系统设计师考试试题涉及本部分的相关知识点有：总线特性及分类，总线的性能，三态门电路，总线的负载能力，总线复用，总线仲裁，集中式仲裁方式，总线通信。

1.3.2 知识点精讲

1. 总线特性及分类

嵌入式计算机的总线系统提供微处理器、存储器及 I/O 设备之间的数据交换机制。要将存储器和其他外围设备加入系统中，只需要将它们连接到总线系统上，并加入必要的解码逻辑电路即可。

总线是由多个部件分时共享传送信息的一簇公共的信号线及相关逻辑，其基本特性包括共享和分时。

（1）共享：各部件均连接在同一条总线上，并通过这条总线进行信息交换。

（2）分时：每一时刻，总线上只能传输一个设备发送来的信息。

总线按数据传输方式可分为以下二种方式。

并行总线：采用多条通信线同时传送一个字节或一个字。

串行总线：只有 1～2 条通信线，每次只传送一位二进制数据。

总线按所传送的信息类型可分为以下三种方式。

地址总线：单向，CPU 向主存、外设传输地址信息。

数据总线：双向，CPU 可沿该通信线从主存或外设读入数据，也可以向主存或外设送出数据。

控制总线：传输控制信息，CPU 送出的控制命令和主存返回 CPU 的反馈信号。

2. 总线的性能

总线的性能包括以下各方面。

总线宽度：一条总线所包括的通信线路的数目。如 8、16、32 位等。

总线周期：一次总线操作所用的时间。

总线频率：总线的工作频率，单位 MHz。总线的时钟频率越高，总线上的数据操作越快。

总线带宽（传输速率）：表示单位时间内，总线所能传输的最大数据量，一般用 MByte/s 表示。总线带宽=总线宽度×总线工作频率。

总线的负载能力：指总线上可连接模块的最大数目。

3. 三态门

三态门是具有三种逻辑状态的门电路。这三种状态为：逻辑"0"、逻辑"1"和浮动状态。所谓浮动状态，就是三态门的输出呈现开路的高阻状态。三态门与普通门的不同之处在于，除了正常的输入端和输出端之外，还有一个控制端 G。当控制端有效时，三态门输出正常逻辑关系；控制端无效时，三态门输出浮动状态，即呈现高阻状态。相当于这个三态门与外界断开联系。

根据输入/输出的关系和控制有效电平，可以分成四种类型的三态门，如图 4-1-23 所示。

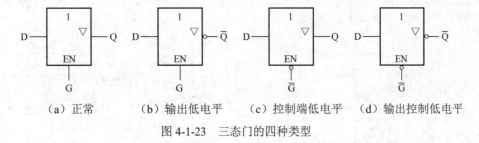

　　（a）正常　　　　　（b）输出低电平　　　（c）控制端低电平　　（d）输出控制低电平

图 4-1-23　三态门的四种类型

三态门可以使多个设备输出端共用一条总线，每个时刻只允许一个设备对总线进行驱动，其他设备均进入高阻状态。

图 4-1-24（a）给出了三个三态驱动器的工作情况。三态驱动器用图中的三角符号表示，如图 4-1-24（b）所示，它的工作方式为当它的选择信号有效时，三态驱动器的输出和输入相同；否则，其输出处于浮动状态。图中，当 Select A 信号有效，Select B 和 Select C 信号无效时，输出将和三态驱动器 A 的输入相同，而驱动器 B 和 C 都不会影响输出。因出，输出与选择信号有效的三态驱动器保持一致。三态驱动器的选择信号的有效状态可以是高电平，也可以是低电平。

当选择信号都无效时，没有一个三态驱动器输出信号，因此输出是不确定的，称之处于浮动状态，该信号状态是高是低，或是处于高低之间的某种状态，都不能确定，它取决于该电路的瞬时状态，从而使整个系统的状态无法预见。如果其输出连接到某个外部设备，可能会使外部设备产生误动作。

为了解决这个问题，需要在输出端口增加一个电阻。如图 4-1-24（c）所示，该电阻一端与电源 V_{CC} 相连，一端与输出端口连接。当三个选择信号都处于无效状态时，没有一个三态驱动器驱动输出信号，这时在 V_{CC} 的作用下，有电流流过电阻，使输出端口的电压信号变高，称该电阻为上拉（pull-up）电阻。

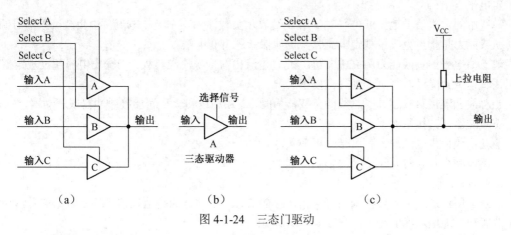

　　　　（a）　　　　　　　　　　（b）　　　　　　　　　（c）

图 4-1-24　三态门驱动

如果该电阻另一端接地，则当三个选择信号都处于无效状态时，输出端口的电压信号会变低，称这样的电阻为下拉（pull-down）电阻。

4. 总线驱动电路

单向总线驱动电路依赖于控制端 G 的非，双向总线驱动电路由控制端 G 的非和 DIR 共同控制数据流的不同走向，如图 4-1-25 所示。

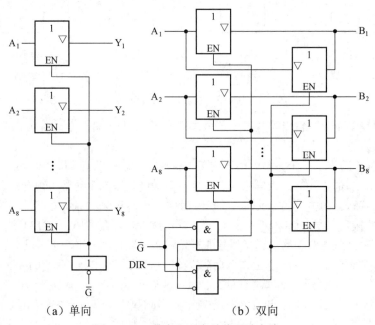

（a）单向　　　　　　　　　（b）双向

图 4-1-25　单向和双向总线驱动电路

5. 总线的负载能力

总线的负载能力即总线的驱动能力，当总线接上负载（外围设备）后不能影响总线输入/输出的逻辑电平。

总线中的输出信号输出低电平时，用 IOL 表示负载能力，是吸收电流（由负载流入信号源）；此时负载能力是指当吸收了规定电流时，仍能保持逻辑低电平。

输出高电平的负载能力用 IOH 表示，此时电流由信号源流向负载；当输出电流超过规定值时，输出逻辑电平会降低，甚至变到阈值以下。

当总线上连接负载超过了总线的负载能力时，需在总线和负载间加接缓冲器或驱动器，常用的是三态缓冲器，其作用如下。

驱动：使信号电流加大，可带动更多负载。

隔离：减少负载对总线信号的影响。

6. 总线复用

总线复用通过地址有效控制信号来指示当前信号线上传送的是地址信号还是数据信号，以实现数据总线和低地址总线的复用，如图 4-1-26 所示。

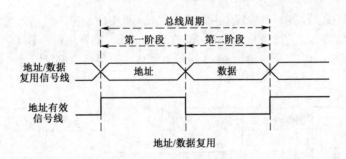

图 4-1-26　总线复用

对于具有八位数据总线和八位地址总线的微处理器，数据传送过程如下所述。

第一阶段：数据总线上传送地址的低八位，地址总线上传送地址总线的高八位，总线上的设备均获得地址，判断是否为本设备的地址，若是，准备接收数据。

第二阶段：地址信号从总线撤销，地址有效控制信号线发送地址无效信号，使总线用于传输数据。

7. 总线仲裁

总线上的设备一般分为总线主设备和总线从设备。

主设备：指能够获得总线控制权的设备，其能够发起一次总线传输（发出地址和控制命令）。如 CPU、DMA 控制器等。

从设备：只能响应读/写请求，但本身不具备总线控制能力的模块，如存储器。

在单主设备系统中，所有总线操作都由处理机控制；在多主设备系统中，需要一个仲裁机制来决定哪个主设备可以使用总线。

总线仲裁：为了防止多个处理器同时控制总线，需要按照一定的优先次序决定哪个部件首先使用总线，只有获得总线使用权的部件，才能开始数据传输。

总线仲裁器：用硬件实现总线分配的逻辑电路。响应总线请求，通过分配过程的正确控制，达到最佳使用总线。

总线仲裁需要考虑以下几点。

（1）等级性：每个主控设备有不同优先级，优先级高的设备先响应。

（2）公平性：任何设备无论优先级高低都不应该永远得不到总线控制权。

（3）尽量缩小总线仲裁的时间开销。

按总线仲裁电路的位置不同，可分为集中式仲裁和分布式仲裁。

集中式仲裁：总线控制逻辑集中在一处，将所有的总线请求集中起来利用一个特定的仲裁算法进行裁决。

分布式仲裁：总线控制逻辑分散在连接于总线上的各个部件或设备中。

集中式仲裁常见的三种优先权仲裁方式为菊花链查询方式（串联仲裁）、计数器定时查询方式、独立请求方式（并联仲裁）。

（1）菊花链查询方式。与总线相连的所有设备经公共的 BR 发送总线请求，只有在 BS 信号未建立时，BR 才能被总线控制器响应，并发出 BG 信号。BG 信号串行的通过每个设备，若某设备没有总线请求，则将 BG 传给下一个设备；若有总线请求，则停止传送 BG 信号，当前设备获得总线使用权，同时建立 BS 信号，撤销 BR，进行数据传输，传输完成后撤销 BS、BG 信号，如图4-1-27 所示。

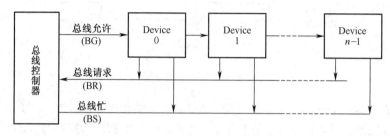

图 4-1-27　菊花链查询方式

优点：只用三根信号线就能按　定的优先次序来实现总线控制。并且很容易扩充设备。

缺点：查询的优先级固定为从左到右，若优先级较高的设备频繁请求总线，低优先级设备可能长时间得不到总线使用权。对查询链电路故障敏感，一旦出现故障，会导致后面设备无法接受 BG 信号。

（2）计数器定时查询方式。当总线控制器收到 BR 后，总线空闲时（BS=0），计数器开始计数，定时查询各设备以确定是谁发出的请求；当查询线上的计数值与发出请求的设备号一致时，该设备获得总线使用权，建立 BS 信号，终止计数查询；该设备完成数据传送后，撤销 BS 信号，如图 4-1-28 所示。

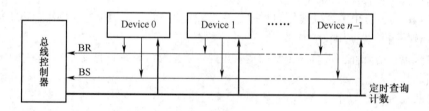

图 4-1-28　计数器定时查询方式

设备的优先级设置较为灵活，与计数器的初值有关，计数器的初值可由程序设置，如果每次都从 0 开始，则为固定优先级，同菊花链查询方式；如果从上次停止值开始，则是循环优先级。

（3）独立请求方式。设备请求使用总线时，发出总线请求信号；总线控制器中的判优电路根据各个设备的优先级确定允许哪个设备使用总线；给该设备送回总线允许信号，如图 4-1-29 所示。

优点：响应时间快；优先级控制灵活，可预先固定，也可以通过程序改变优先级。

缺点：控制逻辑很复杂，控制线数量多。

8. 总线通信

总线通信的定时方式包括同步通信和异步通信。

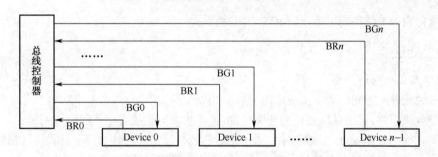

图 4-1-29　独立请求方式

同步通信：系统有一个公共的时钟，挂在总线上的所有设备都从该时钟获得定时信号，一个总线周期由固定数目的时钟周期组成。

优点：同步总线的速度很高，逻辑简单。

缺点：效率较低，时间利用不够合理，时钟频率必须适应在总线上最长的延迟和最慢的接口的需要；可靠性低，无法知道被访问的外设是否已经真正的响应。

异步通信：不用时钟定时，操作需要一种握手信号。两条握手信号分别称为"就绪"（ready）和"应答"（acknowledge）。传送双方根据对方给的状态信息决定自己的下一步操作，并把自己的状态也告诉对方。

握手信号的作用方式有非互锁、半互锁、全互锁三种，如图 4-1-30 所示。

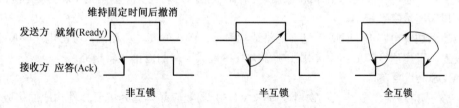

图 4-1-30　握手信号作用方式

发送方发送就绪信号，接收方发送应答信号，非互锁是信号维持固定时间后撤销；半互锁是就绪信号依赖于应答信号的到来而撤销；全互锁是双方信号撤销互为依赖。

优点：能保证两个速度相差很大的设备间可靠地进行信息交换，自动完成时间的配合。

缺点：增加了总线的复杂性和成本。

1.4　电平转换电路

1.4.1　考点分析

历年嵌入式系统设计师考试试题涉及本部分的相关知识点有：双极型集成电路，TTL 电路特点，金属氧化物半导体集成电路，CMOS 电路特点。

1.4.2 知识点精讲

1. 数字集成电路的分类

按照开关元件的不同，数字集成电路可以分为以下两大类。

双极型集成电路：采用晶体管作为开关元件，管内参与导电的有电子和空穴两种极性的载流子。

金属氧化物半导体 MOS 集成电路：采用绝缘栅场效应晶体管作为开关元件，这种管子内部只有一种载流子——电子或空穴参与导电，故又称单极型集成电路。

MOS 集成电路与双极型集成电路比较，具有很多优点，如制造工艺简单、集成度高、功耗低等，特别适宜于制造大规模集成电路。它的主要缺点是工作速度比较低。

2. 双极型集成电路

晶体管—晶体管逻辑电路 TTL 的特点包括 TTL 电路是电流控制器件；开关速度快（数 ns）、较强的抗干扰能力；足够大的输出幅度，带负载能力较强，功耗大（mA 级）；不用端多数无需处理；应用最为广泛。

二极管—三极管逻辑电路 DTL 的特点包括工作速度较低，已被 TTL 电路取代。

高阈值逻辑电路 HTL 的特点包括阈值电压较高，噪声容限较大，抗干扰能力较强；工作速度比较慢；几乎完全被 CMOS 电路取代。

发射极耦合逻辑电路 ECL 的特点包括电流型逻辑电路，是一种电流开关电路，电路的晶体管工作在非饱和状态，有极高的工作速度；噪声容限低，电路功耗大，输出电平稳定性较差；主要用于高速、超高速数字系统中。

集成注入逻辑电路 IIL 的特点包括电路结构简单，集成度高，功耗低；输出电压幅度小，抗干扰能力较差，工作速度较低；主要用于制作大规模集成电路的内部逻辑电路。

3. MOS 集成电路

MOS 集成电路是以金属氧化物-半导体（MOS）场效应晶体管为主要元件构成的集成电路。

互补金属氧化物半导体 CMOS（Complementary Metal Oxide Semiconductor）是 MOS 的一种主要应用。它是指制造大规模集成电路芯片用的一种技术或用这种技术制造出来的芯片，是计算机主板上的一块可读写的 RAM 芯片。

CMOS 集成电路的特点包括 CMOS 电路是电压控制器件；静态功耗极低，省电（μA 级），负载力小；工作速度较高（几百纳秒），传输延迟时间较长（25～50 纳秒）；抗干扰能力强；输入阻抗比较大，一般比较容易捕捉到干扰脉冲，不用的管脚要接上拉电阻或下拉电阻；具有电流锁定效应，容易烧掉芯片，所以输入端的电流尽量不要太大，可采取加限流电阻、输入端和输出端加钳位电路、芯片的电源输入端加去耦电路等措施。被广泛使用。

第 2 学时　嵌入式微处理器

嵌入式微处理器是嵌入式微处理器和接口设计的基础知识点。根据历年考试情况，上午考试涉及相关知识点的分值在 1～2 分左右。下午考试中一般不会涉及具体的微处理器结构，而是以系统结构图的形式出现，不考察具体知识点。本学时考点知识结构如图 4-2-1 所示。

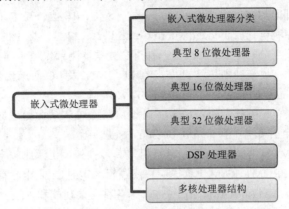

图 4-2-1　嵌入式微处理器知识结构

2.1　嵌入式微处理器分类

2.1.1　考点分析

历年嵌入式系统设计师考试试题涉及本部分的相关知识点有：嵌入式微处理器的分类，MCU、MPU、DSP、SOC 特点。

2.1.2　知识点精讲

1. 嵌入式硬件结构

嵌入式硬件系统基本结构如图 4-2-2 所示，一般由嵌入式微处理器、存储器、输入/输出部分组成，其中，嵌入式微处理器是嵌入式硬件系统的核心，通常由三大部分组成：控制单元（控制器）、算数逻辑单元（运算器）、寄存器。

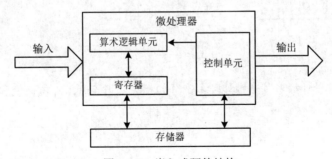

图 4-2-2　嵌入式硬件结构

嵌入式硬件系统具体功能在嵌入式系统基础章节有详细讲解。

2. 嵌入式微处理器的分类

根据嵌入式微处理器的字长宽度，可分为 4 位、8 位、16 位、32 位和 64 位。一般把 16 位及以下的称为嵌入式微控制器（Embedded Micro Controller)，32 位及以上的称为嵌入式微处理器。

如果按系统集成度划分，可分为两类：一种是微处理器内部仅包含单纯的中央处理器单元，称为一般用途型微处理器；另一种则是将 CPU、ROM、RAM 及 I/O 等部件集成到同一个芯片上，称为单芯片微控制器（Single Chip Micro Controller)。

如果**根据用途分类**，一般分为嵌入式微控制器 MCU、嵌入式微处理器 MPU、嵌入式数字信号处理器 DSP、嵌入式片上系统（System-on-a-chip，SoC）等。

嵌入式微控制器 MCU 的典型代表是单片机，其片上外设资源比较丰富，适合于控制。MCU 芯片内部集成 ROM/EPROM、RAM、总线、总线逻辑、定时/计数器、看门狗、I/O、串行口、脉宽调制输出、A/D、D/A、Flash RAM、EEPROM 等各种必要功能和外设。和嵌入式微处理器相比，微控制器的最大特点是单片化，体积大大减小，从而使功耗和成本下降、可靠性提高，其片上外设资源一般较丰富，是嵌入式系统工业的主流。

嵌入式微处理器 MPU 由通用计算机中的 CPU 演变而来。它的特征是具有 32 位以上的处理器，具有较高的性能，当然其价格也相应较高。但与计算机处理器不同的是，在实际嵌入式应用中，只保留和嵌入式应用紧密相关的功能硬件，去除其他的冗余功能部分，这样就以最低的功耗和资源实现嵌入式应用的特殊要求。与工业控制计算机相比，嵌入式微处理器具有体积小、质量轻、成本低、可靠性高的优点。目前常见的有 ARM、MIPS、POWER PC 等。

嵌入式数字信号处理器 DSP 是专门用于信号处理方面的处理器，其在系统结构和指令算法方面进行了特殊设计，具有很高的编译效率和指令的执行速度。采用哈佛结构，流水线处理，其处理速度比最快的 CPU 还快 10～50 倍。在数字滤波、FFT、谱分析等各种仪器上 DSP 获得了大规模的应用。

嵌入式片上系统 SoC，是追求产品系统最大包容的集成器件。SoC 最大的特点是成功实现了软硬件无缝结合，直接在处理器片内嵌入操作系统的代码模块。而且 SoC 具有极高的综合性，在一个硅片内部运用 VHDL 等硬件描述语言，实现一个复杂的系统。通常是专用的芯片。

2.2 典型 8 位微处理器

2.2.1 考点分析

历年嵌入式系统设计师考试试题涉及本部分的相关知识点有：8 位微处理器特点及结构图，8051 单片机硬件组成。

2.2.2 知识点精讲

1. 8 位微处理器结构

8 位微处理器是指使用 8 位数据总线的微处理器，大部分 8 位微处理器有 16 位的地址总线，其能够访问 64KB 的地址空间。8051 单片机是 8 位微处理器中的典型产品，其结构如图 4-2-3 所示。

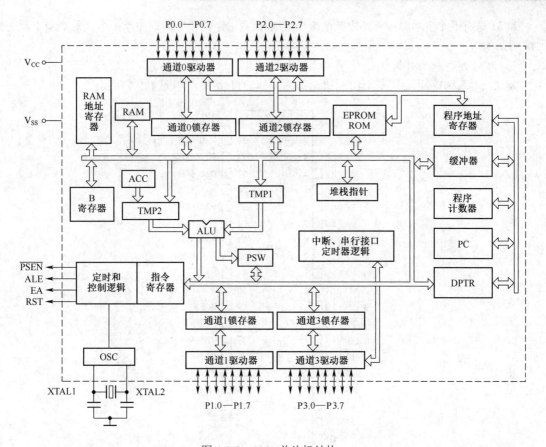

图 4-2-3　8051 单片机结构

2. 8051 单片机的硬件组成

CPU（中央处理器）：单片机核心部件，是 8 位数据宽度的处理器，能处理 8 位二进制数据和代码；完成各种运算和控制操作，由运算器（ALU、ACC、B 寄存器、PSW、暂存器）和控制器（PC、指令寄存器、指令译码器、数据指针 DPTR、堆栈指针 SP、缓冲器、定时与控制电路）组成。

存储器：哈佛体系结构，程序存储器和数据存储器的寻址空间是相互独立的，物理结构也不相同。包括 ROM（只读存储器）、RAM（随机存储器）。

两个 16 位的可编程定时/计数器，即定时器 0 和 1，实质都是计数器，用作定时器时是对单片机内部的时钟脉冲进行计数，用作计数器时是对单片机外部的输入脉冲进行计数。

并行 I/O 口：8051 单片机共有四组 8 位的 I/O 口（P0/P1/P2/P3），每一条 I/O 线都能独立地用作输入或输出。

串行 I/O 口：8051 单片机具有一个全双工串行通信接口，可以同时发送和接收数据。

时钟电路：8051 芯片内部有时钟电路，但晶体振荡器和微调电容必须外接，时钟电路为单片机产生时钟脉冲序列。

8051 共有五个中断源：外部中断两个，定时/计数中断两个，串口中断一个。是二级中断优先级控制。

3. 8051 单片机的引脚

MCS-51 系列单片机中采用 40 引脚封装的双列 DTP 结构，如图 4-2-4 所示。

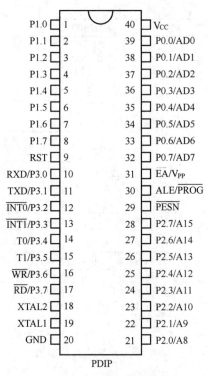

图 4-2-4　8051 单片机引脚

（1）通用 I/O 口线。

P0 口为数据/地址复用口，它既可作为通用 I/O 口，又可作为外部扩展时的数据总线及低 8 位地址总线的分时复用口。

P1 口是单纯的 I/O 口，一般作通用 I/O 口使用。

P2 口也是数据/地址复用口，一般作为外部扩展时的高 8 位地址总线使用。

P3 口是双功能复用口，复用功能包括串口中断、外部中断、定时器中断、读写复用信号。

（2）控制口线。

ALE/PROG：地址锁存允许/片内 EPROM 编程脉冲。

ALE 功能：用来锁存 P0 口送出的低 8 位地址。

PROG 功能：片内有 EPROM 的芯片，在 EPROM 编程期间，此引脚输入编程脉冲。

PSEN：外部 ROM 读选通信号。

RST/VPD：复位/备用电源。

RST（Reset）功能：复位信号输入端。

VPD 功能：在 V_{CC} 掉电情况下，接备用电源，保证单片机内部 RAM 的数据不丢失。

EA/V_{PP}：内外 ROM 选择/片内 EPROM 编程电源。

EA 功能：内外 ROM 选择端。

V_{PP} 功能：片内有 EPROM 的芯片，在 EPROM 编程期间，施加编程电源 V_{PP}。

电源口线：GND 地引脚；V_{CC} 电源引脚，正常工作或对片内 EPROM 编写程序时，接+5V 电源。

时钟口线：时钟 XTAL1 引脚，片内振荡电路的输入端；时钟 XTAL2 引脚，片内振荡电路的输出端。

（3）控制引脚工作原理。

1）Pin9：RST 复位信号复用脚。当 8051 通电，时钟电路开始工作，在 RST 引脚上出现 24 个时钟周期以上的高电平，系统即初始复位。初始化后，程序计数器 PC 指向 0000H，P0～P3 输出口全部为高电平，堆栈指针 SP 写入 07H，其他专用寄存器 SFR 被清 0，RAM 不改变。RST 信号由高电平下降为低电平后，系统即从 0000H 地址开始执行程序。

8051 的复位有冷启动和热启动两种方式。

冷启动：上电自动复位，在断电状态下给系统加电，让系统开始正常运行。

热启动：手动复位，在不断电状态下，给单片机复位脚一个复位信号，让系统重新开始。

8051 的复位启动方式如图 4-2-5 所示。

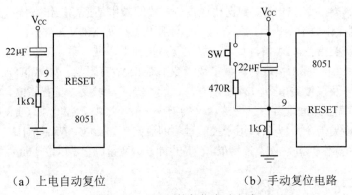

（a）上电自动复位　　　　　　　　（b）手动复位电路

图 4-2-5　8051 的复位启动方式

2）Pin30：ALE。当访问外部程序器时，ALE（地址锁存）的输出用于锁存地址的低位字节。而访问内部程序存储器时，ALE 端将有一个 1/6 时钟频率的正脉冲信号，这个信号可以用于识别单片机是否工作，也可以当作一个时钟向外输出。还有一个特点是当访问外部程序存储器时，ALE 会跳过一个脉冲。

3）Pin29：PESN。当访问外部程序存储器时，此引脚输出负脉冲选通信号，PC 机的 16 位地址数据将出现在 P0 和 P2 接口上，外部程序存储器则把指令数据放到 P0 接口上，由 CPU 读入并执行。

4）Pin31：EA/V_{PP}。程序存储器的内外部选通线，8051 和 8751 单片机，内置有 4KB 的程序存储器，当 EA 为高电平并且程序地址小于 4KB 时，读取内部程序存储器指令数据，而地址超过 4KB 则读取外部指令数据。如 EA 为低电平，则不管地址大小，一律读取外部程序存储器指令。显然，对内部无程序存储器的 8031，EA 端必须接地。在编程时，EA/V$_{PP}$ 引脚还需加上 21V 的编程电压。

4．时钟电路

8051 的时钟有两种方式，如图 4-2-6 所示，一种是内部时钟方式，但需在 18 和 19 引脚外接石英晶体和振荡电容。另外一种是外部时钟方式，即将 XTAL1 接地，外部时钟信号从 XTAL2 脚输入。

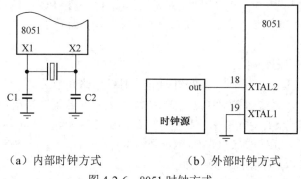

（a）内部时钟方式　　　　　　（b）外部时钟方式

图 4-2-6　8051 时钟方式

5．MCS-51 指令集

MCS-51 指令集共 111 条指令，可分为五类：

（1）数据传送类指令，29 条，数据传送指令一般的操作是把源操作数传送到目的操作数；指令执行完成后，源操作数不变，目的操作数等于源操作数。如 MOV A,#67H。

（2）算数运算类指令，24 条，算术运算主要是执行加、减、乘、除法、加 1、减 1、BCD 码的运算和调整；除加 1、减 1 指令外，大多数指令都对 PSW 有影响。如 ADD A,#58H。

（3）逻辑运算及移位类指令，24 条，有与、或、异或、求反、左右移位、清 0 等逻辑操作，有直接、寄存器和寄存器间址等寻址方式。这类指令一般不影响 PSW。如 CLR A。

（4）控制转移类指令，17 条，用于控制程序的流向。如 LJMP AAAAH。

（5）布尔变量操作类指令，17 条，布尔变量也即开关变量，它是以位（bit）为单位进行操作的。

2.3　典型 16 位微处理器

2.3.1　考点分析

历年嵌入式系统设计师考试试题涉及本部分的相关知识点有：16 位微处理器结构特点，MSP430 单片机硬件组成。

2.3.2　知识点精讲

1．16 位微处理器结构

继 8 位的微处理器后，许多厂商为了满足更复杂的应用，推出了 16 位微处理器。16 位微处理器是指内部总线宽度为 16 位的微处理器。16 位微处理器的操作速度及数据吞吐能力在性能上比 8 位微处理器有较大的提高，它的数据宽度增加了一倍，实时处理能力更强，主频更高，集成度、RAM 和 ROM 都有较大的增加，而且有更多的中断源，同时配置了多路的 A/D 转换通道和高速的 I/O 处理单元，适用于更复杂的控制系统。

目前 16 位微控制器以 Intel 公司的 MCS-96/196 系列、TI 公司的 MSP430 系列和 Motorola 公司的 68H12 系列为主。

MSP430 系列单片机特点：超低功耗；16 位 RISC CPU，冯·诺依曼架构；高性能模拟技术及丰富的片上外围模块；系统工作稳定；方便高效的开发环境。

2．MSP430 单片机硬件结构

（1）CPU：采用三级指令流水线，包括指令译码器、16 位 ALU、4 个专用寄存器、12 个通用寄存器。

用通用内存地址总线 MAB 和内存数据总线 MDB 互联，采用冯·诺依曼架构，数据和指令集共用一个存储结构，把指令当成数据（可编程的）一样处理。

RISC 架构，只包括最基本的指令，提高指令执行速度和效率，增强实时处理能力。

（2）存储器：存储程序、数据以及外围模块的运行控制信息。包括程序存储器和数据存储器。

1）程序存储器：以字形式进行访问取得代码，MSP430 单片机的程序存储器有 ROM、OTP、EPROM、FLASH 等。

2）数据存储器：用字或字节方式访问，存储器有 RAM。

（3）外围模块：MSP430 不同系列产品所包含的外围模块的种类及数目可能不同，一般包括时钟模块、看门狗、定时器、比较器、串口、硬件乘法器、液晶驱动器、A/D、D/A、DMA 控制器等。

（4）JTAG：联合测试行动组，研究标准测试访问接口和边界扫描结构，用 JTAG 表示满足该标准的接口或测试方法。

JTAG 最初是用来对芯片进行测试的，基本原理是在器件内部定义一个 TAP（测试访问口），通过专用的 JTAG 测试工具对内部结点进行测试；TAP 是一个通用的端口，通过 TAP 可以访问芯片提供的所有数据寄存器和指令寄存器。

JTAG 的接口是一种特殊的 4/5 个管脚，包括：TDI（测试数据输入）、TDO（测试数据输出）、TCK（测试时钟）、TMS（测试模式选择）、TRST（测试复位）。

JTAG 主要应用于电路的边界扫描测试和可编程芯片的在线系统编程、调试。含有 JTAG Debug 接口模块的 CPU，只要时钟正常，就可以通过 JTAG 接口访问 CPU 的内部寄存器和挂在 CPU 总线上的设备，如 FLASH/RAM/Timers 等。

2.4　典型 32 位微处理器

2.4.1　考点分析

历年嵌入式系统设计师考试试题涉及本部分的相关知识点有：32 位微处理器特点，ARM 处理器特点，MIPS 系列处理器及 Power PC 处理器特点。

2.4.2　知识点精讲

1．32 位微处理器特点

32 位微处理器采用 32 位的地址和数据总线，其地址空间达到了 $2^{32}=4$GB。目前主流的 32 位嵌入式微处理器系列主要有 ARM 系列、MIPS 系列、PowerPC 系列等。属于这些系列的嵌入式微处理器产品很多，有千种以上。

2．ARM 处理器概述

ARM 公司是一家专门从事芯片 IP 设计与授权业务的英国公司，其产品有 ARM 内核以及外围接口。ARM 内核是一种 32 位 RISC 微处理器，具有功耗低、性价比高和代码密度高等特点。

目前，70%的移动电话、大量的游戏机、手持 PC 和机顶盒等都已采用了 ARM 处理器，ARM 微处理器体系结构被公认为是嵌入式应用领域领先的 32 位嵌入式 RISC 微处理器结构。

作为一种 RISC 体系结构的微处理器，ARM 处理器具有 RISC 体系结构的典型特征，同时具有以下特点：

（1）在每条数据处理指令当中，都控制算术逻辑单元 ALU 和移位器，以使 ALU 和移位器获得最大的利用率。

（2）自动递增和自动寻址模式，以优化程序中的循环。

（3）同时执行 Load 和 Store 多条指令，以增加数据吞吐量。

（4）所有指令都可以条件执行，以执行吞吐量。

这些是对基本 RISC 体系结构的增强，使得 ARM 处理器可以在高性能、小代码尺寸、低功耗和小芯片面积之间获得好的平衡。

3．ARM 处理器工作状态

ARM 状态（32 位）：处理器执行 32 位的字对齐的 ARM 指令，能够支持所有 ARM 指令集，效率高，但是代码密度低。

Thumb 状态（16 位）：处理器执行 16 位的、半字对齐的 Thumb 指令，具有较高的代码密度，却仍然保持 ARM 的大多数性能上的优势，是 ARM 指令集的子集。

ARM 指令集和 Thumb 指令集均有切换处理器状态的指令，并可在两种工作状态之间切换；两个状态之间的切换并不影响处理器模式或寄存器内容；开始执行代码时，应该处于 ARM 状态。

从 ARM 状态切换到 Thumb 状态：当操作数寄存器的状态位（位 0）为 1 时，可以采用执行 BX 指令的方法，使微处理器从 ARM 状态切换到 Thumb 状态，如图 4-2-7 所示。当处理器处于 Thumb 状态时发生异常（如 IRQ/FIQ/Under/Abort/SWI 等），则异常处理返回时，自动切换到 Thumb 状态。

第 4 天

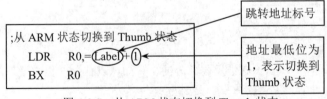

图 4-2-7　从 ARM 状态切换到 Thumb 状态

从 Thumb 状态切换到 ARM 状态：当操作数寄存器的状态位（位 0）为 0 时，执行 BX 指令可以使微处理器从 Thumb 状态切换到 ARM 状态，如图 4-2-8 所示。

当处理器进行异常处理时，把 PC 指针放入异常模式链接寄存器中，并从异常向量地址开始执行程序，也可以使处理器切换到 ARM 状态。

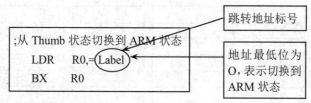

图 4-2-8　从 Thumb 状态切换到 ARM 状态

4．ARM 运行模式

ARM 处理器有七种运行模式，见表 4-2-1。大多数应用程序在 User 模式下执行，当特定的异常出现时，进入相应的六种异常模式之一。除 User 模式外，其他模式都被称为特权模式，可以存取系统中的任何资源，并进行模式切换。User 模式下程序不能访问有些受保护的资源，也不能直接改变 CPU 的模式，而只能通过异常的形式来改变 CPU 的当前运行模式。软件可以控制 CPU 模式的改变，外部中断也可以引起模式的改变。

表 4-2-1　ARM 处理器运行模式

处理器模式	说明
用户模式（User）	正常程序执行模式，用于应用程序
异常模式（FIQ）	快速中断处理，用于支持高速数据传送通道处理
异常模式（IRQ）	用于一般中断处理
异常模式（Supervisor）	特权模式，用于操作系统
异常模式（Abort）	存储器保护异常处理
异常模式（Undefined）	未定义指令异常处理
异常模式（System）	运行特权操作系统任务（ARM V4 以上版本）

5．ARM 寄存器结构

如图 4-2-9 所示，ARM 微处理器共有 37 个 32 位寄存器，其中 31 个为通用寄存器，6 个为状态寄存器。但是这些寄存器不能被同时访问，具体哪些寄存器是可编程访问的，取决于微处理器的工作状态及具体的运行模式。但在任何时候，通用寄存器 R14～R0、程序计数器 PC、一个或两个状态寄存器都是可访问的。

R0～R15 是 ARM 中的通用寄存器，其中 R0～R7 是未分组的寄存器，其对应的物理寄存器都是相同的，是真正意义上的通用寄存器，功能都是等同的；R8～R14 是分组的寄存器，程序访问的物理寄存器取决于当前的处理器模式；程序计数器 R15 用作程序计数器 PC。由图 4-2-9 可知，FIQ 模式下 R8～R14 是自有的，其他异常模式下，R13～R14 也是自有的。

169

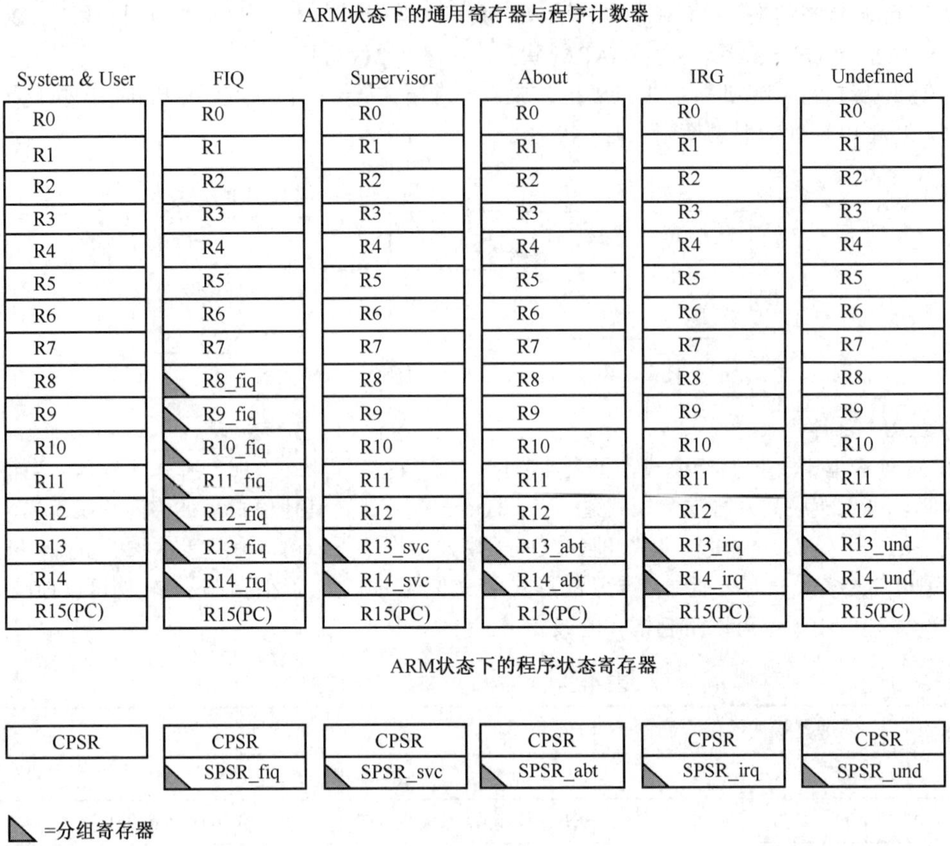

ARM状态下的通用寄存器与程序计数器

System & User	FIQ	Supervisor	About	IRG	Undefined
R0	R0	R0	R0	R0	R0
R1	R1	R1	R1	R1	R1
R2	R2	R2	R2	R2	R2
R3	R3	R3	R3	R3	R3
R4	R4	R4	R4	R4	R4
R5	R5	R5	R5	R5	R5
R6	R6	R6	R6	R6	R6
R7	R7	R7	R7	R7	R7
R8	R8_fiq	R8	R8	R8	R8
R9	R9_fiq	R9	R9	R9	R9
R10	R10_fiq	R10	R10	R10	R10
R11	R11_fiq	R11	R11	R11	R11
R12	R12_fiq	R12	R12	R12	R12
R13	R13_fiq	R13_svc	R13_abt	R13_irq	R13_und
R14	R14_fiq	R14_svc	R14_abt	R14_irq	R14_und
R15(PC)	R15(PC)	R15(PC)	R15(PC)	R15(PC)	R15(PC)

ARM状态下的程序状态寄存器

CPSR	CPSR	CPSR	CPSR	CPSR	CPSR
	SPSR_fiq	SPSR_svc	SPSR_abt	SPSR_irq	SPSR_und

=分组寄存器

图 4-2-9　ARM 寄存器结构

ARM 体系结构中包含一个 CPSR（当前程序状态寄存器）和五个 SPSR（程序状态保存寄存器）：

CPSR：保存当前处理器状态的信息，可以在任何处理器模式下被访问。

SPSR：每一种异常处理器模式下都有一个专用的物理状态寄存器，当特定的异常中断发生时，这个寄存器用于存放当前程序状态寄存器的内容，在异常中断程序退出时，可以用 SPSR 中保存的值来恢复 CPSR。

用户模式和系统模式不属于异常模式，它们没有 SPSR，当在这两种模式下访问 SPSR 时，结果是未知的。

CPSR 主要包含条件标志、中断标志、当前处理器的模式、其他的一些状态和控制标志，如图 4-2-10 所示。

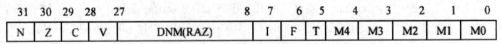

31	30	29	28	27		8	7	6	5	4	3	2	1	0
N	Z	C	V	DNM(RAZ)		I	F	T	M4	M3	M2	M1	M0

图 4-2-10　CPSR 各种标志

CPSR 的格式如下：

（1）条件标志包括 N，Z，C，V。

N——Negative，负标志。

Z——Zero，零标志。

C——Carry，进位标志。

V——overflow，溢出标志。

（2）中断标志包括 I，F。

I——置 1 表示禁止 IRQ 中断的响应，置 0 表示允许。

F——置 1 表示禁止 FIQ 中断的响应，置 0 表示允许。

（3）ARM/Thumb 工作状态标志位：T。

置 0 表示执行 32 位的 ARM 指令。

置 1 表示执行 16 位的 Thumb 指令。

（4）控制位 M0~M4，表示 ARM 运行模式。

6. I/O 端口编址

ARM 的寻址空间是线性地址空间。ARM 支持大端和小端的内存数据方式，可以通过硬件的方式设置端模式。I/O 端口的编址方法即地址安排方式有两种：I/O 映射编址和存储器映射编址。

I/O 映射编址采用 I/O 端口与内存单元分开编址，互不影响。I/O 单元与内存单元都有自己独立的地址空间。通过专门的输入指令（IN）和输出指令（OUT）来完成 I/O 操作。

存储器映射编址采用 I/O 端口的地址与内存地址统一编址方式，I/O 单元与内存单元在共享同一地址空间。这种编址方式不区分存储器地址空间和 I/O 端口地址空间，把所有的 I/O 端口都当作是存储器的一个单元对待，每个接口芯片都安排一个或几个与存储器统一编号的地址号。也不设专门的输入/输出指令，所有传送和访问存储器的指令都可用来对 I/O 端口操作。

7. ARM 指令集

ARM 指令集包括六种典型的指令：

（1）分支指令，如 B，BL 等。

（2）数据处理指令，如 ADD，SUB，AND 等。

（3）转移指令，如 MRS，MSR 等。

（4）Load-Store 数据移动指令，如 LDR 等。

（5）协处理器指令，如 LDC，STC 等。

（6）异常处理指令，如 SWI 等。

ARM 指令集的特点如下：

（1）所有 ARM 指令都是 32 位定长，在内存中以 4 字节边界保存。

（2）Load-Store 体系结构，ARM 指令集属于 RISC 体系，一般指令只能把内部寄存器和立即数作为操作数，只有 Load-Store 类型的数据移动指令才可以访问内存，在内存和寄存器之间转移数据。

（3）ARM 可以在一条指令中用一个指令周期完成一个移位操作和一个 ALU（算术逻辑）操作。

（4）所有指令都可以条件执行，这是由其指令格式决定的，任何指令的高 4 位都是条件指示位，根据 CPSR 中的 N，Z，C，V 决定该指令是否执行。这样可以方便高级语言的编译器设计，很容易实现分支和循环。

（5）有功能很强的一次加载和存储（Load-Store）多个寄存器的指令：LDM 和 STM。这样当发生过程调用或中断处理时，只用一条指令就能把当前多个寄存器的内容保护到内存堆栈中。

8. ARM 异常

异常是由内部或外部原因引起的。当异常发生时，CPU 自动到指定的向量地址读取指令或地址并且执行。在处理异常之前，当前处理器的状态必须保留，这样当异常处理完成之后，当前程序可以继续执行。处理器允许多个异常同时发生，它们会按固定的优先级进行处理。

中断——异步的，由硬件随机产生，在程序执行的任何时候可能出现。

异常——同步的，在（特殊的或出错的）指令执行时由 CPU 控制单元产生。

ARM 中常见异常类型见表 4-2-2 所示。

表 4-2-2　ARM 中常见异常类型

异常类型	具体含义
复位	复位电平有效时，产生复位异常，程序跳转到复位处理程序处执行
未定义指令	遇到不能处理的指令时，产生未定义指令异常
软件中断	执行 SWI 指令产生，用于用户模式下的程序调用特权操作指令
指令预取中止	处理器预取指令的地址不存在，或该地址不允许当前指令访问，产生指令预取中止异常
数据中止	处理器数据访问指令的地址不存在，或该地址不允许当前指令访问时，产生数据中止异常
IRQ	外部中断请求有效，且 CPSR 中的 I 位为 0 时，产生 IRQ 异常
FIQ	快速中断请求引脚有效，且 CPSR 中的 F 位为 0 时，产生 FIQ 异常

对异常的响应：将下一条指令的地址存入相应链接寄存器 LR，以便程序在处理异常返回时能从正确的位置重新开始执行；将 CPSR 复制到相应的 SPSR 中；根据异常类型，强制设置 CPSR 的运行模式位；强制 PC 从相关的异常向量地址取下一条指令执行，从而跳转到相应的异常处理程序处；置位中断禁止标志，这样可以防止不受控制的异常嵌套。

从异常返回：将链接寄存器 LR 的值减去相应的偏移量后送到 PC 中；将 SPSR 复制回 CPSR 中；若在进入异常处理时设置了中断禁止位，要在此清除；恢复 CPSR 的动作会将 T/F/I 位自动恢复为异常发生前的值。

9. MIPS 系列

MIPS 是世界上很流行的一种 RISC 处理器。MIPS（Microprocessor without Interlocked Piped Stages）的意思是"无互锁流水级的微处理器"，也是目前使用最广泛的嵌入式处理器之一。其机制是尽量利用软件办法避免流水线中的数据相关问题。应用在宽带接入、路由器、调制解调设备、电视、游戏、打印机、办公用品、DVD 播放等领域。

10. Power PC

Power PC RISC 处理器实现性能增强的最主要原因就在于修改了指令处理设计，它比传统处理器的指令处理效率要高得多。它完成一个操作所需的指令数比 CISC 处理器要多，但完成操作的总时间却减少了。这主要是因为前者采用了超标量处理器设计和调整内存缓冲器。Power PC 内核的主要特点如下：

（1）独特分支处理单元可以让指令预取效率大大提高，即使指令流水线上出现跳转指令，也不会影响到其运算单元的运算效率。

（2）超标量设计。分支单元、浮点运算单元和定点运算单元，每个单元都有自己独立的指令集并可独立运行。

（3）可处理"字节非对齐" 的数据存储。

（4）同时支持大端小端数据类型。

Power PC 的技术特点如下。

（1）分支处理器：读入指令队列后，会找出其中的跳转指令，然后预取跳转指令所指向的新的内存地址的指令，大大提高了指令预取的效率。Power PC RISC 处理器设计了多级内存高速缓冲区，实现指令预取功能，处理器一般会同时读入多条指令到缓存或指令流水线上。

（2）超标量设计：在 Power PC 内部，集成了多个处理器，这些处理器可以进行独立工作，这样就可以在一个时钟周期执行多条指令。允许多条指令同时运行的多处理流水线。

（3）非字节对齐操作的兼容：可以处理非字节对齐的存储器访问，能够兼容许多从 CISC 处理器移植过来的指令和数据结构。字节非对齐的操作会降低处理器的性能。

（4）字节顺序的兼容：同时兼容大端、小端字节顺序。单工作在小端模式时，不能访问非字节对齐的数据。

2.5 DSP 处理器

2.5.1 考点分析

历年嵌入式系统设计师考试试题涉及本部分的相关知识点有：数字信号处理器（Digital Signal Processing，DSP）原理，TMS32LF2407A 处理器结构图及硬件组成，DSP 的发展方向。

2.5.2 知识点精讲

1. DSP 概述

DSP 是专为数字信号处理而设计的处理器，可快速实现各种数字信号处理算法。其有多总线结构和哈佛体系结构。多总线结构，允许 CPU 同时进行指令和数据的访问，因而可以实现流水线操作。哈佛体系结构，程序和数据空间分开，可以同时访问指令和数据。

数字信号处理的运算特点：乘/加，反复相乘求和（乘积累加）。DSP 设置了硬件乘法/累加器，能在单个指令周期内完成乘法/加法运算。

DSP 主要应用：信号处理、图像处理、仪器、语言处理、控制、军事、通信、医疗、家用电器等领域。

2. 典型数字信号处理器

下面以 TI 公司的 TMS32LF2407A 为例，对其内部结构和组成进行介绍，其结构框图如图 4-2-11 所示。

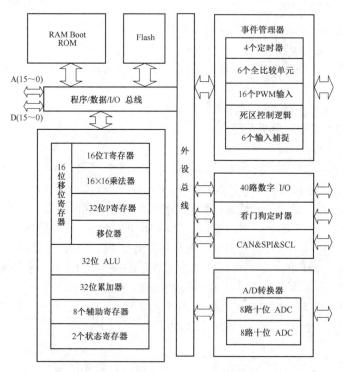

图 4-2-11　TMS32LF2407A 结构框图

3. 硬件结构

CPU 及总线结构：TMS320LF2407A 的 CPU 是基于 TMS320C2XX 的 16 位定点低功耗内核。体系结构采用四级流水线技术加快程序的执行，可在一个处理周期内完成乘法、加法和移位运算。其程序存储器总线和数据存储器总线相互独立，支持并行的程序和操作数寻址，因此 CPU 的读/写可在同一周期内进行，这种高速运算能力使自适应控制、卡尔曼滤波、神经网络、遗传算法等复杂控制算法得以实现。

存储器配置：TMS320LF2407A 有 16 位地址线，地址映像被组织为三个可独立选择的空间：程序存储器（64KB）、数据存储器（64KB）、I/O 空间（64KB）。这些空间提供了共 192KB 的地址范围。片内存储器包括 RAM、Boot ROM、FLASH 等存储器。

事件管理器模块：TMS320LF2407A 包含两个专用于电机控制的事件管理器模块 EVA 和 EVB，每个事件管理器模块包括通用定时器（GP，可用于产生采样周期，作为全比较单元产生 PWM 输出以及软件定时的时基）、全比较单元（产生 PWM 输出信号控制功率器件，死区控制单元用来产生可编程的软件死区）、正交编码脉冲电路（QEP，可以对引脚上的正交编码脉冲进行解码和计数，可以直接处理光电编码盘的双路正交编码脉冲）、捕获单元（用于捕获输入引脚上信号的跳变）。

片内集成外设：TMS320LF2407A 片内集成了丰富的外设，大大减少了系统设计的元器件数量。包括串行通信接口（异步 SCI 和同步 SPI），A/D 转换模块、CAN 总线、锁相环电路 PLL（实现时钟选项）、等待状态发生器（可通过软件编程产生用于用户需要的等待周期，以配合外围低速器件的使用）、看门狗定时器（监控系统软件和硬件工作）、实时中断定时器（产生周期性的中断请求）、外部存储器接口（可扩展存储空间最大 192KB×16bit）、数字 I/O（复用引脚）、JTAG 接口（在线仿真和测试）、外部中断。

4．DSP 的发展方向

系统级集成：缩小 DSP 芯片尺寸始终是 DSP 的技术发展方向。当前的 DSP 多数基于精简指令集计算（RISC）结构，这种结构的优点是尺寸小、功耗低和性能高。各 DSP 厂商纷纷采用新工艺，改进 DSP 芯核，并将几个 DSP 芯核、MPU 芯核、专用处理单元、外围电路单元和存储单元集成在一个芯片上，成为 DSP 系统级集成电路。

更高的运算速度：目前一般的 DSP 运算速度为 100MIPS，即每秒钟可运算 1 亿条指令，但由于电子设备的个人化和客户化趋势，DSP 必须追求更高更快的运算速度，才能跟上电子设备的更新步伐。DSP 运算速度的提高主要依靠新工艺改进芯片结构。

可编程性：可编程 DSP 给生产厂商提供了很大的灵活性。生产厂商可在同一个 DSP 平台上开发出各种不同型号的系列产品，以满足不同用户的需求。同时，可编程 DSP 也为广大用户提供了易于升级的良好途径。许多微控制器能做的事情，使用可编程 DSP 能做得更好、更便宜，例如冰箱、洗衣机这些原来装有微控制器的家电如今都已换成可编程 DSP 来进行大功率电机控制。

支持高级编程语言的 DSP 开发软件：支持使用高级程序设计语言开发 DSP 软件。

并行处理结构：支持在 DSP 平台上同时运行多个 DSP 软件。

功耗低：降低现有 DSP 运行的功耗。

2.6　多核处理器结构

2.6.1　考点分析

历年嵌入式系统设计师考试试题涉及本部分的相关知识点有：多核处理器技术原理。

2.6.2　知识点精讲

1．多核处理器原理

双核处理器是基于单个半导体的一个处理器上拥有两个处理器核心。

由于将两个或多个运算核封装在一个芯片上，可节省大量晶体管、封装成本；显著提高处理器性能；兼容性好；系统升级方便。

两个或多个内核工作协调可通过对称多处理技术和非对称处理技术来实现。

（1）对称多处理技术：将两个完全一样的处理器封装在一个芯片内，达到双倍或接近双倍的处理性能，节省运算资源。

（2）非对称处理技术：两个处理内核彼此不同，各自处理和执行特定的功能，在软件的协调下分担不同的计算任务。

从目前已经发布或透露的多核处理器原型来看，对称式的处理方式将成为未来多核处理器的主要体系结构，同时，多核间将共享大容量的缓存作为处理器之间及处理器与系统内存之间交换数据的"桥梁"。为了提高交换速度，这些缓存往往集成在片内，其数据传输速度是惊人的。

2. 典型多核处理器

下面以 TI 公司的开放式多媒体应用平台（Open Multimedia Applications Platform，OMAP）双核处理器 OMAP5910 为例，对双核处理器进行介绍。

OMAP 是 TI 公司推出的专门为支持 3G 无线终端应用而设计的应用处理器体系结构；提供了语音、数据和多媒体所需的功能，能以极低的功耗提供极佳的性能。OMAP5910 处理器是由 TI 的 TMS320C55xDSP 内核与 ARM925 微处理器所组成的双核应用处理器。其中，55x 系列可提供对低功耗应用的实时多媒体处理的支持；ARM 可满足控制和接口方面的处理需要。

特点：基于双核结构，OMAP5910 具有极强的运算能力和极低的功耗，基于其开发的产品性能高且功耗低；采用开放式易于开发的软件设施；支持多种操作系统；可以通过 API 或者用户熟悉且易于使用的工具优化其应用程序。

优势：两个独立的内核完成处理任务，ARM MPU 负责支持应用操作系统并完成以控制为核心的应用处理；DSP 负责完成多媒体信号（语言、图像、视频等）的处理；使操作系统的效率和多媒体代码的执行更加优化；合理划分总工作负荷。

OMAP5910 的架构图如图 4-2-12 所示。

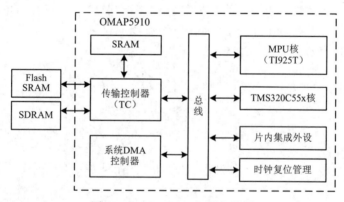

图 4-2-12　OMAP5910 的架构图

OMAP5910 硬件功能模块包括 MCU 子系统、DSP 子系统、传输控制器（TC）、直接存储器访问单元（DMA）、两级中断管理器及丰富的外围接口等。

MPU 子系统采用 ARM925 核，通过使用协处理器 CP15 使体系结构得到增强。系统中的控制寄存器可通过对协处理器 CP15 的读写来对 MMU、cache 和读写缓存控制器进行存取操作。这种微构架在 ARM 核的周围提供了指令与数据存储器管理单元，指令、数据和写缓冲器，性能监控、调试和 JTAG 单元以及协处理器接口，MAC 协处理器和内核存储总线。

DSP 子系统中的 C55xDSP 核具有极佳的功耗性能比，内核主要由四个单元组成：指令缓冲单元（I 单元）、程序流单元（P 单元）、地址数据流单元（A 单元）和数据运算单元（D 单元）。它支持无线网络传输与语音数据处理等工作，能提供高效谐振数据处理能力。

C55xDSP 核采用了多项新技术：增大的空闲省电区域、变长指令、扩大的并行机制等。其结构针对多媒体应用做了高度优化，适合低功耗的实时语音图像处理。C55xDSP 核还新增了图像位移预测、离散余弦变换/反变换和 1/2 像素插值的视频硬件加速器，从而可以提高数据处理速度，降低视频处理功耗。

传输控制器 TC 管理着 MPU、DSP、DMA 以及局部总线对 OMAP5910 系统存储资源（如 SRAM、SDRAM、FLASH、ROM 等）的访问。它的主要功能是确保处理器能够高效访问外部存储区，并避免产生瓶颈现象而降低片上处理速度。TC 通过三种不同的接口支持处理器或 DMA 单元对存储器的访问，即 EMIFS、EMIFF 和 IMIF。其中 EMIFS 外部存储器接口提供对 FLASH、SRAM 和 ROM 的访问；EMIFF 外部存储器接口提供对 SDRAM 的访问；IMIF 内部存储器接口提供对 OMAP5910 片内 192KB SRAM 的访问。

系统控制功能：OMAP5910 的系统控制模块提供了实时时钟（RTC）、看门狗（WT）、中断控制器、功率管理控制器、复位控制器和两个片上振荡器。

时钟和电源管理：OMAP5910 提供了两个振荡器来辅助管理电源耗损，设计系统时，在待机模式下可以直接关闭 12MHz 的振荡输入，只留下 32kHz 振荡器来维持系统运作。

外围控制模块：OMAP5910 微处理器拥有九个独立通道和七个接收/发送端口的 DMA 控制器。DMA 控制器可响应内部和外部设备的请求，在 MPU 运行的条件下，完成外部寄存器、内部寄存器和外部设备之间的数据传输。系统 DMA 的设置取决于 MPUTI925T（ARM9TDMI）内核。

第 3 学时　嵌入式系统存储体系

嵌入式系统存储体系是嵌入式微处理器和接口设计的基础知识点。根据历年考试情况，上午考试涉及相关知识点的分值在 2～3 分左右。下午考试中一般不会涉及具体的存储器，而是以系统结构图的形式出现，不考察具体知识点。本学时考点知识结构如图 4-3-1 所示。

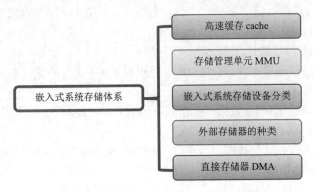

图 4-3-1　嵌入式系统存储体系知识结构

3.1 高速缓存 cache

3.1.1 考点分析

历年嵌入式系统设计师考试试题涉及本部分的相关知识点有：cache 技术原理，cache 分类，CPU 更新 cache 和主存的方法。

3.1.2 知识点精讲

1. cache 的作用

在主存储器和 CPU 之间采用高速缓冲存储器 cache 来提高存储器系统的性能，许多微处理器体系结构都把它作为其定义的一部分。cache 能够减少内存平均访问时间。

2. 统一的 cache 和独立的数据/程序 cache

如果一个存储系统中指令预取和数据读写时使用的是同一个 cache，那么称系统使用统一的 cache。

如果一个存储系统中指令预取和数据读写时使用的 cache 是各自独立的，那么称系统使用了独立的 cache。其中，用于指令预取的 cache 称为指令 cache，用于数据读写的 cache 称为数据 cache。

使用独立的数据 cache 和指令 cache，可以在同一个时钟周期中读取指令和数据，而不需要双端口的 cache，但此时要注意保证指令和数据的一致性。

3. CPU 更新 cache 和主存的方法

当 CPU 更新了 cache 的内容时，要将结果写回到主存中，通常有下面三种方法。

（1）写通法。写通法是指 CPU 在执行写操作时，必须把数据同时写入 cache 和主存。采用写通法进行数据更新的 cache 称为写通 cache。

（2）写回法。写回法是指 CPU 在执行写操作时，被写的数据只写入 cache，不写入主存。仅当需要替换时，才把已经修改的 cache 块写回到主存中。采用写回法进行数据更新的 cache 称为写回 cache。

（3）后写法。CPU 更新 cache 数据时，把更新的数据写入到一个更新缓冲器，在合适的时候才对存储器进行更新。这样可以提高 cache 的访问速度，但是，在数据连续被更新两次以上的时候，缓冲区将不够使用，被迫同时更新存储器。

4. 读操作分配 cache 和写操作分配 cache

当进行数据写操作时，可能 cache 未命中，这时根据 cache 执行的操作不同，将 cache 分为两类：读操作分配 cache 和写操作分配 cache。

对于读操作分配 cache，当进行数据写操作时，如果 cache 未命中，只是简单地将数据写入主存中。主要在数据读取时，才进行 cache 内容预取。

对于写操作分配 cache，当进行数据写操作时，如果 cache 未命中，cache 系统将会进行 cache 内容预取，从主存中将相应的块读取到 cache 中相应的位置，并执行写操作，把数据写入到 cache 中。对于写通类型的 cache，数据将会同时被写入主存中，对于写回类型的 cache，数据将在合适的时候写回到主存中。

5. cache 工作原理

在 cache 存储系统当中，把主存储器和 cache 都划分成相同大小的块。主存地址可以由块号 M 和块内地址 N 两部分组成。同样，cache 的地址也由块号 m 和块内地址 n 组成。工作原理如图 4-3-2 所示。cache 工作原理依据的是程序局部性原理。

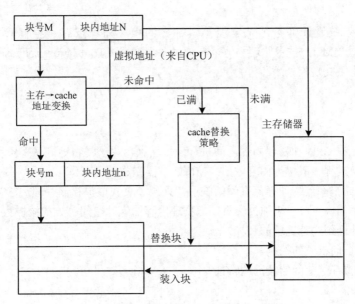

图 4-3-2　cache 工作原理

当 CPU 要访问 cache 时，CPU 送来主存地址，放到主存地址寄存器中。然后通过地址变换部件把主存地址中的块号 M 变成 cache 的块号 m，并放到 cache 地址寄存器当中。同时将主存地址中的块内地址 N 直接作为 cache 的块内地址 n 装入 cache 地址寄存器中。

如果地址变换成功（通常称为 cache 命中），就用得到的 cache 地址去访问 cache，从 cache 中取出数据送到 CPU 中。如果地址变换不成功，则产生 cache 失效信息，并且接着使用主存地址直接去访问主存储器。从主存储器中读出一个字送到 CPU，同时，将从主存储器中读出来的数据装入 cache 中。此时，如果 cache 已经满了，则需要采用某种 cache 替换策略（如 FIFO 策略、LRU 策略等）把不常用的块先调出到主存储器中相应的块中，以便腾出空间来存放新调入的块。由于程序具有局部性特点，每次发生失效时都把新的块调入 cache 中，能够提高 cache 的命中率。

在 cache 当中，地址映像是指把主存地址空间映像到 cache 地址空间。也就是说，把存放在主存中的程序或数据按照某种规则装入 cache 中，并建立主存地址到 cache 地址之间的对应关系。

地址变换是指当程序或数据已经装入 cache 后，在实际运行过程当中，把主存地址如何变成 cache 地址。

常用的地址映像和变换方式有：全相联地址映像和变换、组相联地址映像和变换、直接映像和变换。

cache 替换算法有先进先出（FIFO）、最近最少使用（LRU），和页面置换算法原理类似。

3.2 存储管理单元

3.2.1 考点分析

历年嵌入式系统设计师考试试题涉及本部分的相关知识点有：存储管理单元（Memory Management Unit，MMU）技术原理，地址转换后备缓冲器（Translation Lookaside Buffer，TLB）技术原理，快速上下文切换技术。

3.2.2 知识点精讲

1. MMU 特点

存储管理单元在 CPU 和物理内存之间进行地址转换。由于是将地址从逻辑空间映射到物理空间，因此这个转换过程一般称为内存映射。MMU 主要完成以下工作：

（1）虚拟存储空间到物理存储空间的映射。采用了页式虚拟存储管理，它把虚拟地址空间分成一个个固定大小的块，每一块称为一页，把物理内存的地址空间也分成同样大小的页。MMU 实现的就是从虚拟地址到物理地址的转换。

（2）存储器访问权限的控制。

（3）设置虚拟存储空间的缓冲的特性。

2. TLB

从虚拟地址到物理地址的变换过程就是查询页表的过程，由于页表是存储在内存中的，整个查询过程需要付出很大的代价。基于程序在执行过程中具有局部性的原理，增加了一个小容量（通常为 8~16 字）、高速度（访问速度和 CPU 中通用寄存器相当）的存储部件来存放当前访问需要的地址变换条目，这个存储部件称为 TLB。

当 CPU 访问内存时，首先在 TLB 中查找需要的地址变换条目，如果该条目不存在，CPU 再从位于内存中的页表中查询，并把相应的结果添加到 TLB 中，更新它的内容。这样做的好处是，如果 CPU 下一次又需要该地址变换条目时，可以从 TLB 中直接得到，从而使地址变换的速度大大加快。

3. MMU 内存块和域

嵌入式系统支持的内存块大小有以下四种：

（1）段（section）大小为 1MB 的内存块。

（2）大页（large pages）大小为 64KB 的内存块。

（3）小页（small pages）大小为 4KB 的内存块。

（4）极小页（tiny pages）大小为 1KB 的内存块。

极小页只能以 1KB 大小为单位不能再细分，而大页和小页有写情况下可以再进一步地划分，大页可以分成大小为 16KB 的子页，小页可以分成大小为 1KB 的子页。

MMU 中的域指的是一些段、大页或者小页的集合：每个域的访问控制特性都是由芯片内部的寄存器中的相应控制位来控制的。

4. MMU 的地址变换过程

在 MMU 中实现虚拟地址到物理地址的映射是通过两级页表来实现的：

一级页表中包含以段为单位的地址变换条目及指向二级页表的指针。一级页表是实现的地址映射粒度较大。以段为单位的地址变换过程只需要一级页表。

二级页表中包含以大页和小页为单位的地址变换条目。有一种类型的二级页表还包含有以极小页为单位的地址变换条目。以页为单位的地址变换过程需要二级页表。

5. 使能 MMU 时存储访问过程

当 ARM 处理器请求存储访问时，首先在 TLB 中查找虚拟地址。如果系统中数据 TLB 和指令 TLB 是分开的，在取指令时，从指令 TLB 中查找相应的虚拟地址，对于内存访问操作，从数据 TLB 中查找相应的虚拟地址。

在这个过程当中，如果该虚拟地址对应的地址变换条目不在 TLB 中，CPU 从位于内存中的页表中查询对应于该虚拟地址的地址变换条目，并把相应的结果添加到 TLB 中。如果 TLB 已经满了，则需要根据一定的替换算法进行替换。这样，当 CPU 再次访问时，可以从 TLB 中直接得到，从而使地址变换的速度大大加快。

允许缓存的 MMU 存储访问示意图如图 4-3-3 所示。

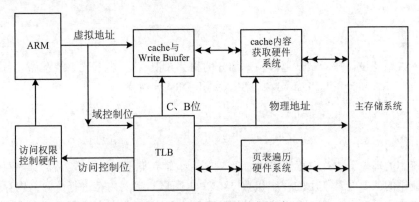

图 4-3-3 MMU 存储访问示意

当得到了需要的地址变换条目后，将进行以下操作：

（1）得到该虚拟地址对应的物理地址。

（2）根据条目中 C（cachable）控制位和 B（Bufferable）控制位决定是否缓存该内存访问的结果。

（3）根据存储权限控制位和域访问控制位确定该内存访问是否被允许。如果该内存访问不被允许，CP15 向 ARM 处理器报告存储访问中止。

（4）对于不允许缓存（uncached）的存储访问，使用步骤（1）中得到的物理地址访问内存。对于允许缓存（cached）的存储访问，如果 cache 命中，则忽略物理地址：如果 cache 没有命中，则使用步骤（1）中得到的物理地址访问内存，并把该块数据读取到 cache 中。

6. 禁止 MMU 时存储访问过程

当禁止 MMU 时，存储访问不进行权限控制，MMU 也不会产生存储访问中止信号。所有的物理地址和虚拟地址相等，即使用平板存储模式。

7. 快速上下文切换技术

快速上下文切换技术（Fast Context Switch Extension，FCSE）通过修改系统中不同进程的虚拟地址，避免在进行进程间切换时造成的虚拟地址到物理地址的重映射，从而提高系统的性能。

如果两个进程占用的虚拟地址空间有重叠，则系统在这两个进程之间进行切换时，必须进行虚拟地址到物理地址的重映射，包括重建 TLB、清除 cache，整个工作需要巨大的系统开销，而快速上下文切换技术的引入避免了这种开销。

FCSE 位于 CPU 和 MMU 之间，其责任就是将不同进程使用的相同虚拟地址映射为不同的虚拟空间，使得在上下文切换时无需重建 TLB 等。

如果两个进程使用了同样的虚拟地址空间，则对 CPU 而言，FCSE 对各个进程的虚拟地址进行变换，这样系统中除了 CPU 之外的部分，看到的是经过快速上下文切换技术变换后的虚拟地址。

3.3 嵌入式系统存储设备分类

3.3.1 考点分析

历年嵌入式系统设计师考试试题涉及本部分的相关知识点有：嵌入式系统存储设备的特点及分类，ROM 分类，RAM 分类，Flash 分类，SRAM 和 DRAM 特点。

3.3.2 知识点精讲

1. 存储设备分类方式

按在系统中的地位分类：主存储器（主存或内存）、辅存储器（辅存或外存）。内存通常用来容纳当前正在使用的或要经常使用的程序和数据，CPU 可以直接对内存进行访问。内存一般都用快速存储器件来构成，内存的存取速度很快，但内存空间的大小受到地址总线位数的限制。系统软件中如引导程序、监控程序或者操作系统中的 BIOS 都必须常驻内存。

更多的系统软件和全部应用软件则在用到时由外存传送到内存。

外存也是用来存储各种信息的,存放的是相对来说不经常使用的程序和数据,其特点是容量大。外存总是和某个外部设备相关的，常见的外存有软盘、硬盘、U 盘、光盘等。CPU 要使用外存的这些信息时，必须通过专门的设备将信息先传送到内存中。

按信息存取方式分类：随机存取存储器（RAM）、只读存储器（ROM）。

按存储介质分类：磁存储器、半导体存储器、光存储器、激光光盘存储器。

描述存储器的最基本的参数是存储器的容量，如 4MB。通常，存储器的表示并不唯一，有一些不同的表示方法，每种有不同的数据宽度。存储器是由存储单元组成的，每个存储单元所占空间不同，会有不同的结果，例如，一个 4MB 的存储器可能有下列两种表示：

（1）一个 $1M \times 4$ 位的阵列，每次存储器访问可获得 4 位数据项，最大共有 2^{20} 个不同地址。

（2）一个 4M×1 位的阵列，每次存储器访问可获得 1 位数据项，最大共有 2^{22} 个不同地址。

2．ROM 的种类和选型

ROM 的特点为在烧入数据后，无需外加电源来保存数据，断电数据不丢失，但速度较慢，因此适合存储需长期保留不变的数据。常见 ROM 分类如下。

MaskROM（掩模 ROM）：一次性由厂家写入数据的 ROM，用户无法修改。

PROM（Programmable ROM，可编程 ROM）：和掩模 ROM 不同的是出厂时厂家并没有写入数据，而是保留里面的内容为全 0 或全 1，由用户来编程一次性写入数据，也就是改变部分数据为 1 或 0。

EPROM（Erasable Programmable ROM，电可擦写 ROM）：EPROM 是电编程，通过紫外光的照射，擦掉原先的程序。芯片可重复擦除和写入，解决了 PROM 芯片只能写入一次的弊端。

EEPROM（E²PROM，电可擦除可编程 ROM）：EEPROM 是电编程，通过加电擦除原数据。使用方便但价格较高，而且写入时间较长，写入较慢。

FlashROM（闪速存储器）：FlashROM 具有结构简单、控制灵活、编程可靠、加电擦写快捷的优点，而且集成度可以做得很高，它综合了前面的所有优点：不会断电丢失数据，快速读取，电可擦写可编程，因此在手机、PC、PPC 等电器中成功地获得了广泛的应用。

3．Flash Memory 的种类和选型

Flash Memory（闪速存储器）是嵌入式系统中重要的组成部分，它在嵌入式系统中的功能可以和硬盘在 PC 中的功能相比，它们都是用来存储程序和数据的，而且可以在掉电情况下继续保存数据使其不会丢失。根据结构的不同可以将其分成 NOR Flash 和 NAND Flash 两种，具有如下特点：

区块结构：Flash Memory 在物理结构上分成若干个区块，区块之间相互独立。比如 NOR Flash 把整个存储区分成若干个扇区（Sector），而 NAND Flash 把整个存储区分成若干个块（Block）。

先擦后写：由于 Flash Memory 的写操作只能将数据位从 1 写成 0，不能从 0 写成 1，所以在对存储器进行写入之前必须先执行擦除操作，将预写入的数据位初始化为 1。擦操作的最小单位是一个区块，而不是单个字节。

操作指令：除了 NOR Flash 的读，Flash Memory 的其他操作不能像 RAM 那样，直接对目标地址进行总线操作。比如执行一次写操作，它必须输入一串特殊的指令（NOR Flash），或者完成一段时序（NAND Flash）才能将数据写入到 Flash Memory 中。

位反转：由于 Flash Memory 固有的电器特性，在读写数据过程中，偶然会产生一位或几位数据错误，这就是位反转。位反转无法避免，只能通过其他手段对结果进行事后处理。一般多见于 NAND Flash，可以使用 EDC/ECC（错误探测/错误纠正算法）以确保可靠性。

坏块：Flash Memory 在使用过程中，可能导致某些区块的损坏。区块一旦损坏，将无法进行修复。如果对已损坏的区块进行操作，可能会带来不可预测的错误。尤其是 NAND Flash 在出厂时就可能存在这样的坏块（已经被标识出）。因此 NAND Flash 需要对介质进行初始化扫描以发现坏块，并将坏块标记为不可用。如果对已损坏的区块进行操作，可能会带来不可预测的错误。

4．Flash 特点比较

（1）功能差别。

NOR Flash 的特点是应用程序可以直接在闪存内运行，不需要再把代码读到系统 RAM 中运行，嵌入式系统中经常将 NOR 芯片做启动芯片。NOR Flash 读速度快，但是写入和擦除速度慢，而且

可存储密度低，成本高。

NAND Flash 结构能提供极高的单元密度，可以达到高存储密度，并且写入和擦除的速度也很快，成本相对较低，应用 NAND Flash 的困难在于需要特殊的系统接口。

（2）接口差别。

NOR Flash 带有 SRAM 接口，有足够的地址引脚来寻址，可以很容易地存取其内部的每一个字节。

NAND Flash 地址数据和命令共用 8 位/16 位总线，每次读写都要使用复杂的 I/O 接口串行的存取数据，8/16 位总线用来传送控制、地址和数据信息。其读和写操作采用 512B 的块，类似硬盘管理操作，因此，基于 NAND 的闪存可以取代硬盘或其他块设备。

（3）容量和成本差别。

NOR Flash 容量通常在 1MB～8MB 之间，主要应用在代码存储介质中。

NAND Flash 用在 8MB 以上的产品当中，适用于资料的存储。

（4）寿命差别。

在 NAND Flash 中每个块的最大擦鞋次数是一百万次。

NOR Flash 的擦写次数是十万次。

（5）市场定位。

NOR Flash 用于对数据可靠性要求较高的代码存储、通信产品、网络处理等领域，也被称为代码闪存（Code Flash）。

而 NAND Flash 则用于对存储容量要求较高的 MP3、存储卡、U 盘等领域，也被称为数据闪存（Data Flash）。

5．RAM 的种类与选型

随机存储器（Random Access Memory，RAM）的内容可按需随意取出或存入，且存取速度与存储单元的位置无关。这种存储器在断电时将丢失其存储内容，故主要用于存储短时间使用的程序和数据。常见的 RAM 有：SRAM、DRAM、DDRAM（双倍速率随机存储器）。

6．SRAM 结构

SRAM 是静态的，因此只要供电它就会保持一个值，没有刷新周期。由触发器构成基本单元，集成度低。每个 SRAM 存储单元由六个晶体管组成，因此其成本较高。SRAM 具有较高的速率，常用于高速缓冲存储器 cache。

SRAM 的结构示意图和操作时序图如图 4-3-4 所示，通常 SRAM 有四种引脚：

（1）CE 是芯片启用输入信号，CE 在低电平工作。即当 CE=1 时，SRAM 的 Data 引脚被禁用；CE=0 时，SRAM 的 Data 引脚被启用。

（2）R/W'是读写控制信号（W'表示低电平有效），用于控制当前操作是读（R/W'=1）还是写（R/W'=0）。读写通常是相对于 CPU 而言的，所以读意味着从 RAM 中读出，写意味着写入 RAM 当中。有些 SRAM 的读写信号是分开的，分为两个控制引脚 RD 和 WR。

（3）Address 是一组地址线，用于给出读或写的地址。

（4）Data 是一组用于数据传输的双向信号线。当 R/W'=1 时，该引脚为输出；当 R/W'=0 时，该引脚为输入。

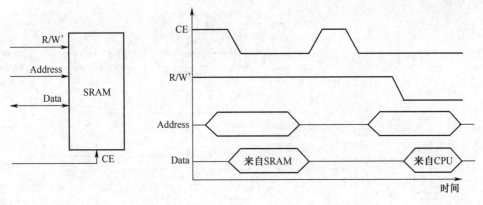

（a）结构示意图   （b）操作时序图

图 4-3-4　SRAM 结构示意图和操作时序图

SRAM 上的读操作周期如下：

（1）当 R/W'=1 时，让 CE=0 启用该芯片。

（2）将地址送到地址线上。

（3）经过一段时间的延迟之后，数据出现在数据线上。

SRAM 上的写操作周期如下：

（1）让 CE=0，启用该芯片。

（2）让 R/W'=0。

（3）地址出现在地址线上，数据出现在数据线上。

7．DRAM 结构

DRAM 表示动态随机存取存储器，是一种以电荷形式进行存储的半导体存储器。DRAM 中的每个存储单元由一个晶体管和一个电容器组成，数据存储在电容器中。电容器会由于漏电而导致电荷丢失，因而 DRAM 器件是不稳定的。为了将数据保存在存储器中，DRAM 器件必须有规律地定时进行刷新。

DRAM 结构如图 4-3-5 所示，其相对于 SRAM，增加的引脚包括：

（1）RAS'，行地址选通信号，通常接地址的高位部分。

（2）CAS'，列地址选通信号，通常接地址的低位部分。

与 SRAM 不同，因为芯片上有寄生电阻，存储在电容上的电荷会泄漏。DRAM 上数据的生命期一般为 1ms，可通过执行一次内部读操作来刷新数据。在这个过程中，原来的值被丢弃。DRAM 一次刷新请求可刷新 DRAM 的一整行。

8．SDRAM 特点

SDRAM 是同步动态随机存取存储器。同步是指内存工作需要同步时钟，内部的命令发送与数据的传送都以它为基准。动态是指存储器阵列需要不断地刷新来保证数据不丢失。通常只能工作在 133MHz 的主频。SDRAM 可读可写，不具有掉电保持数据的特性，但其存取速度大大高于 Flash 存储器。

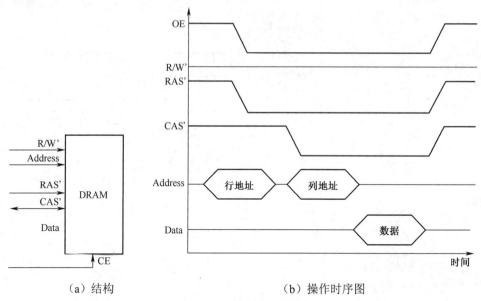

（a）结构　　　　　　　　　　　（b）操作时序图

图 4-3-5　DRAM 结构与操作时序图

9. DDRAM

DDRAM 是双倍速率同步动态随机存取存储器，也称 DDR，基于 SDRAM 技术。DDRAM 依靠一种叫作双倍预取的技术，即在内存芯片内部的数据宽度是外部接口数据宽度的两倍，使峰值的读写速度达到输入时钟速率的两倍。并且 DDRAM 允许在时钟脉冲的上升沿和下降沿传输数据，这样不需要提高时钟的频率就能加倍提高 SDRAM 的速度，并具有比 SDRAM 多一倍的传输速率和内存带宽。同时为了保证在高速运行时的信号完整性，DDRAM 技术还采用了差分输入的方式。总地来说，DDRAM 采用了更低的电压、差分输入和双倍数据速率输出等技术。

3.4　外部存储器的种类

3.4.1　考点分析

历年嵌入式系统设计师考试试题涉及本部分的相关知识点有：外部存储器特点及分类，磁盘存储器，光盘存储器，CF 卡，SD 卡。

3.4.2　知识点精讲

1. 外部存储器特点

外存储器也称辅助存储器，简称外存或辅存。外存主要指那些容量比主存大、读取速度较慢、通常用来存放需要永久保存的或相对来说暂时不用的各种程序和数据的存储器。在嵌入式系统中常用的外存有：磁盘存储器和光盘存储器等。

（1）磁盘存储器。磁盘存储器包含硬盘和软盘两种，硬盘就是计算机中常用的、直接集成在机箱内部的硬盘。硬盘存储器具有存储容量大、使用寿命长、存取速度快的特点，也是在嵌入式系统中常用的外存。

硬盘存储器的硬件包括：硬盘控制器（适配器）、硬盘驱动器、连接电缆。

硬盘控制器对硬盘进行管理，并在主机和硬盘之间传送数据，以适配卡的形式插在主板上或直接集成在主板上，然后通过电缆与硬盘驱动器相连。

硬盘驱动器中有盘片、磁头、主轴电机、磁头定位机构、读写电路和控制逻辑等。

硬盘存储器可以分为温彻斯特盘和非温彻斯特盘两类：

1）温彻斯特盘是根据温彻斯特技术设计制造的，它的磁头、盘片、磁头定位机构、主轴甚至连读写驱动电路都被密封在一个盘盒内，构成一个头－盘组合体。

温彻斯特盘的防尘性能好，可靠性高，对使用环境要求不高。

2）非温彻斯特盘的磁头和盘片等不是密封的，通常只能用于中型、大型计算机机房中。

最常见的硬盘接口是 IDE（ATA）和 SCSI 两种，一些移动硬盘采用 PCMCIA 或 USB 接口。IDE接口也称为 ATA 接口，是一个通用的硬盘接口，一般用于个人 PC 上。SCSI 小型计算机系统接口，不是专为硬盘设计的，是一种总线型接口。独立于系统总线工作，其系统占用率极低，但其价格昂贵；具有这种接口的硬盘大多用于服务器等高端应用场合。

（2）光盘存储器。相对于利用磁头变化和磁化电流进行读/写的磁盘而言，用光学方式读/写信息的圆盘称为光盘，以光盘为存储介质的存储器称为光盘存储器。

光盘存储器的类型有如下几种。

CD-ROM 光盘：即只读型光盘，又称固定型光盘。它由生产厂家预先写入数据和程序，使用时用户只能读出，不能修改或写入新内容。

CD-R 光盘：CD-R 光盘采用 WORM 标准，光盘可由用户写入信息，写入后可以多次读出，但只能写入一次，信息写入后将不能再修改，所以称为只写一次型光盘。

CD-RW 光盘：这种光盘是可以写入、擦除、重写的可逆性记录系统。这种光盘类似于磁盘，可重复读/写。

DVD-ROM 光盘：DVD 代表通用数字化多功能光盘,简称高容量 CD。事实上,任何 DVD-ROM光驱都是 CD-ROM 光驱，即这类光驱既能读取 CD 光盘，也能读取 DVD 光盘。DVD 除了密度较高以外，其他技术与 CD-ROM 完全相同。

2．CF 卡

CF 卡是最早推出的存储卡，主要应用在高端影像产品以及一些较大型的移动设备上。

缺点：体积较大，针式接口，插拔不当容易造成接口损坏。同时因为体积大的缘故，越来越小型化的相机设备都不再用这种存储卡了。

优点：存储速度快，存储性能稳定，且卡的本身不易损坏，抗磁性也要比其他的卡更好。

3．安全数据卡 SD

SD 卡是一种为满足安全性、容量、性能和使用环境等各个方面需求而设计的一种新型存储器件，SD 卡允许两种工作模式，即 SD 模式和 SPI 模式。一般的嵌入式处理器中都集成了 SD 卡接口模块，外围只需简单电路即可设计而成。

SD 存储卡采用一个完全开放的标准（系统）。具有加密功能，可以保证数据资料的安全保密。具有版权保护技术，所采用的版权保护技术是 DVD 中使用的 CPRM 技术（可刻录介质内容保护）。

SD 卡与 MicroSD 卡仅仅是封装上不同，MicroSD 卡更小，大小和一个 SIM 卡差不多，但是协议与 SD 卡相同。SD 模式支持一主多从架构，时钟、电源被所有卡共有。SD 卡的操作是通过命令来进行。

SD 卡包括几个信号，分别是 CLK 时钟信号；CMD 命令/响应信号；DAT0-3 双向数据传输信号；VDD/VSS1/VSS2 是电源和地信号。其原理图如图 4-3-6 所示。

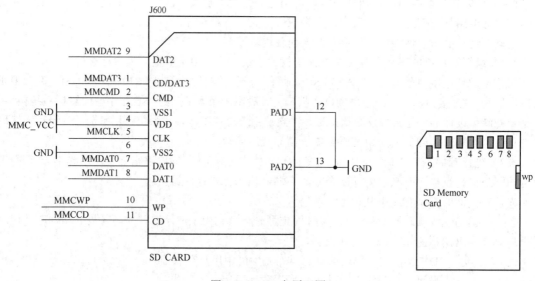

图 4-3-6　SD 卡原理图

3.5　直接存储器

3.5.1　考点分析

历年嵌入式系统设计师考试试题涉及本部分的相关知识点有：直接存储器传输流程。

3.5.2　知识点精讲

直接存储器存取（Direct Memory Access，DMA）控制器是一种在系统内部转移数据的独特外设，可以将其视为一种能够通过一组专用总线将内部和外部存储器与每个具有 DMA 能力的外设连接起来的控制器。DMA 控制器包括一条地址总线、一条数据总线和控制寄存器，一个处理器可以包含多个 DMA 控制器，每个控制器有多个 DMA 通道，以及多条直接与存储器和外设连接的总线。每个 DMA 控制器有一组 FIFO，起到 DMA 子系统和外设或存储器之间的缓冲器作用。

在实现 DMA 传输时，是由 DMA 控制器直接掌管总线，因此，存在着一个总线控制权转移问题。即 DMA 传输前，CPU 要把总线控制权交给 DMA 控制器，而在结束 DMA 传输后，DMA 控制器应立即把总线控制权再交回给 CPU。一个完整的 DMA 传输过程必须经过下面的四个步骤：

（1）DMA 请求。CPU 对 DMA 控制器初始化，并向 I/O 接口发出操作命令，I/O 接口提出 DMA 请求。

（2）DMA 响应。DMA 控制器对 DMA 请求判别优先级及屏蔽，向总线裁决逻辑提出总线请求。当 CPU 执行完当前总线周期即可释放总线控制权。此时，总线裁决逻辑输出总线应答，表示 DMA 已经响应，通过 DMA 控制器通知 I/O 接口开始 DMA 传输。

（3）DMA 传输。DMA 控制器获得总线控制权后，CPU 即刻挂起或只执行内部操作，由 DMA 控制器输出读写命令，直接控制 RAM 与 I/O 接口进行 DMA 传输。在 DMA 控制器的控制下，在存储器和外部设备之间直接进行数据传送，在传送过程中不需要中央处理器的参与。开始时需提供要传送的数据的起始位置和数据长度。

（4）DMA 结束。当完成规定的成批数据传送后，DMA 控制器即释放总线控制权，并向 I/O 接口发出结束信号。当 I/O 接口收到结束信号后，一方面停止 I/O 设备的工作，另一方面向 CPU 提出中断请求，使 CPU 从不介入的状态解脱，并执行一段检查本次 DMA 传输操作正确性的代码。

第4学时　嵌入式系统输入/输出设备

嵌入式系统输入/输出设备是嵌入式微处理器和接口设计的基础知识点。根据历年考试情况，上午考试涉及相关知识点的分值在 1～2 分左右。下午考试中一般会涉及 A/D 和 D/A 的原理和参数计算。本学时考点知识结构如图 4-4-1 所示。

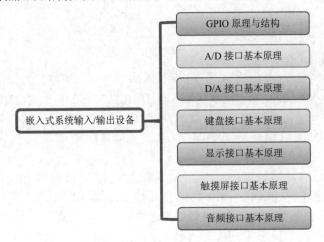

图 4-4-1　嵌入式系统输入/输出设备知识结构

4.1 GPIO 原理与结构

4.1.1 考点分析

历年嵌入式系统设计师考试试题涉及本部分的相关知识点有：GPIO 接口原理。

4.1.2 知识点精讲

GPIO 是通用输入输出接口，是 I/O 的最基本形式，又称为并行 I/O 口。是一组输入引脚或输出引脚，CPU 对它们能够进行存取。有些 GPIO 引脚能加以编程而改变工作方向。

图 4-4-2 所示为双向 GPIO 端口的简化功能逻辑图。为简化图形，仅画出 GPIO 的第 0 位。图中画出两个寄存器：数据寄存器 PORT 和数据方向寄存器 DDR。

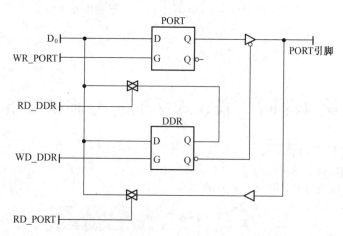

图 4-4-2 双向 GPIO 端口简化功能逻辑图

数据方向寄存器 DDR 设置端口方向。若该寄存器的输出为 1，则端口为输出；若该寄存器的输出为 0，则端口为输入。DDR 状态能够用写入该 DDR 的方法加以改变。DDR 在微控制器地址空间中是一个映射单元。这种情况下，若要改变 DDR，则需要将恰当的值置于数据总线的第 0 位即 D0，同时激活 WD_DDR 信号。读取 DDR 单元，就能读得 DDR 的状态，同时激活 RD_DDR 信号。

若将 PORT 引脚置为输出，则 PORT 寄存器控制着该引脚状态。若将 PORT 引脚设置为输入，则此输入引脚的状态由引脚上的逻辑电路层来实现对它的控制。对 PORT 寄存器的写入，将激活 WR_PORT 信号。PORT 寄存器也映射到微控制器的地址空间。需指出，即使当端口设置为输入时，若对 PORT 寄存器进行写入，并不会对该引脚发生影响。但从 PORT 寄存器的读出，不管端口是什么方向，总会影响该引脚的状态。

4.2　A/D 接口基本原理

4.2.1　考点分析

历年嵌入式系统设计师考试试题涉及本部分的相关知识点有：A/D 接口电路原理，A/D 转换重要指标（如精度、量程的计算）。

4.2.2　知识点精讲

1. A/D 接口原理

所谓模/数转换器（A/D 转换器）就是把电模拟量转换成为数字量的电路。在当今的现代化生产中，被广泛应用的实时监测系统和实时控制系统都离不开模/数转换器。常见的实现 A/D 转换的方式有三种：计数法、双积分法、逐次逼近法。

（1）计数法。计数式 A/D 转换器电路主要部件包括：比较器、计数器、D/A 转换器和标准电压源。转换原理图如图 4-4-3 所示。其中，V_i 是模拟输入电压，V_o 是 D/A 转换器的输出电压，C 是控制计数端，当 C=1 时，计数器开始计数，C=0 时，则停止计数。$D_7 \sim D_0$ 是数字量输出，数字量输出又同时驱动一个 D/A 转换器。

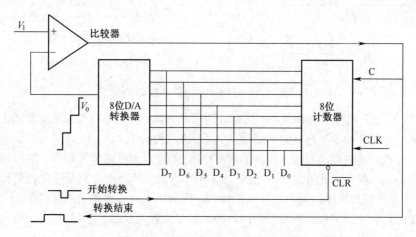

图 4-4-3　计数法 A/D 转换器原理图

工作原理：计算器从 0 开始进行加 1 计数，每进行一次加 1，该数值作为 D/A 转换器的输入，D/A 会产生一个比较电压 V_o 与输入模拟电压 V_i 进行比较。如果 V_o 小于 V_i 则继续进行加 1 计数，直到 V_o 大于 V_i，这时计数器的累加数值就是 A/D 转换器的输出值。具体工作过程如下所述。

首先开始转换信号有效（由高变低），使计数器复位，当开始转换信号恢复高电平时，计数器准备计数。因为计数器已被复位，所以计数器输出数字为 0。这个 0 输出送至 D/A 转换器，使之也输出 0V 模拟信号。此时，在比较器输入端上待转换的模拟输入电压 V_i 大于 0V，比较器输出高电平，使计数控制信号 C 为 1。这样，计数器开始计数。

从此 D/A 转换器输入端得到的数字量不断增加，致使输出电压 V_o 不断上升。在 $V_o < V_i$ 时，比较器的输出总是保持高电平。当 V_o 上升到某值时，第一次出现 $V_o > V_i$ 的情况，此时，比较器的输出为低电平，使计数控制信号 C 为 0，导致计数器停止计数。

这时候数字输出量 $D_7 \sim D_0$ 就是与模拟电压等效的数字量。计数控制信号由高变低的负跳变也是 A/D 转换的结束信号，它用来通知计算机已完成一次 A/D 转换。

计数式 A/D 转换的特点是简单，但速度比较慢，特别是模拟电压较高时，转换速度更慢。对一个 8 位 AID 转换器，若输入模拟量为最大值，计数器从 0 开始计数到 255 时，才转换完毕，相当于需要 255 个计数脉冲周期。

（2）双积分法。

双积分式 A/D 转换法电路的主要部件包括：积分器、比较器、计数器和标准电压源，转换原理图如图 4-4-4 所示。

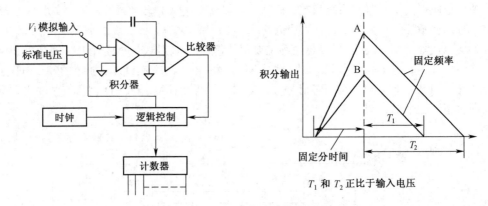

图 4-4-4　双积分法 A/D 转换原理

工作原理：对输入模拟电压和参考电压进行两次积分，变换成与输入电压均值成正比的时间间隔；利用时钟脉冲和计数器测出其时间间隔，完成 A/D 转换。

具体工作过程：首先电路对输入待测的模拟电压 V_i 进行固定时间的积分，然后换至标准电压进行固定斜率的反向积分。反向积分进行到一定时间，便返回起始值。对标准电压进行反向积分的时间 T_2 正比于输入模拟电压，输入模拟电压越大，反向积分回到起始值的时间越长。因此，只要用标准的高频时钟脉冲测定反向积分花费的时间（如计数器），就可以得到相应于输入模拟电压的数字量，即实现了 A/D 转换。

特点：具有很强的抗工频干扰能力；转换精度高；但转换速度慢；通常转换频率小于 10Hz，主要用于数字式测试仪表、温度测量等方面。

（3）逐次逼近法。

主要电路部件包括：比较器、D/A 转换器、逐次逼近寄存器和基准电压源，原理图如图 4-4-5 所示。

工作原理：实质上是对分搜索法；在进行 A/D 转换时，由 D/A 转换器从高位到低位逐位增加转换位数，产生不同的输出电压，把输入电压与输出电压进行比较而实现。

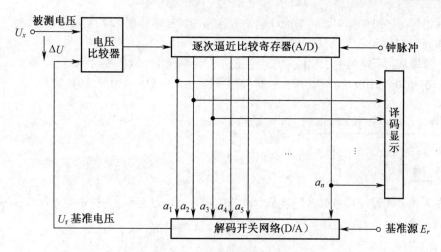

图 4-4-5   逐次逼近法原理图

首先使最高位置 1，这相当于取出最大允许电压的 1/2 与输入电压比较，如果搜索值在最大允许电压的 1/2 范围内，那么，最高位置 0，否则最高位置 1。之后，次高位置 1，相当于在 1/2 的范围中再作对分搜索。如果搜索值超过最大允许电压的 1/2 范围，那么，最高位为 1，次高位也为 1，这相当于在另外的一个 1/2 范围中再作对分搜索。因此逐次逼近法的计数实质就是对分搜索法。

特点：转换速度快；转换精度高；对 N 位 A/D 转换只需 N 个时钟脉冲即可完成；可用于测量微秒级的过渡过程的变化，是目前应用最普遍的一种 A/D 转换方法。

2. A/D 转换的重要指标

分辨率：反映 A/D 转换器对输入微小变化响应的能力，通常用数字输出最低位（LSB）所对应的模拟输入的电平值表示。n 位 A/D 转换能反映 $1/2^n$ 满量程的模拟输入电平。由于分辨率直接与转换器的位数有关，所以一般也可简单地用数字量的位数来表示分辨率，即 n 位二进制数，最低位所具有的权值，就是它的分辨率。

值得注意的是，分辨率与精度是两个不同的概念，不要把两者相混淆。即使分辨率很高，也可能由于温度漂移、线性度等原因，而使其精度不够高。

精度：有绝对精度和相对精度两种表示方法。

绝对精度：在一个转换器中，对应于一个数字量的实际模拟输入电压和理想的模拟输入电压之差并非是一个常数。把它们之间的差的最大值，定义为"绝对误差"。通常以数字量的最小有效位（LSB）的分数值来表示绝对精度，如±1LSB。绝对误差包括量化精度和其他所有精度。

相对精度：是指整个转换范围内，任一数字量所对应的模拟输入量的实际值与理论值之差，用模拟电压满量程的百分比表示。

例：满量程为 10V，10 位 A/D 芯片，若其绝对精度为 ±1/2LSB，求其绝对精度和相对精度。

解析：10 位芯片可以表示 1024 个有效位，满量程是 10V，则量程的最小有效位 LSB=10/1024=9.77mV，其绝对精度为 9.77/2=4.88mV，其相对精度为 4.88mV/10V=0.048%。

转换时间：转换时间是指完成一次 A/D 转换所需的时间，即由发出启动转换命令信号到转换结束信号开始有效的时间间隔。转换时间的倒数称为转换速率。例如 AD570 的转换时间为 25μs，其转换速率为 40kHz。

量程：量程是指所能转换的模拟输入电压范围，分单极性、双极性两种类型。例如，单极性的量程为 0～+5V，0～+10V，0～+20V；双极性的量程为-5～+5V，-10～+10V。

4.3　D/A 接口基本原理

4.3.1　考点分析

历年嵌入式系统设计师考试试题涉及本部分的相关知识点有：D/A 接口电路原理，D/A 转换重要参数计算（如分辨率，误差等）。

4.3.2　知识点精讲

1．D/A 接口原理

D/A 转换器是把输入的数字信号量转换为模拟信号量的器件，简称 DAC。在集成化的 D/A 转换器中，通常采用 T 型电阻网络实现将数字量转换为模拟电流；然后再用运算放大器完成模拟电流到模拟电压的转换。

一个 4 位 T 型电阻网络 DAC 如图 4-4-6 所示，电路由 R-2R 电阻解码网络、模拟电子开关和求和放大电路构成，因为 R 和 2R 组成 T 型，故称为 T 型电阻网络 DAC。

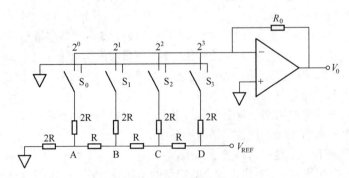

图 4-4-6　4 位 T 型电阻网络 DAC

串联分压的原理：在串联电路中，各电阻上的电流相等，各电阻两端的电压之和等于电路总电压。可知，每个电阻上的电压小于电路总电压，故串联电阻分压。

并联分流的原理：在并联电路中，各电阻两端的电压相等，各电阻上的电流之和等于总电流（干路电流）。可知，每个电阻上的电流小于总电流（干路电流），故并联电阻分流。

欧姆定律：$I=U/R$

并联电阻的倒数等于各分电阻倒数之和。

原理：A、B、C、D 结点左边都是两个 2R 电阻并联，等效电阻是 R，最后的 D 点等效于一个电阻 R 连接在标准参考电压 V_{REF} 上。根据分压原理，D、C、B、A 点的电压分别为 $-V_{REF}$、$-V_{REF}/2$、$-V_{REF}/4$、$-V_{REF}F/8$。根据分流原理，S_3、S_2、S_1、S_0 定端支路的电流分别为 $-V_{REF}/2R$、$-V_{REF}/4R$、$-V_{REF}/8R$、$-V_{REF}/16R$。

设 S_0、S_1、S_2、S_3 分别为各位数码的变量，且 $S_i=1$ 表示开关动端接通右结点，$S_i=0$ 表示开关动端接通左结点，因此运算放大器输入电流为各点电流之和：

$$I = -V_{REF}/2R \cdot S_3 - V_{REF}/4R \cdot S_2 - V_{REF}/8R \cdot S_1 - V_{REF}/16R \cdot S_0$$

$$I = -V_{REF}/2R \cdot (2^{-0} \cdot S_3 + 2^{-1} \cdot S_2 + 2^{-2} \cdot S_1 + 2^{-3} \cdot S_0)$$

$$I = -V_{REF}/2^4 R \cdot (2^3 \cdot S_3 + 2^2 \cdot S_2 + 2^1 \cdot S_1 + 2^0 \cdot S_0)$$

将数码推广到有 n 位的情况，可得输出模拟量与输入数字量之间关系的一般表达式：

$$I = -V_{REF}/2^n R \cdot (S_{n-1} \cdot 2^{n-1} + S_{n-2} \cdot 2^{n-2} + \cdots + S_1 \cdot 2^1 + S_0 \cdot 2^0)$$

运算放大器的相应输出电压为：

$$V_0 = IR_0 = -V_{REF}R_0/2^n R \cdot (S_{n-1} 2^{n-1} + S_{n-2} 2^{n-2} + \cdots + S_1 2^1 + S_0 2^0)$$

2. DAC 的分类

电压输出型 D/A 转换器虽有直接从电阻阵列输出电压的，但一般采用内置输出放大器以低阻抗输出。直接输出电压的器件仅用于高阻抗负载，由于无输出放大器部分的延迟，故常作为高速 D/A 转换器使用。

电流输出型 D/A 转换器很少直接利用电流输出，大多外接电流－电压转换电路得到电压输出，后者有两种方法：一是只在输出引脚上接负载电阻而进行电流－电压转换；二是外接运算放大器。

大部分 CMOS D/A 转换器当输出电压不为零时不能正确动作，所以必须外接运算放大器。当外接运算放大器进行电流电压转换时，则电路构成基本上与内置放大器的电压输出型相同，这时由于在 D/A 转换器的电流建立时间上加入了运算放入器的延迟，使响应变慢。此外，这种电路中运算放大器因输出引脚的内部电容而容易起振，有时必须作相位补偿。

乘算型：D/A 转换器中有使用恒定基准电压的，也有在基准电压输入上加交流信号的，后者由于能得到数字输入和基准电压输入相乘的结果而输出，因而称为乘算型 D/A 转换器。

乘算型 D/A 转换器一般不仅可以进行乘法运算，而且可以作为使输入信号数字化地衰减的衰减器及对输入信号进行调制的调制器使用。

3. D/A 转换器的主要指标

分辨率：DAC 电路所能分辨的最小输出电压与满量程输出电压之比。最小输出电压是指输入数字量只有最低有效位为 1 时的输出电压；最大输出电压是指输入数字量各位全为 1 时的输出电压；可用公式：$1/(2^n-1)$ 表示，其中 n 表示数字量的二进制位数。

DAC 产生误差的主要原因：基准电压 V_{REF} 的波动；运放的零点漂移；电阻网络中电阻阻值偏差等原因。

转换误差：常用满量程 FSR 的百分数来表示；例如一个 DAC 的线性误差为 0.05%，表示转换误差是满量程输出的万分之五；有时转换误差用最低有效位 LSB 的倍数来表示，例如一个 DAC 的转换误差是 LSB/2，表示输出电压的绝对误差是最低有效位 LSB 为 1 时输出电压的 1/2。

DAC 的转换误差主要有失调误差和满值误差。

失调误差：输入数字量全为 0 时，模拟输出值与理论输出值的偏差。

满值误差：又称为增益误差，是指输入数字量全为 1 时，实际输出电压不等于满值的偏差。

DAC 的分辨率和转换误差共同决定了 DAC 的精度，要使 DAC 的精度高，不仅要选择位数高的 DAC，还要选用稳定度高的参考电压源 V_{REF} 和低漂移的运算放大器与其配合。

建立时间：是将一个数字量转换为稳定模拟信号所需的时间，也可以认为是转换时间。D/A 转换中常用建立时间来描述其速度，而不是 A/D 转换中常用的转换速率。一般地，电流输出 D/A 转换建立时间较短，电压输出 D/A 转换则较长。

实际上建立时间的长度不仅和 DAC 本身的转换速度有关，还与数字量的变化范围有关；输入数字量从全 0 变为全 1（或者从全 1 变为全 0）时，建立时间最长，称为满量程变化建立时间。

4.4　键盘接口基本原理

4.4.1　考点分析

历年嵌入式系统设计师考试试题涉及本部分的相关知识点有：键盘接口电路原理及分类。

4.4.2　知识点精讲

1.　键盘接口原理

键盘按与微控制器的连接方式，其结构可分为线性键盘和矩阵键盘两种形式。

（1）线性键盘由若干个独立的按键组成，每个按键的一端与微机的一个 I/O 口相连。有多少个键就要有多少根连线与微机的 I/O 相连，因此，只适用于按键少的场合。

（2）矩阵键盘的按键按 N 行 M 列排列，每个按键占据行列的一个交点，需要的 I/O 口数目是 $N+M$，容许的最大按键数是 $N×M$。显然，矩阵键盘可以减少与微机接口的连线数，简化结构，是一般微机常用的键盘结构。根据矩阵键盘的识键和译键方法的不同，矩阵键盘又可以分为非编码键盘和编码键盘两种。非编码键盘主要用软件的方法识键和译键。根据扫描方法的不同，可以分为行扫描法、列扫描法和反转法三种。编码键盘主要用硬件来实现键的扫描和识别。

图 4-4-7（a）是线性键盘和 MPU 的连接，四个按键就需要四条线；

图 4-4-7（b）是矩阵键盘和 MPU 的连接，其中 $PF_0 \sim PF_3$ 是行线，$PF_4 \sim PF_7$ 是列线，八根线实现了十六个按键。

2.　用 I/O 口实现键盘接口

为了识别键盘上的闭合键，通常采用两种方法：一种是行扫描法，另一种是行反转法。

原理：矩阵键盘中，列线接+5V 的上拉电阻，处于高电平状态，当某个按键按下时，其列线电平状态就由对应行线电平状态决定，对应行线是低电平则列线也是低电平，行线是高电平则列线也是高电平。由此可得行扫描法识别方法步骤，如图 4-4-8 所示，分为两步：

（1）识别键盘哪一列的键被按下：让所有行线均为低电平，查询各列线电平是否为低，如果有列线为低，则说明该列有按键被按下，否则说明无按键按下。

（2）识别键盘哪一行被按下：逐行置低电平，并置其余各行为高电平，查询各列的变化，如果列电平变为低电平，则确定此行此列交叉点处被按下。

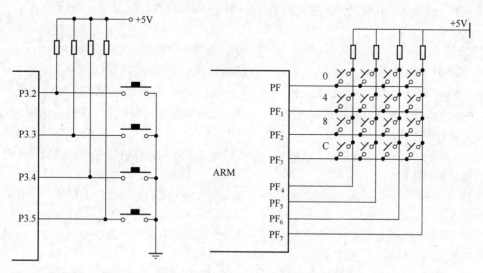

（a）线性键盘和 MPU 的连接　　　　（b）矩阵键盘和 MPU 的连接

图 4-4-7　键盘与 MPU 的连接

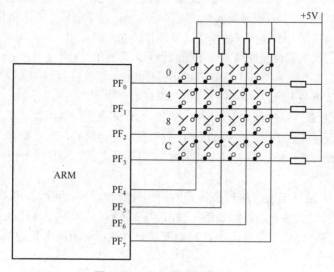

图 4-4-8　行扫描法识别方法

4.5 显示接口基本原理

4.5.1 考点分析

历年嵌入式系统设计师考试试题涉及本部分的相关知识点有：LCD 基本原理。

4.5.2 知识点精讲

1. 基本结构和特点

液晶显示器（Liquid Crystal Display，LCD）具有耗电少、体积小等特点，被广泛应用于嵌入式系统中。液晶得名于其物理特性：它的分子晶体，以液态而非固态存在。这些晶体分子的液体特性使得它具有以下特点。

（1）如果让电流通过液晶层，这些分子将会以电流的流向方向进行排列，如果没有电流，它们将会彼此平行排列。

（2）如果提供了带有细小沟槽的外层，将液晶倒入后，液晶分子会顺着槽排列，并且内层与外层以同样的方式进行排列。

（3）液晶层能够过滤除了那些从特殊方向摄入之外的所有光纤，能够使光纤发生扭转，使光纤以不同的方向从另外一个面中射出。

基于这些特点，液晶可以被用来当做一种既可以阻碍光纤，也可以允许光纤通过的开关。

2. 基本原理

LCD 显示器基本原理：通过给不同的液晶单元供电，控制其光线的通过与否，达到显示的目的。在 LCD 显示器中，显示面板薄膜被分成很多小栅格，每个栅格由一个电极控制，通过改变栅格上的电极就能控制栅格内液晶分子的排列，从而控制光路的导通。

彩色显示利用三原色混合的原理显示不同的色彩：彩色 LCD 面板中，每一个像素都是由 3 格液晶单元格构成的，其中每一个单元格前面都分别有红色、绿色或蓝色的过滤片，光线经过过滤片的处理变成红色、蓝色或者绿色，利用三原色的原理组合出不同的色彩。

LCD 的发光原理是通过控制加电与否来使光线通过或挡住，从而显示图形。光源的提供方式有两种：透射式和反射式。笔记本电脑的 LCD 显示器即为透射式，屏后面有一个光源，因此外界环境可以不需要光源。而一般微控制器上使用的 LCD 为反射式，需要外界提供光源，靠反射光来工作。

电致发光（EL）是将电能直接转换为光能的一种发光现象。电致发光片是利用此原理经过加工制作而成的一种发光薄片，其特点是：超薄、高亮度、高效率、低功耗、低热量、可弯曲、抗冲击、长寿命、多种颜色选择等。因此，电致发光片被广泛应用于各种领域，也用来为 LCD 提供光源。

3. LCD 种类

按照液晶驱动方式分类，可将目前常见的 LCD 分为扭转向列（Twist Nematic，TN）型、超扭曲向列（Super Twisted Nematic，STN）型和薄膜晶体管（Thin Film Transistor，TFT）型三大类。

TN 型 LCD 价格便宜、分辨率很低；一般用于显示小尺寸黑白数字、字符等；广泛应用于手表、时钟、传真机等一般家电用品的数字显示。

STN 型 LCD 是通过改变液晶材料的化学成分，使液晶分子发生不止一次地扭转，光线扭转达到 180°～270°，从而大大改善了画面的显示品质。为了显示图像，STN 型 LCD 将液晶单元排成阵列，用输入的信号依次去驱动每一行的电极，于是当某一行被选定的时候，列向上的电极被触发打开位于行和列交叉点上的那些像素，从而控制单个像素的开关。这种显示方式类似于 CRT 的扫描方式，即同一时刻 STN 型 LCD 上只有一点受控。

STN 型 LCD 的缺点是如果有太大的电流通过某个单元，附近的单元就会受到影响，引起虚影。如果电流太小，单元的开和关就会变得迟缓，降低对比度并丢失移动画面的细节，而且随着像素单元的增加，驱动电压也相应提高，因此 STN 型 LCD 很难做出高分辨率的产品，它的应用也局限于一些对图像分辨率和色彩要求不是很高的领域。目前以移动电话、PDA、掌上型电脑、汽车导航系统、电子词典等高品质产品中的小尺寸电子显示为主。

TFT 型 LCD 和 STN 型 LCD 相比，多了一层薄膜晶体管阵列，每一个像素都对应一个薄膜晶体管，控制液晶的电压直接加在这个晶体管上，再通过晶体管去控制液晶的电压，控制光线通过与否。

TFT 型 LCD 的每个像素都相对独立，可直接控制，单元之间的干扰很小。可以使用大电流，提供更好的对比度、更锐利和更明亮的图像，而不会产生虚影和拖尾现象。同时也可以非常精确的控制灰度。

TFT 型 LCD 因反应快、显示品质较佳，适用于大型动画显示，被广泛应用于笔记本电脑、计算机显示器、液晶电视、液晶投影机及各式大型电子显示器等产品。近年来随着手机、PDA、数码相机和数码摄像机等手持类设备对显示屏的要求不断提高，TFT 型 LCD 在这些领域也有了越来越广泛的应用。

4. 市面上出售的 LCD 的类型

市面上出售的 LCD 有两种类型：

（1）带有驱动电路 LCD 显示模块：通常采用总线方式与各种单片机进行接口。

（2）没有带驱动电路的 LCD 显示器：使用控制器扫描方式，需要另外的 LCD 控制器芯片或者是在主控制器芯片内部具有 LCD 控制器电路。

通常，LCD 控制器工作的时候，通过 DMA 请求占用系统总线，直接通过 SDRAM 控制器读取 SDRAM 中指定地址（显示缓冲区）的数据，此数据经过 LCD 控制器转换成液晶屏扫描数据格式，直接驱动液晶显示器。

4.6 触摸屏接口基本原理

4.6.1 考点分析

历年嵌入式系统设计师考试试题涉及本部分的相关知识点有：触摸屏接口的基本工作原理。

4.6.2 知识点精讲

1. 触摸屏基本原理

触摸屏附着在显示器的表面，根据触摸点在显示屏上对应坐标点的显示内容或图形符号，进行相应的操作。按其工作原理可分为：表面声波屏、电容屏、电阻屏和红外屏几种。在嵌入式系统中常用的是电阻式触摸屏。

电阻触摸屏的屏体部分是一块与显示器表面非常配合的多层复合薄膜，基层采用一层玻璃或薄膜，最上层是一层外表面硬化处理、光滑防刮的塑料层，内表面涂有一层透明导电层，在两层导电层之间有许多细小（小于千分之一英寸）的透明隔离点把它们隔开绝缘。在每个工作面的两条边线上各涂一条银胶，称为该工作面的一对电极，一端加 5V 电压，一端加 0V，在工作面的一个方向上形成均匀连续的平行电压分布，如图 4-4-9 所示。

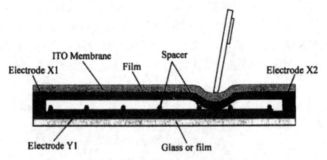

图 4-4-9　电阻式触摸屏屏体

2. 电阻触摸屏的原理

当手指或笔触摸屏幕时，如图 4-4-10 所示，平常相互绝缘的两层导电层就在触摸点位置有了一个接触，因其中一面导电层（顶层）接通 X 轴方向的 5V 均匀电压场，使得检测层（底层）的电压由零变为非零，控制器侦测到这个接通后，进行 A/D 转换，并将得到的电压值与 5V 相比即可得触摸点的 X 轴坐标为（原点在靠近接地点的那端）：$X_i = Lx * V_i / V$。

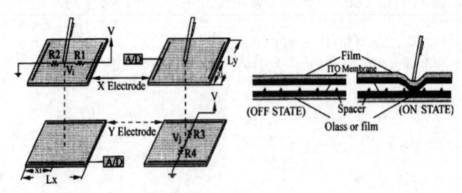

（a）给触摸屏 X 极加电压　（b）给触摸屏 Y 极加电压　　　（c）触摸时触摸屏变化

图 4-4-10　电阻触摸屏原理

同理，当给 Y 电极对施加电压，而 X 电极对不加电压时，可知触点 Y 轴坐标为：$Y_i=Ly * V_j/V$。电阻式触摸屏有四线式和五线式两种。

四线式触摸屏：X 工作面和 Y 工作面分别加在两个导电层上，共有四根引出线分别连到触摸屏的 X 电极对和 Y 电极对上。触摸寿命小于 100 万次。

五线式触摸屏：X 工作面和 Y 工作面都加在玻璃基层的导电涂层上，工作时采用分时加电，即让两个方向的电压场分时工作在同一工作面上，而外导电层则仅仅用来充当导体和电压测量电极。需要五根引出线；触摸寿命达到 3500 万次；其 ITO 层可以做得更薄，因此透光率和清晰度更高，几乎没有色彩失真。

电阻触摸屏的缺点：外层复合薄膜采用的是塑胶材料；太用力或使用锐器触摸可能划伤触摸屏，从而导致触摸屏报废。

3. 触摸屏的控制

触摸屏的控制采用专用芯片，专门处理是否有笔或手指按下触摸屏，并在按下时分别给两组电极通电，然后将其对应位置的模拟电压信号经过 A/D 转换送回处理器。触摸屏的控制结构如图 4-4-11 所示。

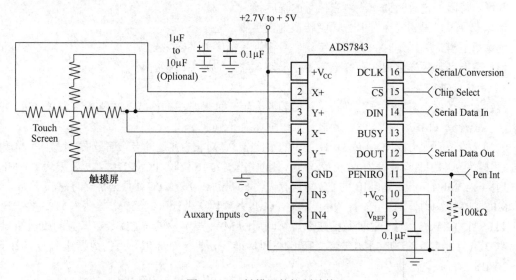

图 4-4-11　触摸屏的控制结构

ADS7843 送回控制器的 X 与 Y 值仅是对当前触摸点的电压值的 A/D 转换值，这个值的大小不但与触摸屏的分辨率有关，而且也与触摸屏与 LCD 贴合的情况有关。而且，LCD 分辨率与触摸屏的分辨率一般来说不一样，坐标也不一样，因此，如果想得到体现 LCD 坐标的触摸屏位置，还需要在程序中进行转换。

4.7 音频接口基本原理

4.7.1 考点分析

历年嵌入式系统设计师考试试题涉及本部分的相关知识点有：音频接口基本原理及数据类型，IIC 总线在音频中的应用。

4.7.2 知识点精讲

1. 音频基本原理

常用的数字声音处理需要的集成电路包括 A/D 转换器和 D/A 转换器、数字信号处理器（DSP）、数字滤波器和数字音频输入输出接口及设备（麦克风、话筒）等。麦克风输入的数据经音频编解码器解码完成 A/D 转换。解码后的音频数据通过音频控制器送入 DSP 或 CPU 进行相应的处理。音频输出数据经音频控制器发送给音频编码器，经编码 D/A 转换后由扬声器输出。

数字音频涉及的概念很多，这里只介绍采样和量化。

采样：每隔一定时间读一次声音信号的幅度。

量化：将采样得到的声音信号幅度转换为数字值。

从本质上讲，采样是时间上的数字化，量化则是幅度上的数字化。

根据奈奎斯特采样定理，采样频率应高于输入信号的最高频率的两倍。

2. 音频数据类型

数字音频数据有多种不同的格式。下面简要介绍三种最常用的格式：采样数字音频（PCM）、MPEG 层 3 音频（MP3）和 ATSC 数字音频压缩标准（AC3）。

PCM 数字音频是 CD-ROM 或 DVD 采用的数据格式。对左右声道的音频信号采样得到 PCM 数字信号，采样率为 44.1kHz，精度为 16 位或 32 位。因此，精度为 16 位时，PCM 音频数据速率为 1.41Mb/s；32 位时为 2.42Mb/s。一张 700MB 的 CD 可保存大约 60 分钟的 16 位 PCM 数据格式的音乐。

MP3 是 MP3 播放器采用的音频格式，对 PCM 音频数据进行压缩编码。立体声 MP3 数据速率为 112kb/s 至 128kb/s。对于这种数据速率，解码后的 MP3 声音效果与 CD 数字音频的质量相同。

AC3 是数字 TV、HDTV 和电影数字音频编码标准。立体声 AC3 编码后的数据速率为 192kb/s。

3. IIS 音频接口总线

数字音频系统需要多种集成电路，所以为这些电路提供一个标准的通信协议非常重要。IIS 总线是 Philips 公司提出的音频总线协议，全称是数字音频集成电路通信总线（Inter-IC Sound Bus，IIS），它是一种串行的数字音频总线协议。

音频数据的编码或解码的常用串行音频数字接口是 IIS 总线。IIS 总线只处理声音数据，其他控制信号等则需单独传输。IIS 使用了三根串行总线，以尽量减少引出管脚，这三根线分别是：提供分时复用功能的数据线 SD；字段选择线 WS（声道选择）；时钟信号线 SCK。

数据的发送方和接收方需要有相同的时钟信号来控制数据传输，所以数据传输方（主设备）必须产生字段选择信号、时钟信号和需要传输的数据信号。复杂的数字音频系统可能会有多个发送方和接收方，因此很难定义哪个是主设备。这种系统一般会有一个系统主控制模式，用于控制数字音频数据在不同集成电路间的传输。引入主控制模块后，数据发送方就需要在主控制模块的协调下发送数据。图 4-4-12 为几种传输模式，这些模式的配置一般需通过软件来实现。

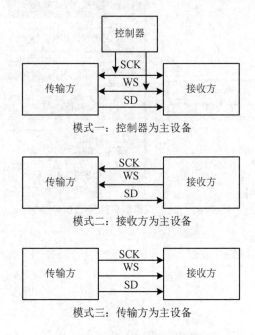

图 4-4-12　数据传输的几种模式

4. IIS 总线协议

串行数据传输 SD：串行数据的传输由时钟信号同步控制，且串行数据线上每次传输一个字节的数据。当音频数据被数字化成二进制流后，传输时先将数据分成字节，每个字节的数据传输从左边的二进制位 MSB（Most Significant Bit）开始。当接收方和发送方的数据字段宽度不一样时，发送方不考虑接收方的数据字段宽度。如果发送方发送的数据字段宽度小于系统字段宽度，就在低位补 0；如果发送方的数据宽度大于接收方的宽度，则超过 LSB（Least Significant Bit）的部分被截断。

字段选择 WS：音频一般由左声道和右声道组成，使用字段选择就是用来选择左右声道，WS=0 表示选择左声道；WS=1 表示选择右声道。此外，WS 能让接收设备存储前一个字节，并准备接收下一个字节。

时钟信号 SCK：IIS 总线中，任何一个能够产生时钟信号的集成电路都可以称为主设备，从设备从外部时钟的输入得到时钟信号。IIS 的规范中制定了一系列关于时钟信号频率和延时的限制。

第 5 学时　嵌入式系统总线接口

嵌入式系统总线接口是嵌入式微处理器和接口设计的基础知识点。根据历年考试情况，上午考试涉及相关知识点的分值在 2～3 分左右。下午考试中填空题一般会涉及具有代表性的总线的特点，如 RS232/422/365、PCI、IIC 等。本学时考点知识结构如图 4-5-1 所示。

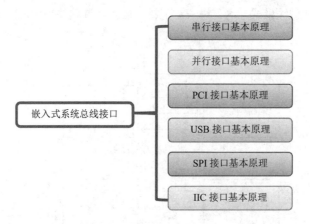

图 4-5-1　嵌入式系统总线接口知识结构

5.1　串行接口基本原理

5.1.1　考点分析

历年嵌入式系统设计师考试试题涉及本部分的相关知识点有：串行通信原理，同步和异步通信方式，代表性的串行通信总线，如 RS 232/422/485 特点。下午试题常考。

5.1.2　知识点精讲

1．串行通信

数据是一位一位地进行传输，在传输中每一位数据都占据一个固定的时间长度。如图 4-5-2 所示，系统内部发送方先进行并/串转换，通过串口发送，到接收方再进行串/并转换被读取。

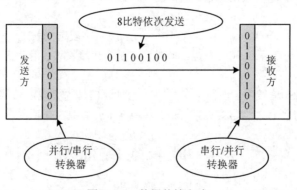

图 4-5-2　数据传输方式

优点：传输线少，成本低。

缺点：速度慢。

2. 串行数据传送模式

数据通信涉及两台数字设备之间传输数据的问题。常用的数据通信方式有并行通信和串行通信两种。当距离较近而且要求传输速率较高时，通常采用并行通信的方式，计算机系统的内部总线结构就是并行方式。当设备距离较远时，数据往往以串行方式传输。图 4-5-3 列出了三种基本的通信模式。

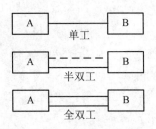

图 4-5-3　三种基本通信模式

单工通信：数据仅能沿着从 A 到 B 的单一方向传播。

半双工通信：数据可以从 A 到 B，也可以从 B 到 A，但不能在同一时刻传播。

全双工通信：数据在同一时刻可以从 A 到 B，或从 B 到 A 进行双向传播。

3. 串行通信方式

串行通信在信息格式的约定上可以分为两种方式：异步通信和同步通信。

异步通信：是指通信的发送与接收设备使用各自的时钟控制数据的发送和接收过程。为使双方的收发协调，要求发送和接收设备的时钟尽可能一致，传输过程如图 4-5-4 所示。

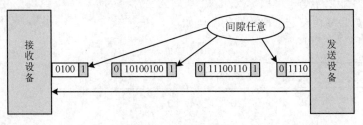

图 4-5-4　异步通信

异步通信方式：数据是一帧一帧传送的，每帧数据包含有起始位（0）、数据位、奇偶校验位和停止位（1），每帧数据的传送靠起始位来同步。一帧数据的各位代码间的时间间隔是固定的，而相邻两帧的数据其时间间隔是不固定的。在异步通信的数据传送中，传输线上允许空字符。

异步通信必须遵循的三项规定如下。

（1）字符的格式：每个字符传送时，必须前面加一起始位，后面加上 1、1.5 或 2 位停止位。例如 ASCII 码传送时，一帧应该是：前面一个起始位，接着七位 ASCII 编码，再接着一位奇偶校验位，最后一位停止位，共十位。如图 4-5-5 所示。

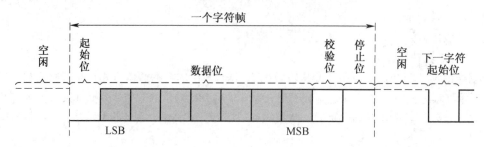

图 4-5-5　字符传送格式

（2）波特率：就是传送数据位的速率，用位/秒（bit/s）表示，称之为波特。例如数据传送的速率为 120 字符/秒，每帧包括十个数据位，则传送波特率为：10×120=1200bit/s=1200 波特；每一位的传送时间是其倒数 1/1200=0.833ms。一般情况下，异步通信的波特率的值为：150、300、600、1200、2400、4800、9600、14400、28800bit/s 等，数值呈倍数变动。

（3）校验位：采用奇偶校验的方式。

异步通信的特点：不要求收发双方时钟的严格一致，实现容易，设备开销较小。但每个字符要附加 2～3 位用于起止位，各帧之间还有间隔，因此传输效率不高。

同步通信：是一种比特同步通信技术，要求收发双方具有同频同相的同步时钟信号，只需在要传送报文的最前面附加特定的同步字符，使收发双方建立同步，以后便在同步时钟的控制下逐位发送/接收。

同步传输采用字符块的方式，减少每一个字符的控制和错误检测数据位，因而可以具有较高的传输速率。即将许多字符聚集成一个字符块后，在每块信息之前要加上 1～2 个同步字符，字符块之后再加入适当的错误检测数据才传送出去。

特点：数据传输速率高；但要求收发双方时钟保持严格同步。

采用同步和异步通信发送一串数据的示例如下。

同步：

开始	1223344556677889	结束

　　　　数据包

异步：

开始	12	结束	开始	23	结束	开始	34	结束					…

4. RS-232 串行接口

RS-232C 是由美国电子工业协会（EIA）于 1969 年制定并采用的一种串行通信接口标准，后来被广泛采用，发展成为一种国际通用的串行通信接口标准。

表 4-5-1 为 EIA 所定的传送电气规格。

第 4 天

表 4-5-1　EIA 所定的传送电气规格

状态	L(Low)	H(High)
电压范围	−25V～−3V	+3V～+25V
逻辑	1	0
名称	SPACE	MARK

　　RS-232C 所用的驱动芯片通常以±12V 的电源来驱动信号线，而微机系统里的 TTL 电路以+5V 表示逻辑 1，接地电压表示逻辑 0，因此需要转换，TTL 标准与 RS-232C 标准之间的电平转换电路利用集成芯片实现。

　　RS-232C 接口信号：EIA 制定的 RS-232C 接口与外界的相连采用 25 芯（DB-25）和 9 芯（DB-9）D 型插接件。实际应用中，并不是每只引脚信号都必须用到，下面介绍 9 芯结构。

　　如图 4-5-6 所示，其各引脚功能如下。

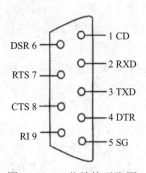

图 4-5-6　9 芯结构引脚图

　　CD：载波检测，主要用于 Modem 通知计算机其处于在线状态，即 Modem 检测到拨号音。

　　RXD：接收数据线，用于接收外部设备送来的数据。

　　TXD：发送数据线，用于将计算机的数据发送给外部设备。

　　DTR：数据终端就绪，当此引脚高电平时，通知 Modem 可以进行数据传输，计算机已准备好。

　　SG：接地信号线。

　　DSR：数据设备就绪，此引脚为高电平时，通知计算机 Modem 已准备好，可以进行数据通信。

　　RTS：请求发送，此引脚由计算机来控制，用以通知 Modem 马上传送数据至计算机；否则，Modem 将收到的数据暂时放入缓冲区中。

　　CTS：清除（允许）发送，此引脚由 Modem 控制，用以通知计算机将要传送的数据送至 Modem。

　　RI：振铃提示，Modem 通知计算机有呼叫进来，是否接听呼叫由计算机决定。

　　计算机利用 RS-232C 接口进行串口通信，有简单连接和完全连接两种方式。简单连接又称为三线连接，即只连接发送数据线、接收数据线和信号地。如果应用中还需要使用 RS-232C 的控制信号，则采用完全连接方式，如图 4-5-7 所示。

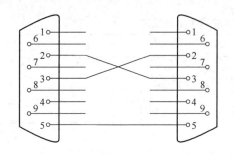 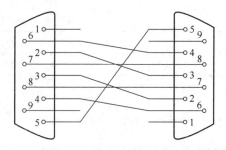

（a）简单连接方式　　　　　　　　（b）完全连接方式

图 4-5-7　串口通信方式

5. RS-422 串行接口

RS-422 是 RS-232 的改进型，全称是"平衡电压数字接口电路的电气特性"。是一种单机发送、多机接收的单向、平衡传输规范，传输速率可达 10Mb/s。采用差分传输方式，也称平衡传输。差分传输（两根信号线的差值）能够消除共模干扰。

RS-422 允许在相同传输线上连接多个接收结点，最多可接十个结点，即一主多从结构，从设备之间不能通信。

支持一点对多点的双向通信。其四线接口由于采用单独的发送和接收通道，因此不必控制数据方向，各装置之间任何必需的信号交换均可以按软件方式或硬件方式实现。

RS-422 的最大传输距离为 4000 英尺（约 1219m），最大传输速率为 10Mb/s。其平衡双绞线的长度与传输速率成反比，在 100kb/s 速率以下，才可能达到最大传输距离。只有在很短的距离下才能获得最高传输速率。一般 100m 长的双绞线上所能获得的最大传输速率仅为 1Mb/s。

RS-422 需要在传输电缆的最远端接一个电阻，要求其阻值约等于传输电缆的特性阻抗。在短距离传输时可不需终接电阻，即一般在 300m 以下不需接电阻。

6. RS-485 串行接口

为扩展应用范围，EIA 在 RS-422 的基础上制定了 RS-485 标准，增加了多点、双向通信能力，通常在要求通信距离为几十米至上千米时，广泛采用 RS-485 收发器。RS-485 收发器采用平衡发送和差分接收，即在发送端，驱动器将 TTL 电平信号转换成差分信号输出；在接收端，接收器将差分信号变成 TTL 电平，因此具有抑制共模干扰的能力，加上接收器具有高的灵敏度，能检测低达 200mV 的电压，故数据传输可达千米以外。

RS-485 可以采用二线与四线方式，二线制可实现真正的多点双向通信。而采用四线连接时，与 RS-422 一样只能实现点对多的通信，即只能有一个主设备，其余为从设备，但它比 RS-422 有所改进。无论四线还是二线连接方式总线上都可连接多达 32 个设备。

RS-485 共模输出电压在-7V～+12 V 之间，接收器最小输入阻抗为 12kΩ。RS-485 满足所有 RS-422 的规范，所以 RS-485 的驱动器可以在 RS-422 网络中应用。

RS-485 与 RS-422 一样，最大传输速率为 10Mb/s。当波特率为 1200b/s 时，最大传输距离理论上可达 15km。平衡双绞线的长度与传输速率成反比，在 100kb/s 速率以下，才可能使用规定最长的电缆长度。

RS-485 需要两个终端电阻，接在传输总线的两端，其阻值要求等于传输电缆的特性阻抗。在短距离传输时可不需终端电阻，即一般在 300m 以下不需终端电阻。

7. RS 串行总线总结

RS-232：点对点，全双工，传输距离短（小于 15m），连接器 DB9 和 DB25，仅使用三线也可进行通信，常用作嵌入式开发调试串口。速率低，可选一般是 9600、19200bit/s。

RS-422：一点对多点，差分信号，全双工，传输距离可达上千米。最多连接 10 个设备。速率可达 10Mb/s。

RS-485：多点通信，差分信号，二线连接是多对多点通信，半双工；四线连接就是 RS-422，全双工，单点对多点通信。传输距离可达上千米。最多连接 32 个设备。速率可达 10Mb/s。

8. RapidIO 高速串行总线

为了满足灵活性和可扩展性的要求，RapidIO 协议分为三层：逻辑层、传输层和物理层。逻辑层定义了操作协议；传输层定义了包交换、路由和寻址机制；物理层定义了电气特性、链路控制和纠错重传等。

RapidIO 支持的逻辑层业务主要是：直接 IO/DMA（Direct IO/Direct Memory Access）和消息传递（Message Passing）。

直接 IO/DMA 模式是最简单实用的传输方式，其前提是主设备知道被访问端的存储器映射。在这种模式下，主设备可以直接读写从设备的存储器。直接 IO/DMA 在被访问端的功能往往完全由硬件实现，所以被访问的器件不会有任何软件负担。从功能上讲，这一特点和德州仪器 DSP 的传统的主机接口（Host Port Interface，HPI）类似。但和 HPI 口相比，SRIO（Serial RapidIO）带宽大，管脚少，传输方式更灵活。

对上层应用来说，发起直接 IO/DMA 传输主要需提供以下参数：目地器件 ID、数据长度、数据在目地器件存储器中的地址。

直接 IO/DMA 模式又可进一步分为以下几种传输格式：

（1）NWRITE：写操作，不要求接收端响应。

（2）NWRITE_R：带响应的 NWRITE（NWRITE with Response），要求接收端响应。

（3）SWRITE：流写（Stream Write），数据长度必须是 8 字节的整数倍，不要求接收端响应。

（4）NREAD：读操作。

SWRITE 是最高效的传输格式；带响应的写操作或读操作效率则较低，一般只能达到不带响应的传输效率的一半。

消息传递模式则类似于以太网的传输方式，它不要求主设备知道被访问设备的存储器状况。数据在被访问设备中的位置则由邮箱号（类似于以太网协议中的端口号）确定。从设备根据接收到的包的邮箱号把数据保存到对应的缓冲区，这一过程往往无法完全由硬件实现，而需要软件协助，所以会带来一些软件负担。

对上层应用来说，发起消息传递主要需提供以下参数：目地器件 ID、数据长度、邮箱号。

9. ARINC429 总线

ARINC429 总线是一种串行标准，为面向接口型的单向广播式传输总线。该总线上只允许有一个发送设备，但可以有多个接收设备（最多为 20 个）。

5.2　并行接口基本原理

5.2.1　考点分析

历年嵌入式系统设计师考试试题涉及本部分的相关知识点有：并行通信原理，常见的并行总线。

5.2.2　知识点精讲

1. 并行通信

并行通信通常是将数据字节的各位用多条数据线同时进行传送。一般用来连接打印机、扫描仪等，所以又称为打印口。如图 4-5-8 所示。

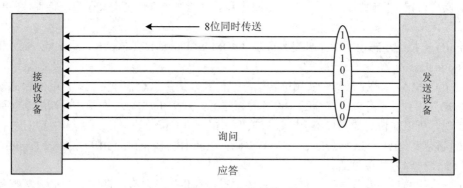

图 4-5-8　并行通信

特点：控制简单、传输速度快；由于传输线较多，长距离传送时成本高且接收方的各位同时接收存在困难。

并行接口可以分为 SPP（标准并行接口）、EPP（增强型并行接口）和 ECP（扩展型并行接口）。并行总线分为标准并行总线和非标准并行总线。IEEE 488 总线和 SCSI 总线是常用的标准并行总线；MXI 总线是一种高性能的非标准的通用多用户并行总线。

2. IEEE 488 总线

IEEE 488 总线又称 GPIB（General Purpose Interface Bus）总线。它按照位并行、字节串行双向异步方式传输信号。以总线方式连接，仪器设备直接并联于总线上，总线上最多可连接 15 台设备。最大传输距离 20m，信号传输速度一般为 500kb/s，最大传输速度为 1Mb/s。广泛应用在仪器、仪表、测控领域。

3. SCSI 总线

SCSI 总线速度可达 5Mb/s，传输距离 6m。传输速率很高。普遍用作计算机的高速外设总线，如连接高速硬盘驱动器。

4. MXI 总线

MXI 总线是一种高性能非标准的通用多用户并行总线。是 32 位高速并行总线。最高速度可达

23Mb/s，传输距离 20m，用作计算机与测控机箱的互联。

5.3　PCI 接口基本原理

5.3.1　考点分析

历年嵌入式系统设计师考试试题涉及本部分的相关知识点有：PCI 总线原理和特点。

5.3.2　知识点精讲

1. PCI 总线原理

PCI（Peripheral Component Interconnect）总线是一种高性能局部总线，是为了满足外设间以及外设与主机间高速数据传输而提出来的。在数字图形、图像和语音处理，以及高速实时数据采集与处理等对数据传输率要求较高的应用中，采用 PCI 总线来进行数据传输，可以解决原有的标准总线数据传输率低带来的瓶颈问题。

PCI 总线是一种树型结构，并且独立于 CPU，可以和 CPU 并行操作。PCI 总线上可以挂接 PCI 设备和 PCI 桥片，一个 PCI 设备可以既是主设备也是从设备，但是在同一个时刻，这个 PCI 设备或者为主设备或者为从设备。在 PCI 总线中有三类设备，PCI 主设备、PCI 从设备和桥设备。其中 PCI 从设备只能被动地接收来自 HOST 主桥，或者其他 PCI 设备的读写请求；而 PCI 主设备可以通过总线仲裁获得 PCI 总线的使用权，主动地向其他 PCI 设备或者主存储器发起存储器读写请求。而桥设备的主要作用是管理下游的 PCI 总线，并转发上下游总线之间的总线事务。PCI 总线有三种桥，即 HOST/PCI 桥、PCI/PCI 桥和 PCI/LEGACY 桥。

PCI 总线的地址总线与数据总线是分时复用的。这样做的好处是，一方面可以节省接插件的管脚数，另一方面便于实现猝发数据传输。在做数据传输时，由一个 PCI 设备做发起者（主控，Initiator 或 Master），而另一个 PCI 设备做目标（从设备，Target 或 Slave）。总线上的所有时序的产生与控制，都由 Master 来发起。PCI 总线在同一时刻只能供一对设备完成传输，这就要求有一个仲裁机构（Arbiter），来决定谁有权力拿到总线的主控权。

2. PCI 总线特点

（1）高速性。PCI 局部总线以 33MHz 的时钟频率操作，采用 32 位数据总线，数据传输速率可高达 132MB/s，远超过以往各种总线。而早在 1995 年 6 月推出的 PCI 总线规范 2.1 已定义了 64 位、66MHz 的 PCI 总线标准。因此 PCI 总线完全可为未来的计算机提供更高的数据传送率。另外，PCI 总线的主设备（Master）可与计算机内存直接交换数据，而不必经过计算机 CPU 中转，也提高了数据传送的效率。

（2）即插即用性。PCI 设备识别主要是对开发商代码和设备代码进行识别，PCI 设备的硬件资源，则是由计算机根据其各自的要求统一分配，绝不会有任何的冲突问题。作为 PCI 板卡的设计者，不必关心计算机的哪些资源可用，哪些资源不可用，也不必关心板卡之间是否会有冲突。

（3）可靠性。PCI 独立于处理器的结构，形成一种独特的中间缓冲器设计方式，将中央处理器子系统与外围设备分开。这样用户可以随意增添外围设备，以扩充计算机系统而不必担心在不同时钟频率下会导致性能的下降。PCI 总线增加了奇偶校验错（PERR）、系统错（SERR）、从设备结束（STOP）等控制信号及超时处理等可靠性措施，使数据传输的可靠性大为增加。

（4）复杂性。PCI 总线强大的功能大大增加了硬件设计和软件开发的实现难度。硬件上要采用大容量、高速度的 CPLD 或 FPGA 芯片来实现 PCI 总线复杂的功能。软件上则要根据所用的操作系统，用软件工具编制支持即插即用功能的设备驱动程序。

（5）自动配置。PCI 总线规范规定 PCI 设备可以自动配置。PCI 定义了三种地址空间：存储器空间、输入/输出空间和配置空间，每个 PCI 设备中都有 256 字节的配置空间用来存放自动配置信息，在系统初始化时，通过 idsel 引脚片选决定 PCI 设备，自动根据读到的有关设备的信息，结合系统的实际情况为设备分配存储地址、中断和某些定时信息。

（6）共享中断。PCI 总线是采用低电平有效方式，多个中断可以共享一条中断线。

（7）扩展性好。如果需要把许多设备连接到 PCI 总线上，而总线驱动能力不足时，可以采用多级 PCI 总线，这些总线上均可以并发工作，每个总线上均可挂接若干设备。因此 PCI 总线结构的扩展性是非常好的。

（8）多路复用。在 PCI 总线中为了优化设计采用了地址线和数据线共用一组物理线路，即多路复用。PCI 接插件尺寸小，又采用了多路复用技术，减少了元件和管脚个数，提高了效率。

（9）严格规范。PCI 总线对协议、时序、电气性能、机械性能等指标都有严格的规定，保证了 PCI 的可靠性和兼容性。由于 PCI 总线规范十分复杂，其接口的实现就有较高的技术难度。

5.4　USB 接口基本原理

5.4.1　考点分析

历年嵌入式系统设计师考试试题涉及本部分的相关知识点有：USB 总线特点、总线协议及工作原理。

5.4.2　知识点精讲

1. USB 总线特点

通用串行总线（Universal Serial Bus，USB）是由 Intel 等厂商制定的连接计算机与具有 USB 接口的多种外设之间通信的串行总线。最多可连接 127 个设备。用于多种嵌入式系统设备的数据通信，如移动硬盘、数码相机、高速数据采集设备等。

（1）使用简单。USB 提供机箱外的热即插即用功能，连接外设不必再打开机箱，也不必关闭主机电源，USB 可智能地识别 USB 链上外围设备的动态插入或拆除，具有自动配置和重新配置外设的能力，因此连接设备方便。

每个 USB 系统中有个主机，USB 总线采用"级联"方式可连接多个外部设备。每个 USB 设备用一个 USB 插头连接到上一个 USB 设备的 USB 插座上，而其本身又提供一或多个 USB 插座供下一个或多个 USB 设备连接使用。这种多重连接是通过集线器（Hub）来实现的，整个 USB 网络中最多可连接 127 个设备，支持多个设备同时操作。

（2）应用范围广。USB 系统数据报文附加信息少，带宽利用率高，可同时支持同步传输和异步传输两种传输方式。可同时支持不同速率的设备，速率最高可达几百 Mb/s。

（3）支持主机与设备之间的多数据流和多消息流传输，且支持同步和异步传输类型。

（4）低成本的电缆和连接器。USB 通过一根四芯的电缆传送信号和电源，电缆长度可长达 5m。

（5）较强的纠错能力。USB 系统可实时地管理设备插拔。在 USB 协议中包含了传输错误管理、错误恢复等功能，同时根据不同的传输类型来处理传输错误。

（6）总线供电。USB 总线可为连接在其上的设备提供 5V 电压/100mA 电流的供电，最大可提供 500mA 的电流。USB 设备也可采用自供电方式。

2. USB 系统描述

一个 USB 系统由三部分来描述：USB 主机、USB 设备和 USB 互连。

USB 主机：在任一 USB 系统中只有一个主机，到主计算机系统的 USB 接口被称作主控制器。主控制器可采用硬件、固件或软件相结合的方式来实现。与 Hub 集成在主机系统内，向上与主总线（如 PCI 总线）相连，向下可提供一或多个连接点。

USB 设备分：为 Hub（集线器）和 Function（功能）两大类。Hub 提供到 USB 的附加连接点，Function 为主机系统提供附加的性能，如 ISDN 连接、数字操纵杆或扬声器等。实际上，功能就是可发送和接收 USB 数据的、可实现某种功能的 USB 设备。USB 设备应具有标准的 USB 接口。

USB 互连：是 USB 设备与主机的连接和通信方式，它包括总线拓扑结构、内层关系、数据流模型和 USB 调度表。

USB 总线用来连接各 USB 设备和 USB 主机。USB 在物理上连接成一个层叠的星形拓扑结构，Hub 是每个星的中心，每根线段表示一个点到点（Point-to-Point）的连接，可以是主机与一个 Hub 或功能之间的连接，也可以是一个 Hub 与另一个 Hub 或功能之间的连接。

USB 的拓扑结构最多只能有七层（包括根层）。在主机和任一设备之间的通信路径中最多支持五个非根 Hub，复合设备（Compound Device）要占据两层，不能把它连到第七层，第七层只能连接 Function 设备。七层拓扑结构如图 4-5-9 所示。

3. 物理接口

USB 总线的电缆有四根导线：一对标准尺寸的双绞信号线和一对标准尺寸的电源线。

USB 总线支持的数据传输率有三种：高速信令位传输率为 480Mb/s；全速信令位传输率为 12Mb/s；低速信令位传输率为 1.5Mb/s。

USB2.0 支持在主控制器与 Hub 之间用高速传输全速和低速数据，而 Hub 与设备之间以全速或低速传输数据，这种支持能力可以将全速设备和低速设备对高速设备可用带宽的影响减到最小。

4. 电源

USB 的电源规范包括两个方面：

（1）电源分配用来处理 USB 设备如何使用主机通过 USB 总线提供的电源。每根 USB 电缆提供的电源功率是有限的，主机为直接连接到它的 USB 设备提供电源，Hub 也对它所连接的 USB 设备提供电源，USB 设备也可自带电源。完全依赖电缆供电的 USB 设备称作总线供电设备（Bus-Powered Device），有后备（Alternate）电源的设备称作自我供电设备（Self-Powered Device）。

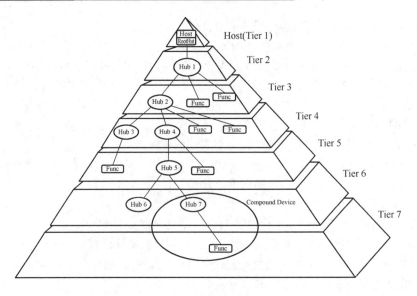

图 4-5-9　七层拓扑结构

（2）电源管理用来处理 USB 系统软件和设备如何适应主机上的电源管理系统。USB 主机有一个独立于 USB 的电源管理系统，USB 系统软件与主机电源管理系统之间交互作用，共同处理诸如挂起或恢复这样的系统电源事件。

5. 总线协议

USB 是一种查询（Polling）总线，由主控制器启动所有的数据传输。USB 上所挂连的外设通过由主机调度的（Host-Scheduled）、基于令牌的（Token-Based）协议来共享 USB 带宽。

大部分总线事务涉及三个包的传输。当主控制器按计划地发出一个描述事务类型和方向、USB 设备地址和端点号的 USB 包时，就开始发起一个事务，这个包称作"令牌包"（Token Packet），它指示总线上要执行什么事务，欲寻址的 USB 设备及数据传送方向。然后，事务源发送一个数据包（Data Packet），或者指示它没有数据要传输。最后，目标一般还要用一个指示传输是否有成功的握手包（Handshake Packet）来响应。

主机与设备端点之间的 USB 数据传输模型被称作管道。管道有两种类型：流和消息。消息数据具有 USB 定义的结构，而流数据没有。管道与数据带宽、传输服务类型、端点特性（如方向性和缓冲区大小）有关。当 USB 设备被配置时，大多数管道就形成了。一旦设备加电，总是形成一个被称作默认控制管道的消息管道，以便提供对设备配置、状态和控制信息的访问。

事务调度表（Transaction Schedule）允许对某些流管道进行流量控制，在硬件级，通过使用 NAK（否认）握手信号来调节数据传输率，以防止缓冲区上溢或下溢产生。当被否认时，一旦总线时间可用会重试该总线事务。流量控制机制允许灵活地进行调度，以适应异类混合流管道的同时服务，因此，可以在不同的时间间隔，用不同规模的包为多个流管道服务。

6. 健壮性

USB 采取以下措施提高它的健壮性：

（1）使用差分驱动器和接收器以及屏蔽保护，以保证信号的完整性。

（2）控制域和数据域的 CRC 保护校验。

（3）连接和断开检测及系统级资源配置。

（4）协议的自我修复，对丢失包或毁坏包执行超时（Timeouts） 处理。

（5）对流数据进行流量控制，以保证对等步和硬件缓冲器维持正常的管理。

（6）采用数据管道和控制管道结构，以保证功能之间的独立性。

（7）协议允许用硬件或软件的方法对错误进行处理，硬件错误处理包括对传输错误的报告和重发。

7．工作原理

USB 设备插入 USB 端点时，主机通过默认地址 0 与设备的端点 0 进行通信。在这个过程中，主机发出一系列试图得到描述符的标准请求，通过这些请求，主机得到所有感兴趣的设备信息，从而知道了设备的情况以及该如何与设备通信。随后主机通过发出 Set Address 请求为设备设置一个唯一的地址。这样，配置过程就完成了，以后主机就通过为设备设置好的地址与设备通信，而不再使用默认地址。

5.5　SPI 接口基本原理

5.5.1　考点分析

历年嵌入式系统设计师考试试题涉及本部分的相关知识点有：SPI 接口原理及传输过程。

5.5.2　知识点精讲

1．SPI 接口原理

串行外围设备接口（Serial Peripheral Interface，SPI）是由 Motorola 公司开发，用来在微控制器和外围设备芯片之间提供一个低成本、易使用的接口（SPI 有时候也被称为 4 线接口）。这种接口可以用来连接存储器（存储数据）、A/D 转换器、D/A 转换器、实时时钟日历、LCD 驱动器、传感器、音频芯片，甚至其他处理器。

SPI 主要使用四个信号：主机输出/从机输入（MOSI）、主机输入/从机输出（MISO）、串行 SCLK 或 SCK、外设芯片（$\overline{\text{CS}}$）。有些处理器有 SPI 接口专用的芯片选择，称为从机选择 $\overline{\text{SS}}$。

MOSI 信号由主机产生，从机接收。在有些芯片上，MOSI 只被简单地标为串行输入(SI)，或者串行数据输入 SDI。MISO 信号由从机产生，不过还是在主机的控制下产生的。在一些芯片上，MISO 有时被称为串行输出（SO） 或串行数据输出（SDO）。外设片选信号通常只是由主机的备用 I/O 引脚产生的。

与标准的串行接口不同，SPI 是一个同步协议接口，所有的传输都参照一个共同的时钟，这个同步时钟信号由主机产生，接收数据的外设使用时钟来对串行比特流的接收进行同步化。可以将多个具有 SPI 接口的芯片连到主机的同一个 SPI 接口上，主机通过控制从设备的片选输入引脚来选择接收数据的从设备。

2. SPI 传输过程

图 4-5-10 是微处理器通过 SPI 接口与外设进行连接。主机和外设都包含一个串行移位寄存器，主机通过向它的 SPI 串行寄存器写入一个字节来发起一次传输。寄存器是通过 MOSI 信号线将字节传送给外设，外设也将自己移位寄存器中的内容通过 MISO 信号线返回给主机。这样，两个移位寄存器中的内容就被交换了。外设的写操作和读操作是同步完成的，因此 SPI 成为一个很有效的协议。

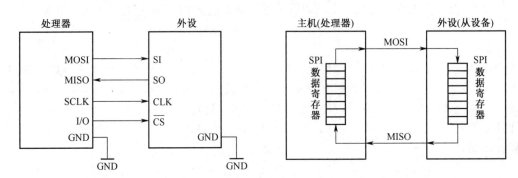

(a) 基本 SPI 接口连接电路   (b) SPI 的数据传输

图 4-5-10 微处理器通过 SPI 接口与外设进行连接

如果只是进行写操作，主机只需忽略收到的字节；反过来，如果主机要读取外设的一个字节，就必须发送一个空字节来引发从机的传输。

当主机发送一个连续的数据流时，有些外设能够进行多字节传输。许多拥有 SPI 接口的存储器芯片都以这种方式工作。在这种传输方式下，SPI 外设的芯片选择端必须在整个传输过程中保持低电平。比如，存储器芯片会希望在一个"写"命令之后紧接着收到的是四个地址字节（起始地址），这样，后面接收到的数据就可以存储到该地址。一次传输可能会涉及千字节的移位或更多的信息。

其他外设只需要一个单字节（比如一个发给 A/D 转换器的命令），有些甚至还支持菊花链连接，如图 4-5-11 所示是菊花链连接三台 SPI 设备。

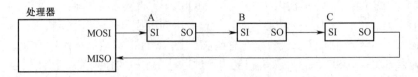

图 4-5-11 菊花链连接三台 SPI 设备

主机处理器从其 SPI 接口发送三个字节的数据。第一个字节发送给外设 A，当第二个字节发送给外设 A 的时候，第一个字节已移出了 A，而传送给了 B。同样，主机想要从外设 A 读取一个结果，它必须再发送一个 3 字节（空字节）的序列，这样就可以把 A 中的数据移到 B 中，然后再移到 C 中，最后送回到主机。在这个过程中，主机还依次从 B 和 C 接收到字节。

注意，菊花链连接不一定适用于所有的 SPI 设备，特别是要求多字节传输的（比如存储器芯片）设备。有的外设芯片不支持菊花链连接。

根据时钟极性和时钟相位的不同，SPI 有四个工作模式。

时钟极性 CPOL 有高、低两极；时钟极性为低电平时，空闲时时钟（SCK）处于低电平，传输时跳转到高电平；时钟极性为高电平时，空闲时时钟处于高电平，传输时跳转到低电平。

时钟相位 CPHA 有两个：时钟相位 0 和时钟相位 1。当时钟相位为 0 时，时钟周期的前一边缘采集数据；当时钟相位为 1 时，时钟周期的后一边缘采集数据。

5.6　IIC 接口基本原理

5.6.1　考点分析

历年嵌入式系统设计师考试试题涉及本部分的相关知识点有：IIC 接口原理及总线特点。

5.6.2　知识点精讲

1.　IIC 接口原理

内部集成电路总线（Inter Integrated Circuit BUS，IIC BUS）是由 Philips 公司推出的二线制串行扩展总线，用于连接微控制器及其外围设备。是具备总线仲裁和高低速设备同步等功能的高性能多主机总线。直接用导线连接设备，通信时无需片选信号。

在 IIC 总线上，只需要两条线——串行数据 SDA 线和串行时钟 SCL 线，它们用于总线上器件之间的信息传递，都是双向的。每个器件都有一个唯一的地址以供识别，而且各器件都可以作为一个发送器或接收器（由器件的功能决定）。

IIC 总线有如下操作模式：主发送模式、主接收模式、从发送模式、从接收模式。

2.　通用传输过程及格式

起始条件：当 IIC 接口处于从模式时，要想数据传输，必须检测 SDA 线上的起始条件，起始条件由主器件产生。在 SCL 信号为高时，SDA 产生一个由高变低的电平变化处，即产生一个启动信号。当 IIC 总线上产生了启动信号后，这条总线就被发出起始信号的主器件占用了，变成"忙"状态。

停止条件：在 SCL 信号为高时，SDA 产生一个由低变高的电平变化处，产生停止信号。停止条件也由主器件产生，作用是停止与某个从器件之间的数据传输。当 IIC 总线上产生了一个停止条件，那么在几个时钟周期之后总线就被释放，变成"闲"状态。如图 4-5-12 所示。

当主器件送出一个起始条件，它还会立即送出一个从地址，来通知将与它进行数据通信的从器件。1 个字节的地址包括 7 位的地址信息和 1 位的传输方向指示位，如果第 7 位为 0，表示马上要进行一个写操作；如果为 1，表示马上要进行一个读操作。

数据传输格式：SDA 线上传输的每个字节长度都是 8 位，每次传输中字节的数量是没有限制的。在起始条件后面的第一个字节是地址域，之后每个传输的字节后面都有一个应答（ACK）位（即一帧共有 9 位）。传输中串行数据的 MSB（字节的高位）首先发送。

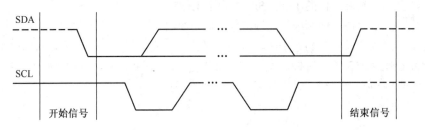

图 4-5-12　IIC 总线启动和停止信号的定义

应答信号：为了完成 1 个字节的传输操作，接收器应该在接收完 1 个字节之后发送 ACK 位到发送器，告诉发送器已经收到了这个字节。ACK 脉冲信号在 SCL 线上第 9 个时钟处发出（前面 8 个时钟完成 1 个字节的数据传输，SCL 上的时钟都是由主器件产生的）。当发送器要接收 ACK 脉冲时，应该释放 SDA 信号线，即将 SDA 置高。接收器在接收完前面 8 位数据后，将 SDA 拉低。发送器探测到 SDA 为低，就认为接收器成功接收了前面的 8 位数据，如图 4-5-13 所示。

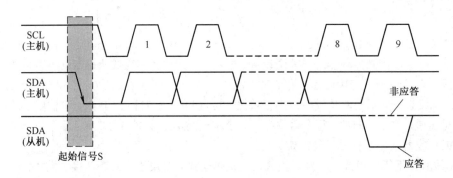

图 4-5-13　总线的数据传输和应答

3. 数据传输过程

开始：主设备产生启动信号，标明数据传输开始。

地址：主设备发送地址信息，包含 7 位的从设备地址和 1 位的数据方向指示位（读或写位，表示数据流的方向）。

数据：根据指示位，数据在主设备和从设备之间进行传输。数据一般以 8 位传输，MSB 先传；具体能传输多少量的数据并没有限制。接收器产生 1 位的 ACK（应答信号）表明收到了每个字节。传输过程可以被中止和重新开始。

停止：主设备产生停止信号，结束数据传输。

4. 总线竞争的仲裁

IIC 总线上可以挂接多个器件，有时会发生两个或多个主器件同时想占用总线的情况。IIC 总线具有多主控能力，可对发生在 SDA 线上的总线竞争进行仲裁。

仲裁原则：当多个主器件同时想占用总线时，如果某个主器件发送高电平，而另一个主器件发送低电平，则发送电平与此时 SDA 总线电平不符的那个器件将自动关闭其输出级。

总线竞争的仲裁在两个层次上进行：首先是地址位的比较，如果主器件寻址同一个从器件，则进入数据位比较，从而确保了竞争仲裁的可靠性。由于是利用 IIC 总线上的信息进行仲裁，不会造成信息的丢失。

5．SPI 和 IIC 总线总结

SPI 包含四根信号线，分别是：

（1）SCLK: Serial Clock (output from master)。

（2）MOSI, SIMO: Master Output, Slave Input(output from master)。

（3）MISO, SOMI: Master Input, Slave Output(output from slave)。

（4）SS: Slave Select (active low, output from master)。

SPI 是单主设备总线，有片选信号，是环形总线结构，其数据收发线是各自独立的。

IIC 有两条信号线：数据线 SDA、时钟信号线 SCL。

IIC 是多主机总线，没有物理的片选信号线，其数据收发线是复用的。IIC 数据传输速率有标准模式（100kb/s）、快速模式（400b/s）和高速模式（3.4Mb/s），另外一些变种实现了低速模式（10kb/s）和快速+模式（1Mb/s）。

第 6 学时　嵌入式系统网络接口

嵌入式系统网络接口是嵌入式微处理器和接口设计的基础知识点。根据历年考试情况，上午考试涉及相关知识点的分值在 1～2 分左右。下午考试中一般不会涉及。本学时考点知识结构如图 4-6-1 所示。

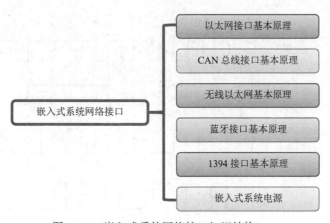

图 4-6-1　嵌入式系统网络接口知识结构

6.1 以太网接口基本原理

6.1.1 考点分析

历年嵌入式系统设计师考试试题涉及本部分的相关知识点有：以太网总线标准，曼彻斯特编码，以太网帧格式。

6.1.2 知识点精讲

1. IEEE802 标准

局域网标准协议工作在物理层和数据链路层，其将数据链路层又划分为两层，从下到上分别为介质访问控制子层（不同的 MAC 子层，与具体接入的传输介质相关），逻辑链路控制子层（统一的 LLC 子层，为上层提供统一的服务）。

IEEE802 标准包含很多子标准，主要掌握三种：

（1）IEEE802.1A：局域网体系结构，并定义接口原语。

（2）IEEE802.3：描述 CSMA/CD 介质接入控制方法和物理层技术规范。

（3）IEEE802.11：描述无线局域网标准。

2. 曼彻斯特编码

曼彻斯特编码：在数字信号的每一个 bit 位中，都会产生一次极性跳变，且数字信号 0 和 1 的极性跳变是相反的，即数字信号 0 会从负极跳变到正极（或从正极跳变到负极），数字信号 1 会从正极跳变到负极（或从负极跳变到正极），因此，仅有该编码不能唯一确定一串数字信号。适用于早期的 10M 局域网。

差分曼彻斯特编码：不是根据一个二进制位来判断的，而是根据两个二进制位之间的电平变化来判断，数字信号 0 的前沿极性与之前的相反，1 的前沿极性与之前的相同。适用于令牌网。

曼彻斯特编码和常规编码如图 4-6-2 所示。

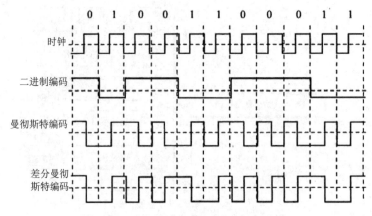

图 4-6-2 曼彻斯特编码和常规编码

3. 以太网帧格式

以太网帧格式如图 4-6-3 所示。

PR	SD	DA	SA	TYPE	DATA	PAD	FCS
56 位	8 位	48 位	48 位	16 位	不超过 1500 字节	可选	32 位

图 4-6-3   以太网帧格式

其中，PR 是前同步码，用于收发双方的时钟同步；SD 是帧开始定界符，表示接下来的是帧数据；DA 和 SA 分别是目的 MAC 地址和源 MAC 地址；TYPE 是类型，表示 IP 数据报的类型，如 IP 包、ARP 包等；DATA 是数据域，封装的是上层的完整数据报，大小在 46~1500B；PAD 是填充位，保证最小帧长；FCS 是 32 位的 CRC 校验位。

注意，PR 和 SD 字段是物理层封装的头，不属于以太网帧，规定的以太网帧长范围是 60~1514B，这是因为没有加上最后的 FCS 校验位。

6.2   CAN 总线接口基本原理

6.2.1   考点分析

历年嵌入式系统设计师考试试题涉及本部分的相关知识点有：CAN 总线原理及特点。

6.2.2   知识点精讲

1. CAN 总线特点

控制器局域网（Controller Area Network，CAN）总线是国际上应用最广泛的现场总线之一。最初，CAN 总线被汽车环境中的微控制器通信，在车载各电子控制装置之间交换信息，形成汽车电子控制网络。它是一种现场总线，能有效支持分布式控制和实时控制的串行通信网络。

CAN 总线是一种多主方式的串行通信总线。一个由 CAN 总线构成的单一网络中，理想情况下可以挂接任意多个结点，实际应用中结点数目受网络硬件的电气特性所限制。例如：当使用 Philips P82C250 作为 CAN 收发器时，同一网络中允许挂接 110 个结点。

CAN 总线具有很高的实时性能，已经在汽车工业、航空工业、工业控制、安全防护等领域中得到了广泛应用。CAN 总线能够使用多种物理介质进行传输，例如双绞线、光纤等。最常用的就是双绞线。

总线信号使用差分电压传送，两条信号线被称为 CAN_H 和 CAN_L，静态时均是 2.5V 左右，此时状态表示为逻辑 1，也可以叫做"隐性"。

用 CAN_H 比 CAN_L 高表示逻辑 0，称为"显性"。此时，通常电压值为 CAN_H=3.5V 和 CAN_L=1.5V。

当"显性"位和"隐性"位同时发送的时候，最后总线数值将为"显性"。正是这种特性为 CAN 总线的仲裁奠定了基础。

2. 位时间

CAN 总线的一个位时间可以分成四个部分：同步段，传播时间段，相位缓冲段 1 和相位缓冲段 2。

每段的时间份额的数目都是可以通过 CAN 总线控制器编程控制，而时间份额的大小 t_q 由系统时钟 t_{sys} 和波特率预分频值 BRP 决定：$t_q=BRP/t_{sys}$。图 4-6-4 说明了 CAN 总线的一个位时间的各个组成部分。

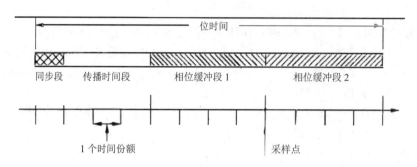

图 4-6-4　CAN 总线位时间的组成部分

同步段：用于同步总线上的各个结点，在此段内期望有一个跳变沿出现（其长度固定）。如果跳变沿出现在同步段之外，那么沿与同步段之间的长度叫做沿相位误差。采样点位于相位缓冲段 1 的末尾和相位缓冲段 2 开始处。

传播时间段：用于补偿总线上信号传播时间和电子控制设备内部的延迟时间。因此，要实现与位流发送结点的同步，接收结点必须移相。CAN 总线非破坏性仲裁规定，发送位流的总线结点必须能够收到同步于位流的 CAN 总线结点发送的显性位。

相位缓冲段 1：重同步时可以暂时延长。

相位缓冲段 2：重同步时可以暂时缩短。

上述几个部分的设定和 CAN 总线的同步、仲裁等信息有关。其主要思想是要求各个结点在一定误差范围内保持同步。必须考虑各个结点时钟（振荡器）的误差和总线的长度带来的延迟（通常每米延迟为 5.5ns）。正确设置 CAN 总线各个时间段，是保证 CAN 总线良好工作的关键。

3. 在嵌入式处理器上扩展 CAN 总线接口

一些面向工业控制的处理器，本身就集成了一个或者多个 CAN 总线控制器。CAN 总线控制器主要是完成时序逻辑转换等工作，要在电气特性上满足 CAN 总线标准，还需要一个 CAN 总线的物理层转换芯片。用它来实现 TTL 电平到 CAN 总线电平特性的转换，这就是 CAN 收发器。

实际上，多数嵌入式处理器都不带 CAN 总线控制器。在嵌入式处理器的外部总线上扩展 CAN 总线接口芯片是通用的解决方案。常用的 CAN 总线接口芯片主要有：Phillips 公司的 SJA 1000 和 Microchip 公司的 MCP251x 系列（MCP2510 和 MCP2515）。

SJA 1000 的总线采用的是地址线和数据线复用的方式，多数嵌入式处理器采用 SJA 1000 扩展 CAN 总线较为复杂。

MCP2510 的 CAN 总线控制器特点有：支持标准格式和扩展格式的 CAN 数据帧结构（CAN2.0B）；0～8 字节的有效数据长度，支持远程帧；最大 1Mb/s 的可编程波特率；两个支持过滤器（Filter、Mask）的接收缓冲区，三个发送缓冲区；支持回环（Loop Back）模式，便于测试；SPI 高速串行总线，最大 5MHz；3V 到 5.5V 供电。

大多数嵌入式处理器都有 SPI 总线控制器，可以直接和 MCP251x 连接，如图 4-6-5 所示。

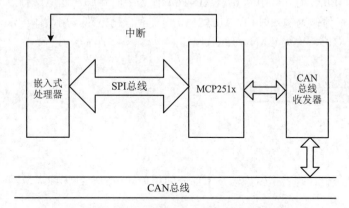

图 4-6-5　嵌入式处理器

MCP2510 可以 3V 到 5.5V 供电，因此能够直接和 3.3V I/O 口的嵌入式处理器连接。这里，使用 MCP2510 在三星公司的 S3C44B0X 处理器上扩展 CAN 总线接口。其电路图如图 4-6-6 所示。

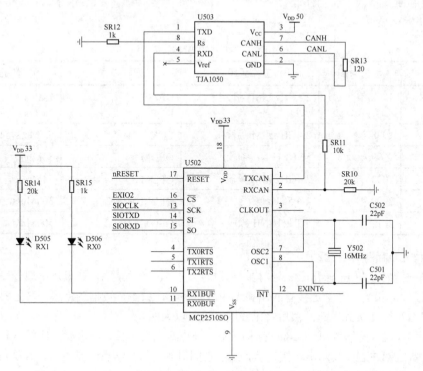

图 4-6-6　MCP2510 在 S3C44B0X 处理器上扩展 CAN 总线接口电路图

在这个电路中，MCP2510 使用 3.3V 电压供电。它可以直接和 S3C44B0X 通过 SPI 总线连接。相关的资源如下：

（1）使用一个扩展的 I/O 口（EXIO2）作为片选信号，低电平有效。

（2）用 S3C44B0X 的外部中断 6（EXINT6）作为中断管脚，低电平有效。

（3）16MHz 晶体作为输入时钟，MCP2510 内部有振荡电路，用晶体可以直接起振。

（4）使用 TJA1050 作为 CAN 总线收发器。

6.3 无线以太网基本原理

6.3.1 考点分析

历年嵌入式系统设计师考试试题涉及本部分的相关知识点有：无线局域网标准和拓扑结构。

6.3.2 知识点精讲

1. 无线局域网标准

无物理传输介质相比较于有线局域网，其优点有：移动性、灵活性、成本低、容易扩充；其缺点有：速度和质量略低，安全性低。

WLAN 标准见表 4-6-1。

表 4-6-1　WLAN 标准

名称	发布时间	工作频段	调制技术	数据速率
802.11	1997 年	2.4GHz ISM 频段	DB/SK DQPSK	1Mb/s 2Mb/s
802.11b	1998 年	2.4GHz ISM 频段	CCK	5.5Mb/s，11Mb/s
802.11a	1999 年	5GHz U-NII 频段	OFDM	54Mb/s
802.11g	2003 年	2.4GHz ISM 频段	OFDM	54Mb/s
802.11n	2009 年	2.4/5GHz 频段	OFDM MIMO	300Mb/s，600Mb/s
802.11ac	2012 年	5GHz U-NII 频段	OFDM MIMO	500Mb/s，1Gb/s

2. 两种无线网络拓扑结构

基础设施网络：即 Infrastructure 结构，通过接入点 AP 接入，AP 是组建小型无线局域网时最常用的设备。AP 相当于一个连接有线网和无线网的桥梁，工作在数据链路层。其主要作用是将各个无线网络客户端连接到一起，然后将无线网络接入以太网。

特殊网络（对等网络）：即 Ad-hoc 结构，是一种点对点的连接，不需要有线网络和接入点的支持，终端设备之间通过无线网卡直接通信，结点之间对等，每个结点既是主机，又是路由器，形成网络。所有无线终端必须使用相同的工作组名、ESSID 和密码。

3. 三种 WLAN 通信技术

红外线：定向光束红外线、全方向广播红外线、漫反射红外线。

扩展频谱：将信号散布到更宽的带宽上以减少发生阻塞和干扰的机会，包括频率跳动扩频 FHSS、直接序列扩频 DSSS。

窄带微波：申请许可证的窄带 RF、免许可证的窄带 RF。

6.4　蓝牙接口基本原理

6.4.1　考点分析

历年嵌入式系统设计师考试试题涉及本部分的相关知识点有：蓝牙技术的原理及特点。

6.4.2　知识点精讲

1. 蓝牙技术原理

蓝牙技术是一种用于各种固定于移动数字化硬件设备之间的低成本、近距离无线通信连接技术。其目的是使特定的移动电话、便携式电脑以及各种便携通信设备的主机之间在近距离内实现无缝的资源共享。

蓝牙技术的实质是要建立通用的无线电空中接口及其控制软件的公开标准：工作频段为全球通用的 2.4GHz ISM（即工业、科学、医学）频段；数据传输速率为 1Mb/s，采用时分双工方案来实现全双工传输；理想的连接范围为 10cm～10m。

蓝牙基带协议是电路交换与分组交换的结合。可以进行异步数据通信，可以支持多达三个同时进行的同步话音信道，还可以用一个信道同时传送异步数据和同步话音。每个话音信道支持 64kb/s，同步话音链路。异步信道可以支持一端最大速率为 721kb/s，而另一端速率为 57.6kb/s 的不对称连接，也可以支持 43.2kb/s 的对称连接。

2. 蓝牙技术的特点

传输距离短：工作距离在 10m 以内。

采用调频扩频技术 FHSS：将 2.4GHz～2.4835GHz 之间划分出 79 个频点，调频速率为每秒 1600 次，数据包短，更高的安全性和抗干扰能力。

采用时分复用多路访问技术 TDMA：有效地避免了碰撞和隐蔽终端的问题。

网络技术：几个微微网（Piconet）可以被连接在一起，并依靠跳频顺序识别每个 Piconet。同一个 Piconet 的所有用户都与这个跳频顺序同步。

语音支持：语音信道采用 CVSD（连续可变斜率增量调制）语音编码方案，且从不重发语音数据包。CVSD 编码擅长处理丢失和被损坏的语音采样，即使错误率达到 4%，经过 CVSD 编码处理的语音同样可以被识别。

纠错技术：采用的是 FEC（前向纠错）方案，其目的是为了减少数据重发的次数，降低数据传输负载。

3. 蓝牙接口的组成

蓝牙接口主要由三大单元组成。

（1）无线单元：主要完成基带信号和射频信号之间的上下转换，实现数据流的过滤和传输。

（2）基带单元：主要完成跳频控制，数据和信息的打包与传输。

（3）链路管理与控制单元：是系统的核心部分，它负责连接的建立和拆除以及链路的安全和控制，还要为上层软件提供访问入口。

4. 链路管理与控制

在 Piconet 内的连接被建立之前，所有的设备都处于旁观（standby）状态。此时，这些设备周期性地"监听"其他设备发出的查询（inquire）消息或寻呼（page）信息。

首先请求连接的单元是 master 单元，如果对方地址已经存在于 master 单元的地址簿中，master 单元则通过发出寻呼（page）消息包请求建立连接；如果地址未知，则首先通过查询(inqure)消息包查询覆盖范围内其他单元的地址，然后再用寻呼（page）消息包建立连接。

如果 Piconet 中已经处于连接的设备在较长一段时间内没有数据传输，master 可以把 slave 置为 hold（保持）模式，这时，hold 模式只有一个内部计数器工作。一般用于连接好几个微微网的情况或者耗能低的设备。

蓝牙还支持 sniff 模式和 park 模式两种节能工作模式：在 sniff（呼吸）模式下，slave 降低了从 Piconet "收听"消息的速率，"呼吸"间隔可以依应用要求做适当调整；在 park（暂停）模式下，设备依然与 Piconet 同步但没有数据传送。

5. 蓝牙接口的主要应用

蓝牙在移动电话中的应用：无线耳机、车载电话；可以实现与计算机、其他设备无线连接，组成一个方便灵活的 WPAN。

蓝牙在计算机中的应用：蓝牙接口可以直接集成到计算机主板或通过 PC 卡、USB 接口连接，实现计算机之间及计算机与外设之间的无线连接。

蓝牙其他方面的应用：汽车行业对汽车各部件的实时控制；建筑行业实现智能化住宅。

6.5 1394 接口基本原理

6.5.1 考点分析

历年嵌入式系统设计师考试试题涉及本部分的相关知识点有：IEEE 1394 总线特点及协议结构。

6.5.2 知识点精讲

1. IEEE 1394 总线特点

IEEE 1394 是美国 Apple 公司率先提出的一种高品质、高传输速率的串行总线技术。1995 年被 IEEE 认定为串行工业总线标准。1394 作为一种标准总线，可以在不同的工业设备之间架起一座沟通的桥梁，在一条总线上可以接入 63 个设备。

（1）支持多种总线速度，适应不同的应用要求。

（2）即插即用，支持热插拔：设备的资源均由总线控制器自动分配，总线控制器会自动重新配置好设备。

（3）支持同步和异步两种传输方式：设备可以根据需要动态地选择传输方式，总线自动完成带宽分配；要求实时传输并对数据的完整性要求不严格的场合，可采用同步传输方式；对数据完整性要求较高的场合，采用异步传输方式更好。

（4）支持点到点通信模式：多主总线结构，每个设备均可以获取总线的控制权，与其他设备进行通信。

（5）遵循 ANSI/IEEE 1212 控制及状态寄存器（CSR）标准，该标准定义了 64 位的地址空间，可寻址 1024 条总线的 63 个结点，每个结点可包含 256TB 的内存空间。

（6）支持较远距离的传输：普通线缆 2 个设备之间的最大距离可达 4.5m（高级线缆可达 15m）；玻璃光缆或 5 类双绞线设备间距离可达 100m 以上。

（7）支持公平仲裁原则，为每一种传输方式保证足够的传输带宽，支持错误检测和处理。

（8）六线电缆具有电源线，可传输 8~40V 的直流电压，某些特定的结点可通过电源线向总线供电，其他结点可以从总线获取能量。

2. IEEE 1394 的协议结构

IEEE 1394 的协议由三层组成：物理层、链路层及事务层。另外还有一个管理层。物理层和链路层由硬件构成，而事务层主要由软件实现，如图 4-6-7 所示。

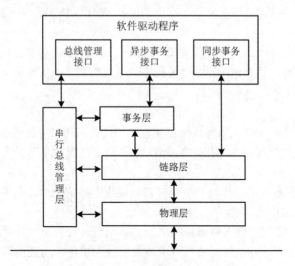

图 4-6-7　IEEE 1394 的协议结构

物理层提供了 IEEE 1394 的电气和机械接口，它的功能是重组字节流并将它们发送到目的结点上去。同时，物理层为链路层提供服务，解析字节流并发送数据包给链路层。

链路层提供了给事务层确认的数据包服务，包括：寻址、数据组帧及数据校验。提供直接面向应用的服务；支持同步和异步传输模式；链路层的底层提供了仲裁机制，以确保同一时间上只有一个结点在总线上传输数据。

事务层为应用提供服务。它定义了三种基于请求响应的服务，分别为 read、write 和 lock。只支持异步传输。同步传输服务由链路层提供。

管理层定义了一个管理结点所使用的所有协议、服务以及进程。电缆环境下，IEEE 1394 定义了两大类管理：总线管理（BM）和同步资源管理（IRM）。BM 包含总线的电源管理信息、拓扑结构信息及不同结点的速度极限信息，以便协调不同速度设备之间的通信。IRM 管理同步资源，如可用频道信息以及带宽的分配。

6.6 嵌入式系统电源

6.6.1 考点分析

历年嵌入式系统设计师考试试题涉及本部分的相关知识点有：电源分类，电源管理技术。

6.6.2 知识点精讲

1. 电源分类

所有嵌入式系统设计都必须包含电源，可以选择 AC 电源插座或电池供电。

AC 电源：对于便携性没有太高要求的嵌入式系统，可以采用交流电供电。但是交流电压高，需转换成电压低得多的直流电。可以使用交流电适配器，提供+5V DC～+12V DC 不等的输出电压，电流可高达 500mA。

电池：使用方便，容易携带，但需要选择合适的电压和足够的电流，且系统设计合理，才能保证嵌入式系统的正常工作。选择电池时，要考虑它的平均电流、峰值电流，才能在负载恒定和峰值负载的时候给系统供电。

2. 稳压器

稳压器是一个把输入的 DC 电压转换为固定输出 DC 电压的半导体设备，它主要用来为系统提供恒定的电压。恒定电压作为参考电压，如 A/D 转换器。稳压器有助于去除电源的噪声，起到了保护和隔离的作用。

下面介绍 DC-DC 转换器的稳压器类型，它可以接收不稳定的 DC 电压，而输出一个恒定电压值的稳定 DC 电压。DC-DC 转换器有三种类型：

（1）线性稳压器。产生较输入电压低的电压。体积小、价格便宜、噪声小，使用方便。

（2）开关稳压器。能升高电压、降低电压或翻转输入电压。功耗低、效率高，但需要较多的外部器件、噪声大。

（3）充电泵。可以升压、降压或翻转输入电压，但电流驱动能力有限。

任何变压器的转换过程都不具有 100%的效率，稳压器本身也使用电流（称为静态电流），这个电流来自输入电流。静态电流越大，稳压器的功耗越大。在选择稳压器时，应尽量选择既能满足嵌入式系统电压和电流的要求，又保证静态电流低的变压器。

3. 电源管理技术

嵌入式系统中常用的电源管理技术如下。

（1）系统上电行为：微处理器及其片上外设一般均以最高时钟频率上电启动，不必要的电源消耗器件应关闭或使之处于空闲状态。

（2）空闲模式：关闭不需要的时钟，可消除不必要的有效功耗，但静态功耗仍然在。

（3）断电：仅在系统需要时才给子系统上电。

（4）电压与频率缩放：有效功耗与切换频率呈线性比例，但与电源电压平方成正比。经较低的频率运行应用与在全时钟频率上运行该应用并转入闲置相比，并不能节约多少功率。但是，如果频率与平台上可用的更低操作电压兼容，那么就可以通过降低电压来大大节约功耗，这正是因为存在上述平方关系的缘故。

4. 降低功耗的设计技术

降低功耗的设计技术如下。

（1）采用低功耗器件：例如选用 CMOS 电路芯片。

（2）采用高集成度专用器件，外部设备的选择也要尽量支持低功耗设计。

（3）动态调整处理器的时钟频率和电压，在允许的情况下尽量使用低频率器件。

（4）利用节电工作方式。

（5）合理处理器件空余引脚：大多数数字电路的输出端在输出低电平时，其功耗远大于输出高电平时的功耗，设计时应注意控制低电平的输出时间，闲置时使其处于高电平输出状态。因此，多余的非门、与非门的输入端应接低电平，多余的与门、或门的输入端应接高电平。对 ROM 或 RAM 及其他有片选信号的器件，不要将"片选"引脚直接接地，避免器件长期被接通，而应与"读/写"信号结合，只对其进行读或写操作时才选通器件。

（6）实行电源管理，设计外部器件电源控制电路，控制耗电大户的供电情况。

第 7 学时　电子电路设计基础

电子电路设计是嵌入式微处理器和接口设计的基础知识点。根据历年考试情况，上午考试涉及相关知识点的分值在 1～2 分左右。下午考试中一般不会涉及。本学时考点知识结构如图 4-7-1 所示。

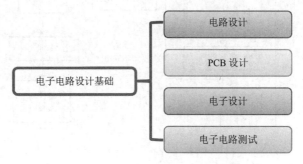

图 4-7-1　电子电路设计基础知识结构

7.1 电路设计

7.1.1 考点分析

历年嵌入式系统设计师考试试题涉及本部分的相关知识点有：电路原理图的设计步骤。

7.1.2 知识点精讲

1. 电路板的设计

电路板的设计主要分三个步骤：设计电路原理图、生成网络表、设计印制电路板。

（1）设计电路原理图：将元器件按逻辑关系用导线连接起来。设计原理图的元件来源是"原理图库"，除了元件库外还可以由用户自己增加建立新的元件，用户可以用这些元件来实现所要设计产品的逻辑功能。例如利用 Protel 中的画线、总线等工具，将电路中具有电气意义的导线、符号和标识根据设计要求连接起来，构成一个完整的原理图。

（2）生成网络表：网络表是电路原理设计和印制电路板设计中的一个桥梁，它是设计工具软件自动布线的灵魂，可以从原理图中生成，也可以从印制电路板图中提取。网络表的格式包括两部分：元器件声明和网络定义。

（3）设计印制电路板：导入网络表，利用工具软件设置设计规则、叠层等，完成印制电路板设计。

2. 电路原理图设计步骤

电路原理图设计不仅是整个电路设计的第一步，也是电路设计的基础。设计步骤如图 4-7-2 所示。

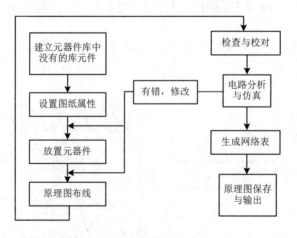

图 4-7-2　电路原理图设计步骤

（1）建立元器件库中没有的库元件：利用设计软件提供的元件编辑功能建立新的库元件。

（2）设置图纸属性：设计者根据实际电路的复杂程度设置图纸大小和类型。图纸属性的设置过程实际上是建立设计平台的过程。设计者只有设置好这个工作平台，才能够在上面设计符合要求的电路图。

（3）放置元器件：根据原理图的需要，将元件从元件库中取出放置到图纸上，并根据原理图的需要进行调整，修改位置，对元件的编号、封装进行设置等。

（4）原理图布线：根据原理图的需要，利用设计软件提供的各种工具和指令进行布线，将工作平面上的元件用具有电气意义的导线、符号连接起来，构成一个完整的原理图。

（5）检查与校对：利用设计软件提供的各种检测功能对所绘制的原理图进行检查与校对，以保证原理图符合电气规则。这个过程包括校对元件、导线位置调整以及更改元件的属性等。

（6）电路分析与仿真：利用原理图仿真软件或设计软件提供的强大的电路仿真功能，对原理图的性能指标进行仿真，使设计者在原理图中就能对自己设计的电路性能指标进行观察、测试。

（7）生成网络表：利用设计软件提供的网络表生成工具，建立起该原理图的网络表。每个电路就是一个网络表，它是由结点、元件和连线组成的。电路原理图的网络表是电路板自动布线的灵魂，也是原理图设计软件与印刷电路设计软件之间的接口。

（8）原理图保存与输出：对设计好的原理图进行存盘，输出打印，以供存档。这个过程实际是一个对设计的图形文件输出的管理过程，是一个设置打印参数的过程。

7.2 PCB 设计

7.2.1 考点分析

历年嵌入式系统设计师考试试题涉及本部分的相关知识点有：PCB 的设计步骤，PCB 的可靠性设计。

7.2.2 知识点精讲

1. PCB 概述

印制电路板（Printed Circuit Board，PCB）设计是电子产品物理结构设计的一部分，它的主要任务是根据电路的原理和所需元件的封装形式进行物理结构的布局和布线。

PCB 是电子产品的基石。任何电子产品都是由形形色色的电子元件组成，而这些电子元件的载体和相互连接所依靠的正是印制电路板。

2. PCB 设计步骤

PCB 设计步骤如图 4-7-3 所示。

（1）建立封装库中没有的封装：利用设计工具提供的元件封装编辑器新建该元器件的封装。

（2）规划电路板：设置习惯性的环境参数和文档参数，如选择层面、外形标尺大小等。

（3）载入网络表和元件封装：载入前面所准备的网络表，将元件封装自动放入电路规划的外形范围内。但这些元件封装是叠放在一起的，设计者必须将它们分开，并放置在适当的位置。

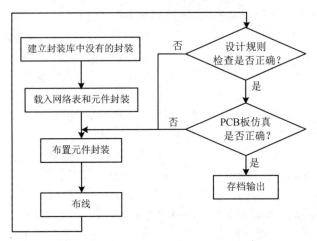

图 4-7-3　PCB 设计步骤

（4）布置元件封装：可采用自动布置和手工布置结合的方法，将元件封装放置在适当的位置。

（5）布线：自动或手工布线。在采用自动布线时，如果布线没有完全成功，或者有不满意和出现违规错误的地方，就要进行手工调整。

（6）设计规则检查：设计的 PCB 板图是由许多图件构成的，如元件、铜锡线、过孔等，在旋转多个图件时，需要顾及它周围的图件，例如元件不能重叠，网络不可短路，电源网络与其他信号线的间距应足够大等。大多数设计软件可以对设计完成的 PCB 自动进行检查，给出详细违规报告。

（7）PCB 仿真分析：能保证在物理制作之前，对 PCB 的信号处理进行仿真分析，以便进一步完善、修改。它同设计规划检查的内容是不同的。它主要分析布局布线对各参数的影响。

（8）存档输出：将设计好的印制板图保存为 PCB 图或其他类型的文档，以便今后使用、加工。

3. 多层 PCB 布线注意事项

多层 PCB 布线注意事项如下。

（1）高频信号线一定要短，不可以有尖角（直角），两根线之间的距离不宜平行、过近，否则可能会产生寄生电容。如果是两面板，一面的线布成横线，一面的线布成竖线。尽量不要布成斜线。首先手工将比较复杂的线布好，将布好的线锁定后，再使用自动布线功能，一般就可以完成全部布线。一般来说，线宽一般为 0.3 mm，间隔也为 0.3mm；但是电源线或者大电流线应该有足够宽度，一般需要 60～80mil。

（2）做好屏蔽。铜膜线的地线应该在电路板的周边，同时将电路上可以利用的空间全部使用铜锚做地线，增强屏蔽能力，并且防止寄生电容。

（3）地线的共阻抗干扰。电路图上的地线表示电路中的零电位，并用作电路中其他各点的公共参考点，在实际电路中由于地线（铜膜线）阻抗的存在，必然会带来共阻抗干扰，因此在布线时，不能将具有地线符号的点随便连接在一起，这可能引起有害的耦合而影响电路的正常工作。

4. PCB 设计可靠性——地线设计

在电子设备中，接地是控制干扰的重要方法，在地线设计中，应该注意以下几点：

（1）正确选择单点接地与多点接地，在低频电路中（工作频率小于1MHz），采用一点接地；在高频电路中（工作频率大于10MHz），采用就近多点接地。

（2）将数字电路和模拟电路分开，两者地线不要混淆，分别与电源端地线相连。

（3）尽量加粗地线，若地线很细，接地电位则随电流的变化而变化，如有可能，接地线宽度应大于3mm。

（4）将接地线构成闭环路，可以明显提高抗噪声能力。

5. PCB设计可靠性——电磁兼容性设计

电磁兼容性是指电子设备在各种电磁环境中仍能够协调、有效地进行工作的能力。电磁兼容性设计的目的是使电子设备既能抑制各种外来的干扰，使电子设备在特定的电磁环境中能够正常工作，又能减少电子设备本身对其他电子设备的电磁干扰。应注意以下几点：

（1）选择合理的导线宽度：由于瞬变电流在印制线条上所产生的冲击干扰主要是由印制导线的电感成分造成的，因此应尽量减小印制导线的电感量。印制导线的电感量与其长度成正比，与其宽度成反比，因而短而精的导线对抑制干扰是有利的。时钟引线、行驱动器或总线驱动器的信号线常常载有大的瞬变电流，印制导线要尽可能地短。对于分立元件电路，印制导线宽度在1.5mm左右时，即可完全满足要求；对于集成电路，印制导线宽度可在0.2mm～1mm之间选择。

（2）采用正确的布线策略：最好采用井字形网状布线结构，PCB的一面横向布线，另一面纵向布线；尽量减少导线的不连续性，例如导线不要突变，拐角应大于90°；尽量避免长距离的平行走线，尽可能拉开线与线之间的距离；在一些对干扰十分敏感的信号线之间设置一根地线，可以有效抑制串扰。布线示意如图4-7-4所示。

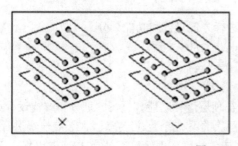 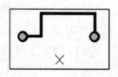 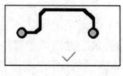

图4-7-4　布线示意

（3）抑制反射干扰：尽量缩短印制线的长度；采用慢速电路；加相同阻值的匹配电阻。

6. PCB设计可靠性——去耦电容配置

配置去耦电容可以抑制因负载变化而产生的噪声，是印制电路板的可靠性设计的一种常规做法。

7. PCB的尺寸和器件的布置

相互有关的元件尽量放得靠近一些；时钟发生器、晶振和CPU的时钟输入端易产生干扰，要相互靠近一些；易产生噪声的元件、小电流电路、大电流电路等应尽量远离逻辑电路。

8. 散热设计

从有利于散热的角度出发，PCB最好是直立安装，板与板之间的距离一般不应小于2cm，而且器件在 PCB 上的排列方式应遵循一定的规则。

7.3 电子设计

7.3.1 考点分析

历年嵌入式系统设计师考试试题涉及本部分的相关知识点有：电子设计自动化，硬件描述语言。

7.3.2 知识点精讲

1. 电子设计概述

随着半导体工艺水平的不断提高，芯片中已经能够集成几百万个门电路，一个完整的数字电子系统可以集成于一块芯片上，而传统产品设计需要经过人工设计、制作试验板、调试再修改多次循环才能定型，完成这样的 SOC 设计已经十分困难。由此提出 EDA 技术。

电子设计自动化（Electronic Design Automation，EDA）是指以计算机为工作平台，融合了应用电子技术、计算机技术、智能化技术最新成果而研制成的电子 CAD 通用软件包。利用 EDA 工具，电子工程师可以将电子产品的由电路设计、性能分析到 IC 设计图或 PCB 设计图整个过程在计算机上自动处理完成。

2. 电子系统设计自动化

电子系统设计自动化（Electronic System Design Automation，ESDA）采用自顶向下和并行工程的设计方法，设计者的精力主要集中在所要电子产品的准确定义上，EDA 系统去完成电子产品的系统级至物理级的设计。基本特征如下：

（1）采用自顶向下的设计方法，对整个系统进行方案设计和功能划分。

（2）系统的关键电路用一片或几片专用集成电路 ASIC 实现。

（3）然后采用硬件描述语言 HDL 完成系统行为级设计。

（4）最后通过综合器和适配器生成最终的目标器件。

自顶向下的设计方法：首先从系统设计入手，在顶层进行功能方框图的划分和结构设计。在方框图一级进行仿真和纠错，并用硬件描述语言对高层次的系统行为进行描述，在系统一级进行验证。然后用综合优化工具生成具体门电路的网表，其对应的物理实现级可以是 PCB 或专用集成电路。

3. 硬件描述语言

硬件描述语言（Hardware Description Language，HDL）是一种用于设计硬件电子系统的计算机语言。用软件编程的方式来描述电子系统的逻辑功能、电路结构和连接形式，更适合大规模系统的设计。

VHDL（Very High Speed IC Hardware Description Language）语言是一种全方位的硬件描述语言，包括系统行为级、寄存器传输级和逻辑门级多个设计层次，支持结构、数据流、行为三种描述形式的混合描述，因此 VHDL 几乎覆盖了以往各种硬件描述语言的功能，整个自顶向下或自底向上的电路设计过程都可以用 VHDL 来完成。VHDL 还具有以下优点：

（1）宽范围描述能力使它为高层次设计的核心。

第 4 天

（2）可用简洁明确的代码描述来进行复杂控制逻辑的设计。

（3）移植性好。

4．EDA 技术的基本设计方法

（1）电路级设计。首先确定设计方案，同时要选择能实现该方案的合适元件，然后根据具体的元件设计电路原理图。接着进行第一次仿真（前仿真），包括数字电路的逻辑模拟、故障分析，模拟电路的交直流分析、瞬态分析。这一次仿真主要是检验设计方案在功能方面的正确性。仿真通过后，根据原理图产生的电气连接网络表进行 PCB 的自动布局布线。在制作 PCB 之前还可以进行后分析，包括热分析、噪声及窜扰分析、电磁兼容分析、可靠性分析等。并且可以将分析后的结果参数反标回电路图，进行第二次仿真，也称为后仿真，这一次仿真主要是检验 PCB 在实际工作环境中的可行性。

（2）系统级设计。系统级设计是概念驱动式设计，针对设计目标进行功能描述，系统级设计步骤：

1）按照自顶向下的设计方法进行系统划分。

2）输入 VHDL 代码。

3）编译成标准的 VHDL 文件。

4）用综合器对 VHDL 源代码进行综合优化处理，生成门级描述的网络表文件。

5）用适配器将网络表文件针对某一具体目标元件进行逻辑映射操作。

6）烧写到目标芯片 FPGA 或 CPLD。

7.4　电子电路测试

7.4.1　考点分析

历年嵌入式系统设计师考试试题涉及本部分的相关知识点有：电子电路测试方法，硬件抗干扰测试，常用的硬件抗干扰技术。

7.4.2　知识点精讲

1．测试意义

测试的意义在于检查设计的具体电路是否能够像设计者要求的那样正确工作。测试的任务就是确认 IC 芯片内部有没有隐藏的故障。包括：

（1）故障检测：检测故障是否存在，即只判断有无故障。

（2）故障诊断（故障定位）：不仅判断故障是否存在，而且指出故障位置。

（3）仿真：对设计过程中得到的电路参数验证其正确性。

（4）测试：判断产品是否合格。

可测试设计的三个方面是测试生成、测试验证、测试设计。测试生成是指产生验证 IC 芯片行为的一组测试码。测试验证指给定测试集合的有效性测度，通过故障仿真来估算。测试设计是设计者在电路设计阶段就考虑芯片的测试结构问题，在设计用户逻辑的同时，还要设计测试电路。

JTAG 测试接口是 IC 芯片测试方法的标准。

2. 测试方法

测试方法如下：

（1）将被测 IC 芯片放到测试仪器上，测试设备根据需要产生一系列测试输入信号，加到被测元件上。

（2）在被测元件输出端得到输出信号。

（3）比较实际输出信号和预期输出信号。

（4）若吻合，测试通过；否则，测试不通过。

3. 硬件干扰测试

影响系统可靠安全运行的主要因素主要来自系统内部和外部的各种电气干扰，并受系统结构设计、元件选择、安装、制造工艺影响。形成干扰的基本要素有三个：

（1）干扰源。指产生干扰的元件、设备或信号，如雷电、高频时钟等都可能成为干扰源。用数学表示为 du/dt，du/dt 大的地方就是干扰源。

（2）传播路径。指干扰从干扰源传播到敏感器件的通路或媒介。典型的干扰传播路径是通过导线的传导和空间的辐射。

（3）敏感器件。指容易被干扰的对象，如 A/D 转换器、D/A 转换器、单片机、弱信号放大器等。

4. 干扰的分类

干扰通常可以按照噪声产生的原因、传导方式、波形特性等进行不同的分类。

（1）按产生的原因，可分为放电噪声音、高频振荡噪声、浪涌噪声。

（2）按传导方式，可分为共模噪声和串模噪声。

（3）按波形分，可分为持续正弦波、脉冲电压、脉冲序列等。

5. 干扰的耦合方式

干扰源产生的干扰信号是通过一定的耦合通道才对系统产生作用的。因此，有必要看看干扰源和被干扰对象之间的传递方式。主要有以下几种：

（1）直接耦合：最有效的方式是加入去耦电容。

（2）公共阻抗耦合：常常发生在两个电路电流有共同通路的情况。

（3）电容耦合：又称为电场耦合或静电耦合，是由分布电容产生的。

（4）电磁感应耦合（磁场耦合）：由分布电感产生。

（5）漏电耦合：纯电阻性，绝缘不好就会发生。

6. 常用硬件抗干扰技术

抑制干扰源：尽可能减少干扰源的 du/dt 和 di/dt，是抗干扰设计中最优先考虑和最重要的原则。减小干扰源的 du/dt 主要是通过在干扰源两端并联电容来实现。减小干扰源的 di/dt 则是在干扰源回路串联电感或电阻及增加续流二极管来实现。

切断干扰传播路径：按干扰的传播路径可分为传导干扰和辐射干扰两类。

所谓传导干扰是指通过导线传播到敏感元件的干扰。高频干扰噪声和有用信号的频带不同，可以通过在导线上增加滤波器的方法切断高频干扰噪声的传播，有时也可加隔离光耦来解决。电源噪声的危害最大，要特别注意处理。

所谓辐射干扰是指通过空间辐射传播到敏感元件的干扰。一般的解决方法是增加干扰源与敏感元件的距离，用地线把它们隔离和在敏感元件上加屏蔽罩。

切断干扰传播路径的常用措施如下：

（1）充分考虑电源对嵌入式系统的影响，如给电源加滤波电路或稳压器。

（2）若微处理器的 I/O 口接控制电机等噪声器件，应在 I/O 口和噪声源之间加隔离。

（3）晶振与微处理器的引脚尽量靠近，用地线把时钟区隔离起来，晶振外壳接地。

（4）电路板合理分区，如强、弱信号，数字、模拟信号。

（5）尽可能将干扰源与敏感元件远离。

（6）用地线把数字区与模拟区隔离。

（7）数字地与模拟地要分离，最后再一点接于电源地。

（8）微处理器和大功率器件的地线要单独接地，以减少互相干扰。

（9）大功率器件尽可能放在电路板边缘。

提高敏感元件的抗干扰性能：提高敏感元件的抗干扰性能是指从敏感元件这边考虑尽量减少对干扰噪声的拾取，以及从不正常状态尽快恢复的方法。提高敏感元件抗干扰性能的常用措施如下：

（1）布线时尽量减少回路环的面积，以降低感应噪声。

（2）布线时，电源线和地线要尽量粗。除减小压降外，更重要的是降低耦合噪声。

（3）对于嵌入式微处理器闲置的 I/O 接口不要悬空，要接地或接电源。其他集成电路（Integrated Circuit，IC）芯片的闲置端在不改变系统逻辑的情况下接地或接电源。

（4）对嵌入式微处理器使用电源监控及看门狗电路，可大幅度提高整个电路的抗干扰性能。

（5）在速度能满足要求的前提下，尽量降低嵌入式微处理器的晶振和选用低速数字电路。

第**5**天

模拟测试，反复操练

经过前 4 天的学习，今天就进入最后一天的学习了。今天最主要的任务就是做模拟题，熟悉考题的风格和类型，检验自己的学习成果，在测试中查缺补漏，避免"纸上谈兵"。下面就一起来做题吧。

第 1~2 学时　模拟测试（上午试题）

1. ___(1)___ 用来区分在存储器中以二进制编码形式存放的指令和数据。

    A．指令周期的不同阶段   B．指令和数据的寻址方式

    C．指令操作码的译码结果   D．指令和数据所在的存储单元

2. 计算机在一个指令周期的过程中，为从内存读取指令操作码，首先要将 ___(2)___ 的内容送到地址总线上。

    A．指令寄存器（IR）   B．通用寄存器（GR）

    C．程序计数器（PC）   D．状态寄存器（PSW）

3. 设 16 位浮点数，其中阶符 1 位、阶码值 6 位、数符 1 位、尾数 8 位。若阶码用移码表示，尾数用补码表示，则该浮点数所能表示的数值范围是 ___(3)___ 。

    A．$-2^{64} \sim (1-2^{-8}) \times 2^{64}$ B．$-2^{63} \sim (1-2^{-8}) \times 2^{63}$

    C．$-(1-2^{-8}) \times 2^{64} \sim (1-2^{-8}) \times 2^{64}$ D．$-(1-2^{-8}) \times 2^{63} \sim (1-2^{-8}) \times 2^{63}$

4. 已知数据信息为 16 位，最少应附加 ___(4)___ 位校验位，以实现海明码纠错。

    A．3   B．4

    C．5   D．6

5. 将一条指令的执行过程分解为取指、分析和执行三步，按照流水方式执行，若取指时间 t 取指 $=4\Delta t$、分析时间 t 分析 $=2\Delta t$、执行时间 t 执行 $=3\Delta t$，则执行完 100 条指令，需要的时间为 ___(5)___ Δt。

    A．200   B．300

    C．400   D．405

6. 以下关于 cache 与主存间地址映射的叙述中，正确的是 ___(6)___ 。

    A．操作系统负责管理 cache 与主存之间的地址映射

    B．程序员需要通过编程来处理 cache 与主存之间的地址映射

    C．应用软件对 cache 与主存之间的地址映射进行调度

    D．由硬件自动完成 cache 与主存之间的地址映射

7. 逻辑表达式求值时常采用短路计算方式。"&&""||""!"分别表示逻辑与、或、非运算，"&&""||"为左结合，"!"为右结合，优先级从高到低为"!""&&""||"。对逻辑表达式"x&&（y||!z）"进行短路计算方式求值时，___(7)___ 。

    A．x 为真，则整个表达式的值即为真，不需要计算 y 和 z 的值

    B．x 为假，则整个表达式的值即为假，不需要计算 y 和 z 的值

    C．x 为真，再根据 z 的值决定是否需要计算 y 的值

    D．x 为假，再根据 y 的值决定是否需要计算 z 的值

8. 嵌入式处理器流水线技术中的结构冒险是指 ___(8)___ 。

    A．因无法提供执行所需数据而导致指令不能在预定的时钟周期内执行的情况

    B．因取到指令不是所需要的而导致指令不能在预定的时钟周期内执行的情况

    C．因缺乏硬件支持而导致指令不能在预定的时钟周期内执行的情况

    D．因硬件出错而导致指令不能在预定的时钟周期内执行的情况

9. 计算机性能指标对用户非常重要，下列与计算机性能评测有关的叙述，不正确的是 ___(9)___ 。

    A．通常使用的综合评测指标有 3 类：工作量类、响应性能类、利用率类

    B．除综合评价指标外，评价系统性能的还有可靠性、可用性、可维护性等

    C．平均故障间隔时间 MTBF 越小，表示系统越可靠

    D．基准程序法 benchmark，是一种常用的计算机性能测试方法

10. 以下关于中断的叙述中，不正确的是 ___(10)___ 。

    A．中断处理过程包括中断响应、中断处理和中断恢复

    B．中断响应由硬件、软件共同完成

    C．中断响应时，软件完成程序状态字的交换

    D．中断处理完全由操作系统完成，按情况执行不同的中断处理例程

11. 以下关于特权指令的叙述中，错误的是 ___(11)___ 。

    A．特权指令集是计算机指令集的一个子集

    B．特权指令与系统资源的操纵和控制无关

    C．当计算机处于系统态运行时，它可以执行特权指令

    D．当计算机运行在用户态时，它可以执行特权指令

12. 浮点数能够表示的数的范围是由其 ___(12)___ 的位数决定的。

    A．尾数   B．阶码   C．数符   D．阶符

13. 在机器指令的地址字段中，直接指出操作数本身的寻址方式称为 ___(13)___ 。

    A．隐含寻址   B．寄存器寻址

    C．立即寻址   D．直接寻址

14. 内存按字节编址从 B3000H 到 DABFFH 的区域其存储容量为 （14） 。
    A．123KB   B．159KB   C．163KB   D．194KB

15. CISC 是 （15） 的简称。
    A．复杂指令系统计算机   B．超大规模集成电路
    C．精简指令系统计算机   D．超长指令字

16～17. 假设磁盘块与缓冲区大小相同，每个盘块读入缓冲区的时间为 15μs，由缓冲区送至用户区的时间是 5μs，在用户区内系统对每块数据的处理时间为 1μs。若用户需要将大小为 10 个磁盘块的 Doc1 文件逐块从磁盘读入缓冲区，并送至用户区进行处理，那么采用单缓冲区需要花费的时间为 （16） μs；采用双缓冲区需要花费的时间为 （17） μs。
    16. A．150   B．151   C．156   D．201
    17. A．150   B．151   C．156   D．201

18. CPU 通过接口对外设控制的方式一般包含程序查询方式、中断处理方式和 DMA 方式，以下描述正确的是 （18） 。
    A．程序查询方式下的结构复杂，但是工作效率很高
    B．中断处理方式下 CPU 不再被动等待，而是可以执行其他程序
    C．DMA 方式下的内存和外设之间的数据传输需要 CPU 介入
    D．在 DMA 进行数据传送之前，DMA 控制器不需要向 CPU 申请总线控制权

19. 假设系统采用 PV 操作实现进程同步与互斥。若 n 个进程共享两台打印机，那么信号量 S 的取值范围为 （19） 。
    A．-2～n   B．-(n-1)～1
    C．-(n-1)～2   D．-(n-2)～2

20. 假设段页式存储管理系统中的地址结构如下图所示，则系统 （20） 。

31	22	21	12	11	0
段号		页号		页内地址	

    A．最多可有 2048 个段，每个段的大小均为 2048 个页，页的大小为 2K
    B．最多可有 2048 个段，每个段最大允许有 2048 个页，页的大小为 2K
    C．最多可有 1024 个段，每个段的大小均为 1024 个页，页的大小为 4K
    D．最多可有 1024 个段，每个段最大允许有 1024 个页，页的大小为 4K

21. 在中断响应过程中，CPU 保护程序计数器的主要目的是 （21） 。
    A．为了实现中断嵌套
    B．使 CPU 能找到中断服务程序的入口地址
    C．为了使 CPU 在执行完中断服务程序后能返回到被中断程序的断点处
    D．为了使 CPU 与 I/O 设备并行工作

22. 下列关于实时操作系统（RTOS）的叙述中，不正确的是 （22） 。
    A．实时操作系统中，首要任务是调度一切可利用的资源来完成实时控制任务

　　B．实时计算中，系统的正确性仅依赖于计算结果，不考虑结果产生的时间

　　C．实时操作系统就是系统启动后运行的一个后台程序

　　D．实时操作系统可以根据应用环境的要求对内核进行裁减和重配

23．任务调度是嵌入式操作系统的一个重要功能，嵌入式操作系统内核一般分为非抢占式和抢占式两种，以下叙述中，不正确的是　（23）　。

　　A．非抢占式内核要求每个任务要有自我放弃 CPU 的所有权

　　B．非抢占式内核的任务级响应时间取决于最长的任务执行时间

　　C．在抢占式内核中，最高优先级任务何时执行是可知的

　　D．抢占式内核中，应用程序可以直接使用不可重入函数

24．虚拟存储器的管理方式分为段式、页式和段页式三种，以下描述中，不正确的是　（24）　。

　　A．页式虚拟存储器中，虚拟地址到实地址的变换是由主存中的页表来实现的

　　B．段式存储管理中，段是按照程序的逻辑结构划分的，各个段的长度一致

　　C．段页式存储管理中主存的调入和调出是按照页进行，但可按段来实现保护

　　D．在一般的大中型机中，都采用段页式的虚拟存储管理方式

25．在嵌入式操作系统中，两个任务并发执行，一个任务要等待另外一个任务发来消息后再继续执行，这种制约性合作关系被称为任务的　（25）　。

　　A．同步　　　　　　B．互斥　　　　　　C．调度　　　　　　D．等待

26．共享内存通信机制的缺点是　（26）　。

　　A．需要花费额外的内存空间　　　　　　B．需要使用额外的同步机制

　　C．需要额外硬件支持　　　　　　　　　D．通信过程中需要反复读取内存，时间开销大

27．操作系统使用设备管理的方式管理外部设备，当驱动程序利用系统调用打开外部设备时，通常使用的标识是　（27）　。

　　A．物理地址　　　　B．逻辑地址　　　　C．逻辑设备名　　　D．物理设备名

28．声音（音频）信号的一个基本参数是频率，它是指声波每秒钟变化的次数，用 Hz 表示。人耳能听到的音频信号的频率范围是　（28）　。

　　A．0Hz～20kHz　　　　　　　　　　　B．0Hz～200kHz

　　C．20Hz～20kHz　　　　　　　　　　　D．20Hz～200kHz

29．颜色深度是表达图像中单个像素的颜色或灰度所占的位数（bit）。若每个像素具有 8 位的颜色深度，则可表示　（29）　种不同的颜色。

　　A．8　　　　　　　　B．64　　　　　　　C．256　　　　　　D．512

30．视觉上的颜色可用亮度、色调和饱和度三个特征来描述。其中饱和度是指颜色的　（30）　。

　　A．种数　　　　　　B．纯度　　　　　　C．感觉　　　　　　D．存储量

31．防火墙不具备　（31）　功能。

　　A．记录访问过程　　B．查毒　　　　　　C．包过滤　　　　　D．代理

32．网络系统中，通常把　（32）　置于 DMZ 区。

　　A．网络管理服务器　　　　　　　　　　B．Web 服务器

　　C．入侵检测服务器　　　　　　　　　　D．财务管理服务器

33．以下关于拒绝服务攻击的叙述中，不正确的是 　(33)　。

　　A．拒绝服务攻击的目的是使计算机或者网络无法提供正常的服务

　　B．拒绝服务攻击是不断向计算机发起请求来实现的

　　C．拒绝服务攻击会造成用户密码的泄露

　　D．DDoS 是一种拒绝服务攻击形式

34．　(34)　不是蠕虫病毒。

　　A．熊猫烧香　　　　　　　　　　　　B．红色代码

　　C．冰河　　　　　　　　　　　　　　D．爱虫病毒

35．　(35)　的保护期限是可以延长的。

　　A．专利权　　　　　　　　　　　　　B．商标权

　　C．著作权　　　　　　　　　　　　　D．商业秘密权

36．甲公司软件设计师完成了一项涉及计算机程序的发明。之后，乙公司软件设计师也完成了与甲公司软件设计师相同的涉及计算机程序的发明。甲、乙公司于同一天向专利局申请发明专利。此情形下，　(36)　是专利权申请人。

　　A．甲公司　　　　　　　　　　　　　B．甲、乙两公司

　　C．乙公司　　　　　　　　　　　　　D．由甲、乙公司协商确定的公司

37．甲、乙两厂生产的产品类似，且产品都使用"B"商标。两厂于同一天向商标局申请商标注册，且申请注册前两厂均未使用"B"商标。此情形下，　(37)　能核准注册。

　　A．甲厂　　　　　　　　　　　　　　B．由甲、乙厂抽签确定的厂

　　C．乙厂　　　　　　　　　　　　　　D．甲、乙两厂

38．以下关于嵌入式软件开发的叙述中，正确的是 　(38)　。

　　A．宿主机与目标机之间只需要建立逻辑连接即可

　　B．调试器与被调试程序一般位于同一台机器上

　　C．嵌入式系统开发通常采用的是交叉编译器

　　D．宿主机与目标机之间的通信方式只有串口和并口两种

39．在某嵌入式系统中采用 PowerPC 处理器，若 C 语言代码中定义了如下的数据类型变量 X，则 X 所占用的内存字节数是 　(39)　。

```
union data{
    int i;
    char ch;
    double f;
}X;
```

　　A．8　　　　　　　　B．13　　　　　　　　C．16　　　　　　　　D．24

40．阅读下面的 C 语言程序，请给出正确的输出结果 　(40)　。

```
#include<stdio.h>
#define N 10
#define s(x) x*x
#define f(x) (x*x)
#define g(x) ((x)*(x))
```

```
main()
{
    int i1, i2, i3, i4;
    i1=1000/s(N);
    i2=1000/f(N);
    i3=f(N+1);
    i4=g(N+1);
    printf("i1=%d, i2=%d, i3=%d, i4=%d\n",i1,i2,i3,i4);
}
```

A．i1=1000，i2=10，i3=21，i4=121　　B．i1=10，i2=10，i3=121，i4=121

C．i1=1000，i2=1000，i3=21，i4=21　　D．i1=10，i2=1000，i3=121，i4=21

41．以下 C 语言程序的输出结果是 __（41）__ 。

```
struct s
{
    int x,y;
} data[2]={10,100,20,200};
main()
{
    struct s *p=data;
    p++;
    printf("%d\n",++(p->x));
}
```

A．10　　　　　B．11　　　　　C．20　　　　　D．21

42～43．编译器和解释器是两种基本的高级语言处理程序。编译器对高级语言源程序的处理过程可以划分为词法分析、语法分析、语义分析、中间代码生成、代码优化、目标代码生成等阶段，其中，__（42）__ 并不是每个编译器都必需的。与编译器相比，解释器 __（43）__ 。

42．A．词法分析和语法分析　　　　　　　B．语义分析和中间代码生成

　　C．中间代码生成和代码优化　　　　　D．代码优化和目标代码生成

43．A．不参与运行控制，程序执行的速度慢　B．参与运行控制，程序执行的速度慢

　　C．参与运行控制，程序执行的速度快　　D．不参与运行控制，程序执行的速度快

44．三目运算符表达式"d=a＞b?(a＞c?a:c):(b＞c?b:c)；"等价于下列①、②、③、④四组程序的 __（44）__ 组解释。

①if(a＞b)　　　　　　　　　　　　　　②if(a＞b)d=a;
　　if(a＞c)d=c;　　　　　　　　　　　　else if(a＞c)d=a;
　　else d=a;　　　　　　　　　　　　　else if(b＞c)d=b;
　　else if(b＞c)d=c;　　　　　　　　　else d=c;
　　else d=b;

③if(a＞b)d=b;　　　　　　　　　　　④if(a＞b){
　　else if(a＞c)d=c;　　　　　　　　　　if(a＞c)d=a;
　　else if(b＞c)d=c;　　　　　　　　　　else d=c;

else d=b;　　　　　　　　　　　　　　}else{

if(b＞c)d=b;

else d=c;}

A. ④　　　　　　B. ③　　　　　　C. ②　　　　　　D. ①

45～46. 某软件项目的活动图如下图所示，其中顶点表示项目里程碑，连接顶点的边表示包含的活动，边上的数字表示相应活动的持续时间（天），则完成该项目的最少时间为__(45)__天。活动 BC 和 BF 最多可以晚开始__(46)__天而不会影响整个项目的进度。

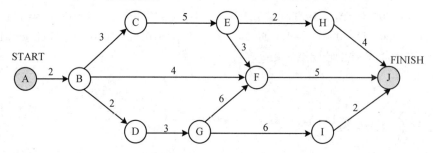

45. A. 11　　　　　　B. 15　　　　　　C. 16　　　　　　D. 18

46. A. 0 和 7　　　　B. 0 和 11　　　　C. 2 和 7　　　　D. 2 和 11

47. 以下关于软件可靠性相关的叙述中，错误的是__(47)__。

A. 软件可靠性是指在规定的条件下和时间内，软件不引起系统故障的能力

B. 规定的条件：包括运行的软、硬件环境以及软件的使用方式

C. 规定的时间：包括日历时间、时钟时间、执行时间等

D. 软件可靠性与软件存在的缺陷和系统的输入有关，与系统的使用无关

48. 以下关于容错技术的叙述中，错误的是__(48)__。

A. 系统容错技术，主要研究系统对故障的检测、定位、重构和恢复

B. 从余度设计角度出发，系统通常采用相似余度或非相似余度实现系统容错

C. 从结构角度出发，容错结构有单通道加备份结构、多通道结构

D. 通常硬件实现容错常用的有恢复块技术和 N 版本技术

49. 软件项目实施过程中的里程碑点应在__(49)__文档中确定。

A. 软件研制任务书　　　　　　　　B. 软件开发计划

C. 软件测试计划　　　　　　　　　D. 软件研制总结报告

50～51. 受控库存放的内容包括__(50)__文档和__(51)__代码。

50. A. 通过评审且评审问题已归零或变更验证已通过，均已完成签署的

B. 只要完成编写的各种

C. 在软件设计阶段结束时的

D. 在综合测试阶段结束时的

51. A. 通过了项目规定测试的，或回归测试的，或产品用户认可的

B. 只要完成编写的各种

C．在软件设计阶段结束时的

D．在综合测试阶段结束时的

52．模块 A、B 和 C 都包含相同的五个语句，这些语句之间没有联系。为了避免重复，把这五个语句抽取出来组成一个模块 D，则模块 D 的内聚类型为__(52)__内聚。

A．功能　　　　　B．通信　　　　　C．逻辑　　　　　D．巧合

53．某个项目在开发时采用了不成熟的前沿技术，由此而带来的风险属于__(53)__风险。

A．市场　　　　　B．技术　　　　　C．经济　　　　　D．商业

54．为了对下图所示的程序段进行覆盖测试，必须适当地选择测试用例组。若 x, y 是两个变量，可选择的用例组共有 I、II、III、IV 四组（如下表所示），则实现判定覆盖至少应采用的测试用例组是__(54)__。

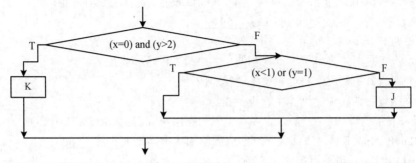

	x	y
测试用例组 I	0	3
测试用例组 II	1	2
测试用例组 III	-1	2
测试用例组 IV	3	1

A．I、II、III 或 I、II、IV　　　　　B．I、II、III 或 II、III、IV

C．I、III、IV 或 II、III、IV　　　　　D．I、III、IV 或 I、II、IV

55．DSP（Digital Signal Processor）是一种特别适合于进行数字信号处理运算的微处理器，以下不属于 DSP 芯片特点叙述的是__(55)__。

A．没有低开销或无开销循环及跳转的硬件支持

B．程序和数据空间分开，可以同时访问指令和数据

C．具有在单周期内操作的多个硬件地址产生器

D．支持流水线操作，使取指、译码和执行操作可以重叠执行

56．以下关于 SD 卡的叙述中，不正确的是__(56)__。

A．SD 卡一般采用 9 芯的接口

B．一般处理器都集成了 SD 卡模块，在设计时只要添加简单的外部电路即可

C．嵌入式系统对 SD 卡的使用过程中，可以将 SD 卡格式化为对应的文件系统

D．SD 卡在结构上不支持一主多从的星型结构

57．某 8 位 D/A 变换器的输出最大电压为 5V，其分辨率指标是最低有效位输入时输出的变化程度，那么该 D/A 变换器的分辨率是 (57) 。

A．10mV

B．20mV

C．40mV

D．50mV

58．对于 TTL 电路和 CMOS 电路的原理及比较，以下描述中不正确的是 (58) 。

A．TTL 电路是电压控制，CMOS 电路是电流控制

B．TTL 电路速度快，但是功耗大，CMOS 电路速度慢，传输延迟时间长

C．CMOS 电路具有锁定效应

D．CMOS 电路在使用时不用的管脚不要悬空，要接上拉电阻或下拉电阻

59．嵌入式系统中配置了大量的外围设备，即 I/O 设备。依据工作方式不同可以分为字符设备、块设备和网络设备。下面描述不正确的是 (59) 。

A．键盘、显示器、打印机、扫描仪、鼠标等都属于字符设备

B．块设备是以块为单位进行传输的，如磁盘、磁带和光盘等

C．网络设备主要用于与远程设备进行通信

D．网络设备的传输速度和字符设备相当

60．在嵌入式系统设计中，一般包含多种类型的存储资源，比如 ROM、EEPROM、NAND Flash、NOR Flash、DDR、SD 卡等。下面关于这些资源的描述中，正确的是 (60) 。

A．EEPROM 是电不可擦除的 ROM

B．NAND Flash 上面的代码不能直接运行，需要通过加载的过程

C．NOR Flash 上面的代码不能直接运行，需要通过加载的过程

D．ROM 是用来存储数据的，其上面的数据可以随意更新，任意读取

61．在进行 DSP 的软件设计时，可以用汇编语言或者 C 语言进行设计，最终是生成可执行文件，通过下载线缆下载到 DSP 上运行、调试。下列对 DSP 软件的开发、编译、调试过程描述不正确的是 (61) 。

A．C 语言程序和汇编语言程序都会生成目标文件

B．DSP 程序的调试是一个不断交互、完善的过程

C．DSP 一般是通过仿真器将文件下载到板子

D．目标文件可以直接下载到板子上进行调试

62．JTAG 是用来进行嵌入式处理器调试的标准化接口，下列描述中，正确的是 (62) 。

A．JTAG 接口上一般包括模式选择、时钟、数据输入、数据输出、复位等信号

B．当 JTAG 接口上面的时钟不正常时，也可以访问 CPU 内部的寄存器

C．JTAG 只能用于调试，而不能用于进行芯片问题的检测

D．JTAG 能够访问 CPU 内部的寄存器，而不能访问 CPU 总线上面的设备

63．在单总线结构的 CPU 中，连接在总线上的多个部件某时刻 (63) 。

A．只有一个可以向总线发送数据，并且只有一个可以从总线接收数据

B．只有一个可以向总线发送数据，但可以有多个同时从总线接收数据

C．可以有多个同时向总线发送数据，并且可以有多个同时从总线接收数据

D．可以有多个同时向总线发送数据，但只有一个可以从总线接收数据

64．在嵌入式系统硬件设计中，可以采用　(64)　方法减少信号的辐射。

  A．去掉芯片电源到地之间的电容   B．增加线长

  C．减小线宽   D．在有脉冲电流的引线上串小磁珠

65．以下四种路由中，　(65)　路由的子网掩码是 255.255.255.255。

  A．远程网络   B．静态   C．默认   D．主机

66．以下关于层次化局域网模型中核心层的叙述，正确的是　(66)　。

  A．为了保障安全性，对分组要进行有效性检查

  B．将分组从一个区域高速地转发到另一个区域

  C．由多台二、三层交换机组成

  D．提供多条路径来缓解通信瓶颈

67～68．ICMP 协议属于因特网中的　(67)　协议，ICMP 协议数据单元封装在　(68)　中传送。

  67．A．数据链路层   B．网络层

     C．传输层   D．会话层

  68．A．以太帧   B．TCP 段

     C．UDP 数据报   D．IP 数据报

69．DHCP 客户端可从 DHCP 服务器获得　(69)　。

  A．DHCP 服务器的地址和 Web 服务器的地址

  B．DNS 服务器的地址和 DHCP 服务器的地址

  C．客户端地址和邮件服务器地址

  D．默认网关的地址和邮件服务器地址

70．分配给某公司网络的地址块是 210.115.192.0/20，该网络可以被划分为　(70)　个 C 类子网。

  A．4   B．8   C．16   D．32

71～75．An operating system also has to be able to service peripheral　(71)　, such as timers,motors, sensors, communication devices, disks, etc.. All of those can request the attention of the OS　(72)　, i.e. at the time that they want to use the OS, the OS has to make sure it's ready to service the requests. Such a request for attention is called an interrupts. There are two kinds of interrupts: Hardware interrupts and Software interrupts. The result of an interrupts: is also a triggering of the processor, so that it jumps to a　(73)　address. Examples of cases where software interrupts appear are perhaps a divide by zero, a memory segmentation fault, etc.. So this kind of interrupt is not caused by a hardware event but by a specific machine language operation code. Many systems have more than one hardware interrupt line, and the hardware manufacturer typically assembles all these interrupt lines in an interrupt　(74)　. An Interrupt　(75)　 is a piece of hardware that shields the OS from the electronic details of the interrupt lines, so that interrupts can be queued and none of them gets lost.

  71．A. hardware   B. software   C. application   D. processor

  72．A. synchronously   B. asynchronously   C. simultaneously   D. directly

73. A. random   B. pre-specified   C. constant   D. unknown
74. A. vector   B. array   C. queue   D. ist
75. A. Cell   B. Vector   C. Controller   D. Manager

第3~4学时　模拟测试（下午试题）

试题一

阅读以下关于某嵌入式系统设计的说明，回答下列问题。

【说明】某公司承接了某嵌入式系统的研制任务。该嵌入式系统由数据处理模块、系统管理模块、FC 网络交换模块和智能电源模块组成，系统组成如图 1 所示。数据处理模块处理系统的应用任务；系统管理模块除了处理系统的应用任务外，还负责管理整个嵌入式系统；FC 网络交换模块采用消息机制，支持广播和组播，主要负责系统的数据交换；智能电源模块负责给其他模块供电，该模块根据系统命令可以给其他模块供电或停止供电。

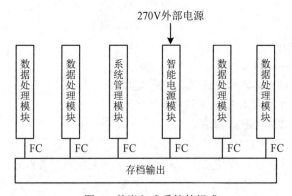

图 1　某嵌入式系统的组成

问题 1　该系统的软件大部分是用 C 语言编程的，编程人员经常会使用运算符，请按优先级由高到低的次序，重新排序下面的运算符：%, =, <=, &&。

问题 2　该系统的开发要求按软件能力成熟度模型 CMM 3 级开发，请回答下列问题：

（1）CMM 3 级包含多少个关键过程域？

（2）请写出 CMM 3 级的关键过程域。

（3）CMM2 级包含多少个关键过程域？

（4）在对该开发软件单位进行 CMM 3 级达标评级时，只需检查 3 级的关键过程域还是 3 级和 2 级的关键过程域都需要检查？

问题 3

（1）在本系统中，FC 网络采用何种拓扑结构?请从如下四个选项中选择最为合适的。

　　A．总线型   B．树型   C．星型   D．点对点型

（2）FC 网络除了用于交换的光纤基础架构，还必须有高性能的 I/O 通道结构支持，I/O 通道在 FC 网络中的优势是什么？

问题 4　智能电源模块首先进行系统初始化，初始化后各设备就可使用，再根据系统初始配置表对嵌入式系统的其他模块供电。智能电源模块通常完成两件事情：①周期性地查询本模块温度、各路电流（给各模块供电的）以及电源模块的供电是否异常，如果异常，则进行异常处理，并报系统管理模块，由系统管理模块进行决策；②进入中断处理程序，处理系统管理模块的各种命令，如果系统管理模块命令关机下电，则智能电源模块对所有模块（也包括自己）进行下电处理。

图 2 是智能电源模块上的管理软件处理流程图，请完成该流程图，给（1）～（5）处填空。

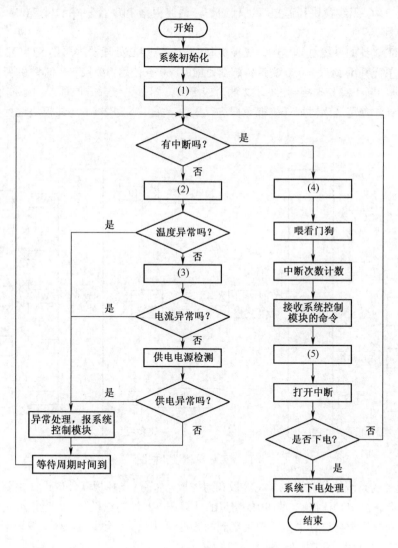

图 2　智能电源管理软件流程图

试题二

阅读以下关于某四轴飞行器系统设计的说明，回答下列问题。

【说明】

在某四轴飞行器系统设计中，利用惯性测量单元（IMU）、PID 电机控制、2.4G 无线遥控通信和高速空心直流电机驱动等技术来实现一个简易的嵌入式四轴飞行器方案。整个系统的设计包括飞控板和遥控板两部分，两者之间采用 2.4G 无线模块进行数据传输。飞控板采用高速单片机 STM32 作为处理器，采用含有三轴陀螺仪、三轴加速度计的运动传感器 MPU 6050 作为惯性测量单元，通过 2.4G 无线模块和遥控板进行通信，最终根据 PID 控制算法以 PWM 方式驱动空心电机来控制目标。

图 1 为李工设计的系统总体框图。飞控板和遥控板的核心处理器都采用 STM32 F103。飞控系统的惯性测量单元采用 MPU 6050 测量传感器，MPU 6050 使用 IIC 接口，时钟引脚 SCL、数据引脚 SDA 和数据中断引脚分别接到 STM32 的对应管脚，图 2 为该部分原理图。遥控板采用 STM32 单片机进行设计，使用 AD 对摇杆模拟数据进行采集，采用 NRF2401 无线模块进行通信，图 3 为该部分原理图。

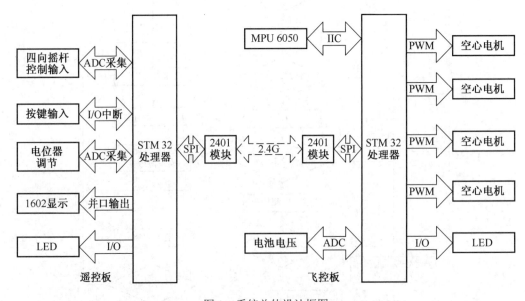

图 1　系统总体设计框图

李工所设计的系统软件同样包含飞控板和遥控板两部分，飞控板软件的设计主要包括无线数据的接收、自身姿态的实时计算、电机 PID 增量的计算和 PWM 的电机驱动。遥控板主控制器软件通过 ADC 外设对摇杆数据进行采集，把采集到的数据通过 2.4G 无线通信模块发送至飞控板。图 4 为飞控系统的软件流程示意图。

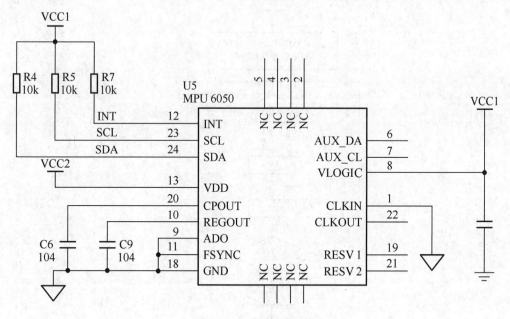

图 2　飞控板部分原理图

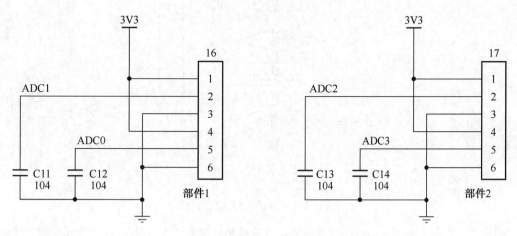

图 3　遥控板部分原理图

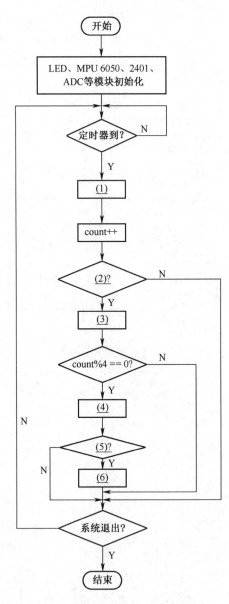

图 4　飞控系统的软件流程示意图

问题 1　由图 1 系统总体框图设计可知，飞控板和遥控板之间是用 2.4G 无线通信进行数据传输，各自主处理器和无线通信模块之间是 SPI 接口。同时，在飞控板上，处理器和惯性测量单元是通过 IIC 进行数据交互。以下关于 SPI 接口和 IIC 接口的描述中，正确的是：_____ 、_____、_____、_____。

　　A．SPI 和 IIC 都是主从式通信方式

B．SPI 的数据收发线是各自独立的，IIC 也是同样

C．SPI 和 IIC 的传输都不需要片选控制

D．IIC 总线是一个多主机的总线，可以连接多于一个能控制总线的器件到总线

E．IIC 总线包括标准模式、快速模式和高速模式，相互之间的传输速度差异并不大

F．在原理设计中，到底采用 SPI 和 IIC 哪种方式，需要依据外设芯片的接口而定

G．SPI 是一种环形总线结构

H．在 IIC 总线上，可以有多个从设备具有相同的 IIC 地址

问题 2

（1）图 2 飞控板部分原理图中，R4 的作用是什么？

（2）图 3 遥控板部分原理图中，C11、C12、C13、C14 的作用是什么？

问题 3　在 STM32 处理器的 PWM 使用过程中，最为关键的就是 PWM 的频率和占空比。PWM 的频率依赖于 PWM 模块的参考时钟频率，自动装载寄存器 ARR 的值加 1 之后再乘以参考时钟频率即可得到 PWM 的频率。PWM 的占空比是用捕获比较寄存器 CCR 和自动装载寄存器 ARR 获得的，PWM 占空比=CCR/（ARR+1）。

假设当前主控板的 STM32 处理器 PWM 模块的参考时钟频率为 1kHz，要将 PWM 模块的频率设置为 100kHz，则 ARR 寄存器的值应设置为多少？如果此时占空比希望设置为 20%，那么 CCR 寄存器的值应该设置为多少？

问题 4　0.5 毫秒进行一次定时器的触发，每次中断都会检查一次无线模块数据的接收，以确保飞控系统控制信息的实时性。每 2 次中断（即 1 毫秒）读取一次 MPU6050 单元的数据，并进行算法处理。每 4 次中断（即 2 毫秒）通过计算当前飞控板系统的姿态，结合遥控端的目标姿态，根据两者的差值通过 PID 控制算法对各个电机进行调速控制。每 200 次中断（即 100 毫秒）采集一次电池电压，然后通过无线模块把电池电压发送给遥控板，以告知操作人员当前电压的大小。

图 4 为飞控系统软件实现的简要流程图，根据以上描述，请补全图 4 中的空（1）～（6）处的内容。

试题三

阅读以下说明，回答问题 1 至问题 3。

【说明】

某嵌入式控制软件中，通过采集传感器数值来计算输出控制率，同时为提高数据采集的可靠性，对采集数值使用三余度采集方法进行三个通道的数据采集。

（1）三余度数据采集及处理要求：

1）如果某通道采集值在[-3.0，3.0]V 正常范围内，且与任一相邻通道间差值不大于 0.5V，则该通道数据满足要求。

2）如果某通道采集值超过[-3.0，3.0]V 正常范围，或者此通道采集值与其他两个通道的差值均大于 0.5V，则该通道数据不满足要求。

3）如果三通道值均满足要求，则取三通道中差值较小的两通道数据平均值。

4）如果三通道值均满足要求，且相邻两数值的差值相等，则取三个采集值的中间值。

5）如果仅有一个通道数据不满足采集要求，取满足要求的两个通道数据平均值。

6）如果大于一个通道数据不满足采集要求，取安全值 0V。

（2）对计算输出控制率的具体处理算法如下：

1）如果依据采集数据计算的控制率 C1 与目前实际控制率 C0 差值不大于 0.01，则使用本周期计算控制率 C1 进行输出控制，否则使用目前实际控制率 C0 输出控制，连续超过范围计数加 1，不上报传感器故障。

2）如果连续三个周期计算的控制率 C1 与目前实际控制率 C0 差值大于 0.01，则上报传感器三级故障，连续超过范围计数清零，使用目前实际控制率 C0 输出控制；如果已经连续三个周期控制率差值超过范围，并已上报三级故障，但第四个周期计算的控制率 C1 与目前实际控制率 C0 差值不大于 0.01，则清除三级故障上报，并使用 C1 进行输出控制。

3）如果累计大于等于 10 个周期计算的控制率 C1 与目前实际控制率 C0 差值大于 0.01，则上报传感器二级故障，使用目前实际控制率 C0 输出控制。

4）如果累计大于等于 100 个周期计算的控制率 C1 与目前实际控制率 C0 差值大于 0.01，则上报传感器一级故障，清除二级故障，并切断输出控制（输出安全值 0）。

5）如果低级故障和高级故障同时发生，则按高级故障上报和处理。

问题 1　为了测试采集算法，在不考虑测量误差的情况下，根据所设计测试用例的输入填写表 1 中的（1）～（6）空，预期输出结果精度为小数点后保留两位数字。

表 1　采集算法测试用例表

序号	输入			输出 Out_A1
	In_U[0]	In_U[1]	In_U[2]	预期结果
1	0.0V	0.0V	0.0V	0.00V
2	2.0V	2.3V	1.8V	（1）
3	1.5V	1.6V	1.3V	（2）
4	2.8V	2.6V	2.0V	（3）
5	-3.0V	-3.1V	-2.8V	（4）
6	2.0V	1.4V	2.6V	（5）
7	3.1V	2.8V	3.2V	（6）

问题 2　白盒测试方法和黑盒测试方法是目前嵌入式软件测试常用的方法。请简述白盒测试方法与黑盒测试方法的概念。同时依据本题说明，指明问题 1 中设计的测试用例使用了白盒测试方法还是黑盒测试方法。

问题 3　为了测试控制率计算算法，在不考虑测量误差的情况下，请完善所设计的测试用例，填写表 2 中的空（1）～（6）。

表 2　控制率算法测试用例表

序号	前置条件		输入		输出（预期结果）	
	控制率超差连续计数	控制率超差累计计数	计算控制率 C_1	实际控制率 C_0	输出控制率	上报故障
1	0	0	1.632	1.638	1.632	无
2	0	0	1.465	1.454	(1)	无
3	(2)	6	2.358	2.369	2.369	三级故障
4	1	(3)	1.569	1.557	1.557	二级故障
5	2	9	2.221	2.234	2.234	(4)
6	0	99	1.835	1.822	(5)	(6)

试题四

阅读下列说明，回答问题 1 至问题 3，将答案填入答题纸的对应栏内。

【说明】

某直升机的显示控制计算机是其座舱显控系统的核心部件，将来自飞行员的参数和控制命令与载机的飞行参数信息进行融合处理后，在显示器上显示。该显示控制计算机由一个显示控制单元和一个输入输出单元组成，它们之间通过双口 RAM 进行数据交换，如图 1 所示。

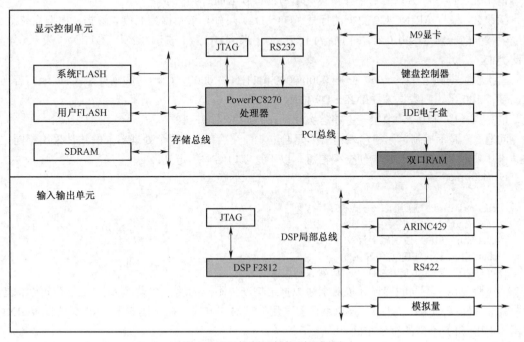

图 1　显示控制计算机原理框图

显示控制单元采用 Freescale 公司的 PowerPC8270 高性能、低功耗 32 位处理器，并设计有系统 FLASH 存储器、用户 FLASH 存储器、SDRAM 存储器。CPU 内部设有存储器控制器，提供地址译码、数据处理周期访问时序、SDRAM 时钟等功能。

输入输出单元采用 Ti 公司的 DSP F2812 高性能、低功耗 16 位处理器，采用 ARINC429 总线用于接收导航计算机、大气数据计算机等外部设备的数据。ARINC429 解算程序严格遵循 ARINC429 规范，其通用字格式见表 1，字长 32Bit，不用的数据位填"0"。当接收到 ARINC429 数据后，首先判断状态位，只有在状态和标号正确的情况下，才进一步根据分辨率等进行解算数据的含义。

表 1   ARINC429 通用字格式

D32	D31~D30	D29	D28~D9	D8~D1
奇偶位	状态位	符号位	20 位数据	8 位标号

问题 1   系统 FLASH 存储器的存储容量是 8MB，用于存储 CPU 模块引导程序、BIT 测试程序，FLASH 在板编程程序，网口操作系统，用户程序。系统 FLASH 地址分配在存储空间的高端，地址空间为（1）~0xFFFFFFFF。

用户 FLASH 存储器的存储容量是（2），用于记录数据的存储。FLASH 地址分配在存储空间的高端，地址空间为 0x78000000~0x7BFFFFFF。

SDRAM 的存储容量是 256MB，用于运行操作系统和应用软件，地址空间位于存储器的低端 0x00000000~（3）。

请完成（1）~（3）填空，并将答案填写在答题纸的对应栏中。

问题 2   根据 ARINC429 数据的标号（D8~D1）可知，该数据为高度表数据。根据系统定义，高度表数据的分辨率为 0.1 米，即 D9 为 1 表示 0.1 米，D10 为 1 表示 0.2 米，D11 为 1 表示 0.4 米，以此类推。

若接收数据帧中 D28~D9 位是 0000.0000.0111.1101.0000，则当前的高度是（1）米。若当前的高度是 100 米，则数据帧中 D28~D9 位应为（2）。

请完成（1）和（2）填空，并将答案填写在答题纸的对应栏中。

问题 3   显示控制单元和输入输出单元通过双口交换信息，两个处理器上的软件采用相同定义的结构体来定义双口单元，方便交换信息。以下是双口结构体定义：

```
typedef struct
{
    char ctrlWord; /*通道工作方式控制字*/
    char head; /*FIFO 控制头指针*/
    char tail; /*FIFO 控制尾指针*/
    short fifo[32] ; /*FIFO 缓冲区*/
}SPM_CHAN_RX429; /*ARINC429 接收通道定义*/
```

为了避免由于不同的编译环境对上述数据结构产生不同的编译结果，建议对上述数据结构通过设置紧缩属性（packed 属性），强迫编译器采用字节对齐方式，在该模式下，SPM_CHAN_RX429 结构体占用（1）字节的存储空间。

ARINC429 接收通道设计为由一个首尾相连的 FIFO 数组形成的环形队列。输入输出单元根据头指针向环形队列写入数据，头指针始终指向下一个要写入的位置，并且限制写入数据最多为 31 个，即队尾与队首之间至少保留一个元素的空间。

显示控制单元根据尾指针从环形队列读取数据，尾指针始终指向下一个要读取的位置。初始化环形队列的 C 语言为：

```
typedef struct
{
    char ctrlWord; /*通道工作方式控制字*/
    char head; /*FIFO 控制头指针*/
    char tail; /*FIFO 控制尾指针*/
    short fifo[32] ; /*FIFO 缓冲区*/
}SPM_CHAN_RX429; /*ARINC429 接收通道定义*/
SPM_CHAN_RX429 *pBuf;
pBuf= (SPM_CHAN_RX429 *) ADDR_3RAM_PPC; /*双口地址的宏定义*/ pBuf->ctrlWord=0;
pBuf->head=O; pBuf->tail=O;
```

判断队列为空的 C 语言为（2）。

判断队列为满的 C 语言为（3）。

请完成（1）～（3）填空，并将答案填写在答题纸的对应栏中。

试题五

阅读下列说明和程序，回答下列问题。

【说明】

在开发某嵌入式系统时，设计人员根据系统要求，分别编写了如下程序，其中：

[程序 1]：实现两个变量的值的互换。

[程序 2]：完成某功能的 C 语言程序。

[程序 3] 和 [程序 4]：是 P、V 操作的形式化定义，设 S 为信号量。在多道程序系统中，进程是并发执行的。这些进程间存在着不同的相互制约关系，主要表现为同步和互斥两个方面。信号量是解决进程间同步与互斥的有效方法。

[程序 1]
```
void swap (int  n1, int n2)
{
    int tmp=n1;
    n1=n2;
    n2=tmp;
}
```
[程序 2]
```
#include <stdio.h>
int fun (int n)
{
    int f0=0, f1=1, f, i;
    if (n==0) return 0;
    if (n==1)  return 1;
```

```
    for(i=2; i<=n; i++)
    {
        f=f0+f1;
        f0=f1;
        f1=f;
    }
    return f;
}
void main()
{
    int n=5;
    printf ("fun(%d)=%d\n", n, fun(n));
    n=7;
    printf ("fun(%d)=%d\n", n, fun(n));
    n=9;
    printf ("fun(%d)=%d\n", n, fun(n));
}
```

［程序 3］

P 操作的形式化定义：

P (S)

{

___(1)___;

if___(2)___{

阻塞该进程；

将该进程插入信号量 S 的等待队列；

}

}

［程序 4］

V 操作的形式化定义：

V(S)

{

___(3)___;

if___(4)___{

从信号量 S 的等待队列中取出队首进程；

将其插入就绪队列；

}

}

问题 1　执行［程序 1］后，没有能够实现两个变量值的交换，为什么?请修改上述函数，实现两个变量值的交换，要求函数无返回值，形式为：void swap(...)。

问题 2　请问［程序 2］运行结果是什么？

问题 3　请简述什么是临界资源，什么是临界区。

请完成［程序 3］和［程序 4］的形式化定义。

第5~6学时　模拟测试（上午试题）点评

1．答案：A

【解析】冯·诺依曼机中根据指令周期的不同阶段来区分从存储器取出的是指令还是数据：取指周期取出的是指令；执行周期取出的是数据。此外，也可根据取数和取指令时的地址来源不同来区分：指令地址来源于程序计数器 PC；数据地址来源于地址形成部件。

2．答案：C

【解析】CPU 首先从程序计数器（PC）获得需要执行的指令地址，从内存（或高速缓存）读取到的指令则暂存在指令寄存器（IR），然后进行分析和执行。

3．答案：B

【解析】浮点格式表示一个二进制数 N 的形式为 $N=2E×F$，其中 E 称为阶码，F 叫做尾数。在浮点表示法中，阶码通常为含符号的纯整数，尾数为含符号的纯小数。

指数为纯整数，阶符 1 位、阶码 6 位在补码表示方式下可表示的最大数为 63（即 2^6-1），最小数为-64（即-2^6）。尾数用补码表示时最小数为-1、最大数为 1-2^{-8}，因此该浮点表示的最小数为-2^{63}，最大数为(1-2^{-8})×2^{63}。

4．答案：C

【解析】海明码是利用奇偶性来检错和纠错的校验方法。海明码的构成方法是：在数据位之间插入 k 个校验位，通过扩大码距来实现检错和纠错。设数据位是 n 位，校验位是 k 位，则 n 和 k 必须满足以下关系：$2k-1≥n+k$ 若数据信息为 n=16 位，则 k=5 是满足 $2k-1≥n+k$ 的最小值。

5．答案：D

【解析】直接套用流水线执行时间的公式即可：$4t+2t+3t+4t*(100-1)= 405t$。

6．答案：D

【解析】存储系统采用 cache 技术的主要目的是提高存储器的访问速度，因此是由硬件自动完成 cache 与主存之间的地址映射。

7．答案：B

【解析】由"逻辑与""逻辑或"运算构造的逻辑表达式可采用短路计算的方式求值。

"逻辑与"运算"&&"的短路运算逻辑为：a&&b 为真当且仅当 a 和 b 都为真，当 a 为假，无论 b 的值为真还是假，该表达式的值即为假，也就是说此时不需要再计算 b 的值。

"逻辑或"运算"||"的短路运算逻辑为：a||b 为假当且仅当 a 和 b 都为假，当 a 为真，无论 b 的值为真还是假，该表达式的值即为真，也就是说此时不需要再计算 b 的值。

对逻辑表达式"x&&（y||!z）"进行短路计算方式求值时，x 为假则整个表达式的值即为假，不需要计算 y 和 z 的值。若 x 的值为真，则再根据 y 的值决定是否需要计算 z 的值，y 为真就不需要计算 z 的值，y 为假则需要计算 z 的值。

8．答案：D

【解析】本题考查嵌入式处理器流水线技术的基础知识。

由于各种原因导致指令流水线执行时阻塞并延期，一般分为三种冒险：

数据冒险：指一条指令需要使用之前指令的计算结果，但是之前结果还没有返回产生的冲突现象。

结构冒险：同一个指令周期内，不同功能争抢同一个硬件部分，即因硬件资源满足不了指令重叠执行的要求而发生的冲突现象。

控制冒险：指流水线遇到分支指令或者其他可能引起 PC 指针进行改变的指令所引起的冲突现象。

结构冒险的本质不是因为硬件不支持流水线，而是因为在同一个周期内，被多个功能同时争抢，会导致硬件出错。

9．答案：C

【解析】本题考查计算机性能评测方面的基础知识。

计算机系统的性能指标对用户非常重要。评价一个计算机系统，通常使用的综合评测指标有 3 类：工作量类、响应性能类和利用率类。

除上述综合评价指标外，评价系统性能的还有可靠性、可用性、可维护性、兼容性、开放性、可扩展性、安全性和性能价格比等。

基准程序法 benchmark，是目前使用较多的一种计算机性能测试方法。

平均故障间隔时间（MTBF）用以表示系统平均无故障可正常运行的时间，是所选时段多次故障间隔时间的平均值，MTBF 越大，表示系统越可靠。

10．答案：C

【解析】本题考查中断响应的基础知识。

中断响应是一个软硬件结合起来处理系统例外事件的机制。硬件响应中断时，进行新老程序状态字的交换。所谓程序状态字，是指 CPU 的一些重要寄存器内容的有序集合。老程序状态字是指系统正在运行时的程序状态字，新程序状态字是指存放在内存制定单元的程序状态字，新程序状态字中的指令地址寄存器就是操作系统的入口地址。通过交换程序状态字，系统转入运行操作系统的程序。

中断响应的工作将由操作系统完成。操作系统判别产生中断的原因，根据中断的原因调用相应的中断处理例程，完成中断处理。在中断处理结束后，再运行进程管理中的进程调度程序，将某个进程运行时的程序状态字内容填入相应的硬件寄存器中，从而使该进程投入运行。

11．答案：D

【解析】本题考查计算机状态和特权指令概念。

计算机运行时的状态可以分为系统态（或称管态）和用户态（或称目态）两种。当计算机处于系统态运行时，它可以执行特权指令，而处于用户态运行时，则不能执行特权指令，如果此时程序中出现特权指令，机器将会发出特权指令使用错误的中断。

所谓特权指令集是计算机指令集的一个子集，特权指令通常与系统资源的操纵和控制有关，例如，访外指令用于通道启动通道；时钟控制指令用于取、置时钟寄存器的值；程序状态字控制指令用于取、置程序状态字；通道控制指令用于访问通道状态字；中断控制指令则用于访问中断字等。

12．答案：B

【解析】本题考查计算机组成原理的基础知识。

在计算机中使用了类似于十进制科学计数法的方法来表示二进制实数，因其表示不同的数时小数点位置的浮动不固定而取名浮点数表示法。浮点数编码由两部分组成：阶码（即指数，为带符号定点整数，常用移码表示，也有用补码的）和尾数（是定点纯小数，常用补码表示，或原码表示）。因此可以知道，浮点数的精度由尾数的位数决定，表示范围的大小则主要由阶码的位数决定。

13. 答案：C

【解析】本题考查计算机组成基础知识。

随着主存增加，指令本身很难保证直接反映操作数的值或其地址，必须通过某种映射方式实现对所需操作数的获取。指令系统中将这种映射方式称为寻址方式，即指令按什么方式寻找（或访问）到所需的操作数或信息（例如转移地址信息等）。可以被指令访问到的数据和信息包括通用寄存器、主存、堆栈及外设端口寄存器等。

指令中地址码字段直接给出操作数本身，而不是其访存地址，不需要访问任何地址的寻址方式被称为立即寻址。

14. 答案：B

【解析】本题考查计算机组成基础知识。

直接计算十六进制地址包含的存储单元个数即可。

DABFFH-B3000H+1=27C00H=162816=159K，按字节编址，故此区域的存储容量为159KB。

15. 答案：A

【解析】本题考查计算机组成基础知识。

计算机技术发展使得机器性能提高，随着高级语言的发展，程序员需要更强大的命令，指令集往往结合应用需要不断扩展，推动了指令集越来越复杂，形成了 CISC，即 Complex Instruction Set Computer，就是使用复杂指令集系统的计算机。与其对应的是 RISC，即 Reduced Instruction Set Computer，精简指令集系统的计算机。

16~17. 答案：D　C

【解析】整个读取过程实际是一个流水线的执行过程，分为读取磁盘块入缓冲区 15μs，由缓冲区送至用户区 5μs，用户区处理数据 1μs，一共三段；单缓冲区时，只有一个缓冲区，因此凡是依赖于一个缓冲区的流水线执行段都无法并行，因此第一、二段可以合并为一段，整个流水线就变成了两段：使用缓冲区的段共 20μs，用户处理数据 1μs，此时套用流水线公式可得：20+1+(10-1)×20=201μs。

当使用双缓冲区时，依赖于缓冲区的两段可以并行执行，这就是标准的流水线结构，直接按上述三段执行，套用公式可得：15+5+1+(10-1)×15=156μs。

注意：划分流水线执行段的本质是段与段之间是否可以并行执行，如果多段只能串行，则合并为一段。

18. 答案：B

【解析】本题考查嵌入式处理器外设控制方式相关的基础知识。

CPU 通过接口对外设控制的方式一般包含程序查询方式、中断处理方式和 DMA 方式，程序查询方式是早期的计算机系统对 I/O 设备的一种管理方式。它定时对各种设备轮流询问一遍有无处理要求。轮流询问之后，有要求的，则加以处理。在处理 I/O 设备的要求之后，处理机返回继续工作。

在中断处理方式下，中央处理器与 I/O 设备之间数据的传输步骤如下：

（1）在某个进程需要数据时，发出指令启动输入输出设备准备数据。

（2）进程发出指令启动设备之后，该进程放弃处理器，等待相关 I/O 操作完成。此时，进程调度程序会调度其他就绪进程使用处理器。

（3）当 I/O 操作完成时，输入输出设备控制器通过中断请求线向处理器发出中断信号，处理器收到中断信号之后，转向预先设计好的中断处理程序，对数据传送工作进行相应的处理。

（4）得到了数据的进程则转入就绪状态。在随后的某个时刻，进程调度程序会选中该进程继续工作。

DMA 是在内存与 I/O 设备间传送一个数据块的过程中，不需要 CPU 的任何中间干涉，只需要 CPU 在过程开始时向设备发出"传送块数据"的命令，然后通过中断来得知过程是否结束和下次操作是否准备就绪。

DMA 的工作过程：

（1）当进程要求设备输入数据时，CPU 把准备存放输入数据的内存起始地址以及要传送的字节数分别送入 DMA 控制器中的内存地址寄存器和传送字节计数器。

（2）发出数据传输要求的进程进入等待状态。此时正在执行的 CPU 指令被暂时挂起。进程调度程序调度其他进程占用 CPU。

（3）输入设备不断地窃取 CPU 工作周期，将数据缓冲寄存器中的数据源源不断地写入内存，直到所要求的字节全部传送完毕。

（4）DMA 控制器在传送完所有字节时，通过中断请求线发出中断信号。CPU 在接收到中断信号后，转入中断处理程序进行后续处理。

（5）中断处理结束后，CPU 返回到被中断的进程中，或切换到新的进程上下文环境中，继续执行。

DMA 与中断的区别：

（1）中断方式是在数据缓冲寄存器满之后发出中断，要求 CPU 进行中断处理，而 DMA 方式则是在所要求传送的数据块全部传送结束时要求 CPU 进行中断处理。这就大大减少了 CPU 进行中断处理的次数。

（2）中断方式的数据传送是在中断处理时由 CPU 控制完成的，而 DMA 方式则是在 DMA 控制器的控制下完成的。这就排除了 CPU 因并行设备过多而来不及处理以及因速度不匹配而造成数据丢失等现象。

19．答案：D

【解析】本题考查的是操作系统 PV 操作方面的基本知识。

系统采用 PV 操作实现进程同步与互斥，若有 n 个进程共享两台打印机，那么信号量 S 初值应为 2。当第 1 个进程执行 P(S)操作时，信号量 S 的值减去 1 等于 1；当第 2 个进程执行 P(S)操作时，信号量 S 的值减去 1 等于 0；当第 3 个进程执行 P(S)操作时，信号量 S 的值减去 1 等于-1；当第 4 个进程执行 P(S)操作时，信号量 S 的值减去 1 等于-2；……；当第 n 个进程执行 P(S)操作时，信号量 S 的值减去 1 等于-(n-2)。可见，信号量 S 的取值范围为-(n-2)～2。

20．答案：D

【解析】本题考查操作系统页式存储管理方面的基础知识。从图中可见，页内地址的长度是 12 位，2^{12}=4096，即 4K；页号部分的地址长度是 10 位，每个段最大允许有 2^{10}=1024 个页；段号部分的地址长度是 10 位，$2^{10}=1024$，最多可有 1024 个段。

21．答案：C

【解析】本题考查计算机中断原理的基础知识。

当系统产生中断后，CPU 响应中断的过程大致分为以下几个阶段：

（1）关中断。

（2）保留断点。CPU 响应中断后，把主程序执行的位置和有关数据信息保留到堆栈，以备中断处理完毕后，能返回主程序并正确执行。

（3）保护现场。为了使中断处理程序不影响主程序的运行，故要把断点处的有关寄存器的内容和标志位的状态全部推入堆栈保护起来。这样，当中断处理完成后返回主程序时，CPU 能够恢复主程序的中断前状态，保证主程序的正确动作。

（4）给出中断入口，转入相应的中断服务程序。系统由中断源提供的中断向量形成中断入口地址，使 CPU 能够正确进入中断服务程序。

（5）恢复现场。把所保存的各个内部寄存器的内容和标志位的状态，从堆栈弹出，送回 CPU 中原来的位置。

（6）开中断与返回。在中断服务程序的最后，要开中断（以便 CPU 能响应新的中断请求）和安排一条中断返回指令，将堆栈内保存的主程序被中断的位置值弹出，运行被恢复到主程序。

22．答案：B

【解析】本题考查实时操作系统（RTOS）方面的基础知识。

实时操作系统（RTOS）的特点是：当外界事件或数据产生时，能够接受并以足够快的速度予以处理，其处理的结果又能在规定的时间之内来控制生产过程或对处理系统做出快速响应，并控制所有实时任务协调一致运行。因而，提供及时响应和高可靠性是其主要特点。实时操作系统有硬实时和软实时之分，硬实时要求在规定的时间内必须完成操作，这是在操作系统设计时保证的；软实时则只要按照任务的优先级，尽可能快地完成操作即可。

实时操作系统有以下的特征：

（1）高精度计时系统。计时精度是影响实时性的一个重要因素。在实时应用系统中，经常需要精确确定实时地操作某个设备或执行某个任务，或精确地计算一个时间函数。这些不仅依赖于一些硬件提供的时钟精度，也依赖于实时操作系统实现的高精度计时功能。

（2）多级中断机制。一个实时应用系统通常需要处理多种外部信息或事件，但处理的紧迫程度有轻重缓急之分。有的必须立即作出反应，有的则可以延后处理。因此，需要建立多级中断嵌套处理机制，以确保对紧迫程度较高的实时事件进行及时响应和处理。

（3）实时调度机制。实时操作系统不仅要及时响应实时事件中断，同时也要及时调度运行实时任务。但是，处理机调度并不能随心所欲地进行，因为涉及两个进程之间的切换，只能在确保"安全切换"的时间点上进行，实时调度机制包括两个方面：一是在调度策略和算法上保证优先调度实时任务；二是建立更多"安全切换"时间点，保证及时调度实时任务。

因此，实际上来看，实时操作系统如同操作系统一样，就是一个后台的支撑程序，可以按照实时性的要求进行配置、裁剪等。其关注的重点在于任务完成的时间是否能够满足要求。

23．答案：D

【解析】本题考查嵌入式操作系统中内核实现的基础知识。

在嵌入式操作系统中，任务的管理与调度是一个非常重要的内核模块。任务管理在实现上是指使用对应的数据结构、方法进行任务状态、堆栈、环境的管理。而任务调度则会影响到任务的响应，任务的执行等。

在一般的嵌入式操作系统中，分为抢占式和非抢占式两种内核管理策略。

抢占式内核中，当有一个更高优先级的任务出现时，如果当前内核允许抢占，则可以将当前任务挂起，执行优先级更高的任务。

非抢占式内核中高优先级的进程不能中止正在内核中运行的低优先级的任务而抢占 CPU 运行。任务一旦处于核心态，则除非任务自愿放弃 CPU，否则该任务将一直运行下去，直至完成或退出内核。

从抢占式内核和非抢占式内核的概念来看，非抢占式内核要求每个任务要有自我放弃 CPU 的所有权，非抢占式内核的任务级响应时间取决于最长的任务执行时间，在抢占式内核中，最高优先级任务何时执行是可知的。抢占式内核中，应用程序不能直接使用不可重入函数，否则有可能因为抢占的原因而导致函数调用中间状态的不同，而导致结果的错误。

24．答案：B

【解析】本题考查虚拟存储器管理的基础知识。

虚拟存储器的工作原理是：在执行程序时，允许将程序的一部分调入主存，其他部分保留在辅存。即由操作系统的存储管理软件先将当前要执行的程序段（如主程序）从辅存调入主存，暂时不执行的程序段（如子程序）仍保留在辅存，当需要执行存放在辅存的某个程序段时，由 CPU 执行某种程序调度算法将它们调入主存。

虚拟存储器的调度方式有分页式、段式、段页式三种。页式调度是将逻辑和物理地址空间都分成固定大小的页。主存按页顺序编号，而每个独立编址的程序空间有自己的页号顺序，通过调度辅存中程序的各页可以离散装入主存中不同的页面位置，并可据表一一对应检索。页式调度的优点是页内零头小，页表对程序员来说是透明的，地址变换快，调入操作简单；缺点是各页不是程序的独立模块，不便于实现程序和数据的保护。段式调度是按程序的逻辑结构划分地址空间，段的长度是随意的，并且允许伸长，它的优点是消除了内存零头，易于实现存储保护，便于程序动态装配；缺点是调入操作复杂。将这两种方法结合起来便构成段页式调度。在段页式调度中把物理空间分成页，程序按模块分段，每个段再分成与物理空间页同样小的页面。段页式调度综合了段式和页式的优点。其缺点是增加了硬件成本，软件也较复杂。大型通用计算机系统多数采用段页式调度。

页式虚拟存储器中，虚拟地址到实地址的变换是由主存中的页表来实现的，段页式存储管理中主存的调入和调出是按照页进行，但可按段来实现保护，段式存储管理中，段是按照程序的逻辑结构划分的，各个段的长度可以按照其实际需要进行大小分配。

25．答案：A

【解析】本题考查嵌入式操作系统的基础知识。

在所有嵌入式操作系统中，同步和互斥都是常用的任务间通信机制。互斥指的是两个或两个以上的任务，不能同时进入关于同一组共享变量的临界区域，否则可能发生与时间有关的错误，这种现象被称作互斥。也就是说，一个任务正在访问临界资源，另一个要访问该资源的进程必须等待。

同步则是把异步环境下的一组并发任务因直接制约而互相发送消息、进行互相合作、互相等待，使得各任务按一定的速度执行的过程。具有同步关系的一组并发任务称为合作任务，合作任务间互相发送的信号称为消息或事件。

26．答案：B

【解析】本题考查任务间通信方面的基础知识。

共享内存指在多处理器的计算机系统中，可以被不同中央处理器（CPU）访问的大容量内存。共享内存也可以是一个操作系统中的多进程之间的通信方法，这种方法通常用于一个程序的多进程间通信，实际上多个程序间也可以通过共享内存来传递信息。如下图所示。共享内存相比其他通信方式有着更方便的数据控制能力，数据在读写过程中会更透明。当成功导入一块共享内存后，它只是相当于一个字符串指针来指向一块内存，在当前进程下用户可以随意的访问。

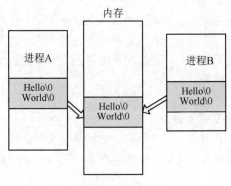

共享内存示意图

共享内存的一个缺点是：由于多个 CPU 需要快速访问存储器，这样就要对存储器进行缓存（cache）。任何一个缓存的数据被更新后，由于其他处理器也可能要存取，共享内存就需要立即更新，否则不同的处理器可能用到不同的数据。另一个缺点是，数据写入进程或数据读出进程中，需要附加的数据结构控制。

27．答案：C

【解析】本题考查设备管理方面的基础知识。

设备管理是操作系统的重要组成部分之一。在计算机系统中，除了 CPU 和内存之外，其他的大部分硬件设备称为外部设备，包括常用的输入输出设备、存储设备以及终端设备等。设备管理是对计算机输入输出系统的管理，是操作系统中最具多样性和复杂性的部分，其主要任务是：

（1）选择和分配输入输出设备以进行数据传输操作。

（2）控制输入输出设备和 CPU（或内存）之间交换数据。

（3）为用户提供有好的透明接口，把用户和设备硬件特性分开，使得用户在编制应用程序时不必涉及具体设备，系统按照用户要求控制设备工作。

（4）提供设备和设备之间、CPU 和设备之间，以及进程和进程之间的并行操作度，已使操作系统获得最佳效率。

28．答案：C

【解析】声音是通过空气传播的一种连续的波，称为声波。声波在时间和幅度上都是连续的模拟信号，通常称为模拟声音（音频）信号。人们对声音的感觉主要有音量、音调和音色。音量又称音强或响度，取决于声音波形的幅度，也就是说，振幅的大小表明声音的响亮程度或强弱程度。音调与声音的频率有关，频率高则声音高昂，频率低则声音低沉。而音色是由混入基音的泛音所决定的，每个基音都有其固有的频率和不同音强的泛音，从而使得声音具有其特殊的音色效果。人耳能听得到的音频信号的频率范围是 20Hz～20kHz，包括：话音（300Hz～3400Hz）、音乐（20Hz～20kHz）、其他声音（如风声、雨声、鸟叫声、汽车鸣笛声等，其带宽范围也是 20Hz～20kHz），频率小于 20Hz 声波信号称为亚音信号（次音信号），高于 20kHz 的信号称为超音频信号（超声波）。

29．答案：C

【解析】历年重复考察，8 位二进制可表示 256 种不同的颜色。

30．答案：B

【解析】饱和度是指颜色的纯度，即颜色的深浅，或者说掺入白光的程度，对于同一色调的彩色光，饱和度越深颜色越纯。当红色加入白光之后冲淡为粉红色，其基本色调仍然是红色，但饱和度降低。也就是说，饱和度与亮度有关，若在饱和的彩色光中增加白光的成分，即增加了光能，而变得更亮了，但是其饱和度却降低了。

31．答案：B

【解析】本题考查防火墙基础知识。

防火墙是一种放置在网络边界上，用于保护内部网络安全的网络设备。它通过对流经的数据流进行分析和检查，可实现对数据包的过滤、保存用户访问网络的记录和服务器代理功能。防火墙不具备检查病毒的功能。

32．答案：B

【解析】本题考查防火墙的基础知识。

DMZ 是指非军事化区，也称周边网络，可以位于防火墙之外也可以位于防火墙之内。非军事化区一般用来放置提供公共网络服务的设备。这些设备由于必须被公共网络访问，所以无法提供与内部网络主机相等的安全性。

分析四个备选答案，Web 服务器是为一种为公共网络提供 Web 访问的服务器，网络管理服务器和入侵检测服务器是管理企业内部网和对企业内部网络中的数据流进行分析的专用设备，一般不对外提供访问。而财务服务器是一种仅针对财务部门内部访问和提供服务的设备，不提供对外的公共服务。

33．答案：C

【解析】本题考查拒绝服务攻击的基础知识。

拒绝服务攻击是指不断对网络服务系统进行干扰，改变其正常的作业流程，执行无关程序使系统响应减慢直至瘫痪，从而影响正常用户的使用。当网络服务系统响应速度减慢或者瘫痪时，合法用户的正常请求将不被响应，从而实现用户不能进入计算机网络系统或不能得到相应的服务的目的。

DDoS 是分布式拒绝服务的英文缩写。分布式拒绝服务的攻击方式是通过远程控制大量的主机向目标主机发送大量的干扰消息的一种攻击方式。

34．答案：C

【解析】本题考查计算机病毒的基础知识。

"蠕虫"（Worm）是一个程序或程序序列，它是利用网络进行复制和传播，传染途径是通过网络、移动存储设备和电子邮件。最初的蠕虫病毒定义是因为在 DOS 环境下，病毒发作时会在屏幕上出现一条类似虫子的东西，胡乱吞吃屏幕上的字母并将其改形，蠕虫病毒因此而得名。常见的蠕虫病毒有红色代码、爱虫病毒、熊猫烧香、Nimda 病毒、爱丽兹病毒等。

冰河是木马软件，主要用于远程监控。冰河木马后经其他人多次改写形成多种变种，并被用于入侵其他用户的计算机的木马程序。

35. 答案：B

【解析】发明专利权的期限为二十年，实用新型专利权和外观设计专利权的期限为十年，均自申请日起计算。专利保护的起始日是从授权日开始，有下列情形之一的，专利权在期限届满前终止：①没有按照规定缴纳年费的；②专利权人以书面声明放弃其专利权的。还有一种情况就是专利期限到期，专利终止时，保护自然结束。

商标权保护的期限是指商标专用权受法律保护的有效期限。我国注册商标的有效期为十年，自核准注册之日起计算。注册商标有效期满可以续展；商标权的续展是指通过一定程序，延续原注册商标的有效期限，使商标注册人继续保持其注册商标的专用权。

在著作权的期限内，作品受著作权法保护；著作权期限届满，著作权丧失，作品进入公有领域。

法律上对商业秘密的保密期限没有限制，只要商业秘密的四个基本特征没有消失，权利人可以将商业秘密一直保持下去。权利人也可以根据实际状况，为商业秘密规定适当的期限。

36. 答案：D

【解析】当两个以上的申请人分别就同样的发明创造申请专利的，专利权授给最先申请的人。如果两个以上申请人在同一日分别就同样的发明创造申请专利，应当在收到专利行政管理部门的通知后自行协商确定申请人。如果协商不成，专利局将驳回所有申请人的申请，即均不授予专利权。我国专利法规定："两个以上的申请人分别就同样的发明创造申请专利的，专利权授予最先申请的人。"我国专利法实施细则规定："同样的发明创造只能被授予一项专利。依照专利法第九条的规定，两个以上的申请人在同一日分别就同样的发明创造申请专利的，应当在收到国务院专利行政部门的通知后自行协商确定申请人。"

37. 答案：B

【解析】我国商标注册以申请在先为原则，使用在先为补充。当两个或两个以上申请人在同一种或者类似商品上申请注册相同或者近似商标时，申请在先的人可以获得注册。对于同日申请的情况，商标法及其实施条例规定保护先用人的利益，使用在先的人可以获得注册"使用"包括将商标用于商品、商品包装、容器以及商品交易书上，或者将商标用于广告宣传、展览及其他商业活动中。如果同日使用或均未使用，则采取申请人之间协商解决，不愿协商或者协商不成的，由各申请人抽签决定。商标局通知各申请人以抽签的方式确定一个申请人，驳回其他人的注册申请。商标局已经通知但申请人未参加抽签的，视为放弃申请。

38. 答案：C

【解析】本题考查嵌入式系统软件开发调试的基础知识。

嵌入式系统的软件开发与通常软件开发的区别：主要在于软件实现部分，其中又可以分为编译和调试两部分，下面分别对这两部分进行讲解。

第一是交叉编译。嵌入式软件开发所采用的编译为交叉编译。所谓交叉编译就是在一个平台上生成可以在另一个平台上执行的代码。编译的最主要的工作就是将程序转化成运行该程序的 CPU 所能识别的机器代码，由于不同的体系结构有不同的指令系统。因此，不同的 CPU 需要有相应的编译器，而交叉编译就如同翻译一样，把相同的程序代码翻译成不同 CPU 的对应可执行二进制文件。要注意的是，编译器本身也是程序，也要在与之对应的某一个 CPU 平台上运行。这里一般将进行交叉编译的主机称为宿主机，也就是普通的通用 PC，而将程序实际的运行环境称为目标机，也就是嵌入式系统环境。由于一般通用计算机拥有非常丰富的系统资源、使用方便的集成开发环境和调试工具等，而嵌入式系统的系统资源非常紧缺，无法在其上运行相关的编译工具，因此，嵌入式系统的开发需要借助宿主机（通用计算机）来编译出目标机的可执行代码。

第二是交叉调试。嵌入式软件经过编译和链接后即进入调试阶段，调试是软件开发过程中必不可少的一个环节，嵌入式软件开发过程中的交叉调试与通用软件开发过程中的调试方式有很大的差别。在常见软件开发中，调试器与被调试的程序往往运行在同一台计算机上，调试器是一个单独运行着的进程，它通过操作系统提供的调试接口来控制被调试的进程。而在嵌入式软件开发中，调试时采用的是在宿主机和目标机之间进行的交叉调试，调试器仍然运行在宿主机的通用操作系统之上，但被调试的进程却是运行在基于特定硬件平台的嵌入式操作系统中，调试器和被调试进程通过串口或者网络进行通信，调试器可以控制、访问被调试进程，读取被调试进程的当前状态，并能够改变被调试进程的运行状态。

39．答案：A

【解析】C 语言中，union 的使用与 struct 的用法非常类似，主要区别在于 union 维护足够的空间来置放多个数据成员中的"一种"，而不是为每一个数据成员配置空间，在 union 中所有的数据成员共用一个空间，同一时间只能储存其中一个数据成员，所有的数据成员具有相同的起始地址。

一个 union 只配置一个足够大的空间以来容纳最大长度的数据成员，就本题而言，最大长度是 double 型态，所以 X 的空间大小就是 double 数据类型的大小。double 为双精度浮点数，占用 8 个字节空间。

40．答案：A

【解析】本题考查宏概念，以及宏替换相关的基础知识。

表达式 1000/s(N)宏替换后为：1000/10*10，因此结果为 1000，而不是期待的 10。

表达式 1000/f(N)宏替换后为：1000/(10*10)，因此结果为 10，是期待的结果。

表达式 f(N+1)宏替换后为：(10+1*10+1)，因此结果为 21，而不是期待的 121。

表达式 g(N+1)宏替换后为：((10+1)*(10+1))，结果为 121，是期待的结果。

因此，题中程序运行结果为"i1=1000，i2=10，i3=21，i4=121"。

41．答案：D

【解析】data 是 s 类型的数组，即结构体数组，用{10,100,20,200}赋值，可知：

data[0].x=10
data[0].y=100
data[1].x=20

data[1].y=200

struct s *p，p 是 data 数组的指针。指向数组的第一个元素，*p 即为 data[0]。

p++之后，即地址向后移动，此时 p 指向数组的第二个元素，*p 即为 data[1]。

p->x 和(*p).x 是一样的，p->x 和 data[1].x 等价。所以在++(p->x)之后，data[0].x 的值变为 21。输出 21。

42～43．答案：C　B

【解析】本题考查程序语言基础知识。

解释程序也称为解释器，它可以直接解释执行源程序，或者将源程序翻译成某种中间表示形式后再加以执行；而编译程序（编译器）则首先将源程序翻译成目标语言程序，然后在计算机上运行目标程序。这两种语言处理程序的根本区别是：在编译方式下，机器上运行的是与源程序等价的目标程序，源程序和编译程序都不再参与目标程序的执行过程；而在解释方式下，解释程序和源程序（或其某种等价表示）要参与到程序的运行过程中，运行程序的控制权在解释程序。解释器翻译源程序时不产生独立的目标程序，而编译器则需将源程序翻译成独立的目标程序。

分阶段编译器的工作过程如下图所示。其中，中间代码生成和代码优化不是必须的。

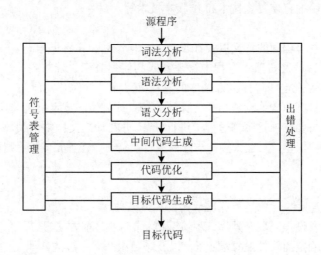

44．答案：A

【解析】本题考查三目运算符表达式的基础知识。

题目中的三目运算表达式"d=a＞b?(a＞c?a:c):(b＞c?b:c)"求值结果是取 a、b、c 中最大的值赋给 d。

三目运算符的通常格式为"a＞b?a:b"，其含义为：当 a＞b 为真时，取 a 为表达式的值，否则，取 b 为表达式的值。需要注意的是，三元运算符"?"的执行优先级低于所有二元操作符，仅高于逗号运算符。

45～46．答案：D　　A

【解析】本题考查软件项目管理的基础知识。

活动图是描述一个项目中各个工作任务相互依赖关系的一种模型,项目的很多重要特性可以通过分析活动图得到,如估算项目完成时间,计算关键路径和关键活动等。

根据题中所给出的图计算出关键路径为 A-B-C-E-F-J 和 A-B-D-G-F-J,其长度为 18。关键路径上的活动均为关键活动。活动 BC 在关键路径上,因此松弛时间为 0。活动 BF 不在关键路径上,包含该活动的最长路径为 A-B-F-J,其长度为 11,因此该活动的松弛时间为 18-11=7。

47．答案:D

【解析】本题考查软件可靠性相关的基础知识。

软件可靠性是指在规定的条件下和时间内,软件不引起系统故障的能力或概率。规定的条件包括运行的软、硬件环境以及软件的使用方式;规定的时间包括日历时间、时间钟时间、执行时间等。

软件可靠性不仅与软件存在的缺陷相关,而且与系统的输入和使用相关。

48．答案:D

【解析】本题考查计算机系统容错技术相关的基础知识。

计算机系统容错技术主要研究系统对故障的检测、定位、重构和恢复等。典型的容错结构有两种,即单通道计算机加备份计算机结构和多通道比较监控系统结构。

从硬件余度设计角度出发,系统通常采用相似余度或非相似余度实现系统容错,从软件设计角度出发,实现容错常用的有恢复块技术和 N 版本技术等。

49．答案:B

【解析】本题考查里程碑的意义以及在项目中如何策划和设置里程碑。

简单来说,里程碑就是在项目过程中管理者或其他利益相关方需要关注的项目状态时间点。"软件研制任务书"仅规定任务提出方关注的里程碑,而"软件开发计划"才是规定包括软件研制任务书规定的、项目管理者或利益相关方关注的和(或)组织规定所需关注的项目状态时间点。项目设置多少里程碑需要在项目策划过程中进行计划,并在计划文档中记录,需要利益相关方认可。

项目设置里程碑应慎重,不宜太多,一旦设置,就应确保任务完成,否则可能会导致计划的频繁变更。

50~51．答案:A   A

【解析】本题考查受控库内容入库应满足的入库条件。

一般软件项目开发过程采取开发库、受控库和产品库的管理方法,且采取三库物理隔离的策略。

开发库存放项目确定的软件配置项集合,以及项目组需要存放的其他文件或过程记录。软件配置项通常包括计划类文档,以及需求、设计、代码、配置数据、测试数据、使用和维护等与产品相关的各类工程文档。

受控库存放在软件开发过程中达到相对稳定、可以作为后续开发活动输入的软件工作产品(或称为配置项)。软件工作产品(配置项)通常分为文档和代码两大类,文档纳入受控库的条件通常规定为"通过评审且评审问题已归零或变更验证已通过,已完成文档签署";代码纳入受控库的条件通常规定为"通过了项目规定的测试或回归测试,或通过了产品用户认可"的代码状态。

软件产品库存放作为软件产品的受控库中各阶段基线或产品基线对应的文档、源程序和可执行代码。

52．答案:D

【解析】本题考查软件设计的相关知识。

模块独立性是创建良好设计的一个重要原则，一般采用模块间的耦合和模块的内聚两个准则来进行度量。内聚是指模块内部各元素之间联系的紧密程度，内聚度越高，则模块的独立性越好。内聚性一般有以下几种：

（1）巧合内聚，指一个模块内的个个处理元素之间没有任何联系。

（2）逻辑内聚，指模块内执行几个逻辑上相似的功能，通过参数确定该模块完成哪一个功能。

（3）时间内聚，把需要同时执行的动作组合在一起形成的模块。

（4）通信内聚，指模块内所有处理元素都在同一个数据结构上操作，或者指各处理使用相同的输入数据或者产生相同的输出数据。

（5）顺序内聚，指一个模块中各个处理元素都密切相关于同一功能且必须顺序执行，前一个功能元素的输出就是下一个功能元素的输入。

（6）功能内聚，是最强的内聚，指模块内所有元素共同完成一个功能，缺一不可。

53．答案：B

【解析】本题考查软件开发风险的基本概念。

风险是一种具有负面后果的、人们不希望发生的事件。从不同的角度可以对风险进行不同的分类。如从风险涉及的范围，风险可以分为项目风险、技术风险和商业风险等。技术风险涉及设计方案、实现、接口、验证以及维护等方面的问题。此外，包括需求规格说明的不确定性、技术的不确定性、技术的陈旧以及采用不成熟的前沿技术等可能会带来技术风险。技术风险威胁着开发产品的质量和交付产品的时间。

54．答案：A

【解析】本题考查软件结构测试方面的基础知识。

在结构测试中，根据覆盖目标的不同，可分为语句覆盖、条件覆盖、判定覆盖、路径覆盖等。判定覆盖的含义是涉及若干测试用例，运行被测程序，使得程序中每个判定的取真值分支和取假值分支至少执行一次。

本题中，为判定覆盖选取测试用例情形：对第一个判定选取测试用例组Ⅰ和Ⅱ，当用Ⅰ覆盖判定的 T 分支时，不会走到第二个分支；当用Ⅱ覆盖判定的 F 分支时，第二个判定需要另取一个测试用例组覆盖 T 分支，此时，取测试用例组Ⅲ或Ⅳ即可。

55．答案：A

【解析】本题考查嵌入式数字信号处理器方面的基础知识。

嵌入式处理器一般分为嵌入式微控制器、嵌入式微处理器、嵌入式数字信号处理器和片上处理器等，嵌入式数字信号处理器是一种特别适合于进行数字信号处理运算的微处理器，适合进行各种数学处理运算。数字信号处理器由大规模或超大规模集成电路芯片组成的用来完成某种信号处理任务的处理器。它是为适应高速实时信号处理任务的需要而逐渐发展起来的。随着集成电路技术和数字信号处理算法的发展，数字信号处理器的实现方法也在不断变化，处理功能不断提高和扩大。

数字信号处理器并非只局限于音视频层面，它广泛地应用于通信与信息系统、信号与信息处理、自动控制、雷达、军事、航空航天、医疗、家用电器等许多领域。以往是采用通用的微处理器来完成大量数字信号处理运算，速度较慢，难以满足实际需要；而同时使用位片式微处理器和快速并联乘法器，曾经是实现数字信号处理的有效途径，但此方法器件较多，逻辑设计和程序设计复杂，耗电较大，价格昂贵。DSP 的出现，很好地解决了上述问题。DSP 可以快速地实现对信号的采集、变换、滤波、估值、增强、压缩、识别等处理，以得到符合人们需要的信号形式。

DSP 芯片采用改进的哈佛结构（Havard Structure），其主要特点是程序和数据具有独立的存储空间，有着各自独立的程序总线和数据总线，由于可以同时对数据和程序进行寻址，大大地提高了数据处理能力，非常适合于实时的数字信号处理。TI 公司的 DSP 芯片结构是基本哈佛结构的改进类型：改进之处是在数据总线和程序总线之间进行局部的交叉连接。这一改进允许数据存放在程序存储器中，并被算术运算指令直接使用，增强了芯片的灵活性。只要调度好两个独立的总线就可使处理能力达到最高，以实现全速运行。改进的哈佛结构还可使指令存储在高速缓存器中（cache），省去了从存储器中读取指令的时间，大大提高了运行速度。为提升 DSP 的处理速度，在 DSP 处理器中常常集成一些硬件模块，用来进行指令加速，比如低开销的跳转指令；同时 DSP 处理器内具有在单周期内操作的多个硬件地址产生器，在指令执行过程中处理器支持流水线操作，使取指、译码和执行操作可以重叠执行，不同的 DSP 处理器所支持的流水线级数有所不同。

56．答案：D

【解析】本题考查嵌入式处理器 SD 卡存储的基础知识。

SD 卡是一种为满足安全性、容量、性能和使用环境等各个方面需求而设计的一种新型存储器件，SD 卡允许两种工作模式，即 SD 模式和 SPI 模式。一般的嵌入式处理器中都集成了 SD 卡接口模块，外围只需简单电路即可设计而成。

SD 卡包括 9 个管脚，分别是 CLK 时钟信号；CMD 命令和回复线信号；DATA0～3 数据线，是双向信号；另外还包括电源、片选等信号线。

SD 卡与 MicroSD 卡仅仅是封装上的不同，MicroSD 卡更小，大小和一个 SIM 卡差不多，但是协议与 SD 卡相同。SD 模式支持一主多从架构，时钟、电源、地所有卡共有。SD 卡的操作是通过命令来进行。

SD 卡的初始化一般是按照以下顺序进行：发送 CMD0 复位命令，返回 1-复位成功，0-复位失败；发送 CMD8 命令，验证 SD 卡接口操作条件：有响应-2.0SD 卡；无响应-1.0SD 卡或不可用卡；循环发送 CMD55+ACMD41 命令，判断是否有响应，有响应则轮询 OCR 忙标志位，等待初始化完成，并判断是否是 SDHC 卡；发送 CMD2 命令，得到每张卡的 CID 号；发送 CMD3 命令，通知卡返回一个新的 RCA，主机使用这个相对地址作为之后数据传输模式的地址；发送 CMD9 命令，返回 CSD128 位寄存器数据，包含卡的具体数据：块长度、存储容量、速度传输速率等；发送 CMD7 命令，选择一张卡，并将它切换到数据传输模式，每次只会有一张卡处于传输模式；发送 CMD55+ACMD51 命令，返回 SCR 寄存器数据，获取 SD 卡支持的位宽信息；发送 CMD55+ACMD6 命令，配置 4bit 传输模式。

57．答案：B

【解析】本题考查嵌入式处理器 D/A 的基础知识。

D/A 转换器就是将数字量转换为模拟量的电路。主要用于数据传输系统、自动测试设备、医疗信息处理、电视信号的数字化、图像信号的处理和识别、数字通信和语音信息处理等。

　　D/A 转换器输入的数字量是由二进制代码按照数位组合起来表示，在 D/A 转换中，要将数字量转换为模拟量必须先把每一位按照其权的大小转换为相应的模拟量，然后再将各个分量相加，其总和就是和数字量对应的模拟量。

　　D/A 转换器的性能指标包括分辨率、稳定时间（转换时间）、绝对精度、线性误差。分辨率反映了 D/A 转换器对模拟量的分辨能力，实际就是输入二进制最低有效位 LSB 相当的输出模拟电压，简称为 1LSB。稳定时间是指输入二进制变化量是满量程时，D/A 转换器的输出达到离终值±1/2LSB 时所需要的时间。绝对精度是指输入满刻度数字量时，D/A 转换器的实际输出值与理论值之间的偏差。

　　若某 D/A 转换器的位数为 8，则刻度值为 255，如果输出最大电压是 5V，则 D/A 分辨率为 5V/255 即为 20mV。

58. 答案：A

【解析】本题考查模拟电路方面的基础知识。

　　TTL 指晶体管-晶体管逻辑集成电路（Transistor-transistor Logic），TTL 电平输出高电平＞2.4V，输出低电平＜0.4V。在室温下，一般输出高电平是 3.5V，输出低电平是 0.2V。最小输入则要求：输入高电平≥2.0V，输入低电平≤0.8V，噪声容限是 0.4V。

　　CMOS 集成电路是互补对称金属氧化物半导体，电路的许多基本逻辑单元都是用增强型 PMOS 晶体管和增强型 NMOS 管按照互补对称形式连接的，静态功耗很小。CMOS 电路的供电电压 VDD 范围比较广，在+5～+15V 均能正常工作，当输出电压高于 VDD-0.5V 时为逻辑 1，输出电压低于 VSS+0.5V(VSS 为数字地)为逻辑 0，扇出数为 10～20 个 CMOS 门电路。

　　TTL 电路和 CMOS 电路的区别主要表现在：

　　（1）TTL 电路是电流控制器件，而 CMOS 电路是电压控制器件。

　　（2）TTL 电路的速度快，传输延迟时间短（5～10ns），但是功耗大。CMOS 电路的速度慢，传输延迟时间长（25～50ns），但功耗低。CMOS 电路本身的功耗与输入信号的脉冲频率有关，频率越高，芯片集越热，这是正常现象。

　　CMOS 电路由于输入太大的电流，内部的电流急剧增大，除非切断电源，电流一直在增大。这种效应就是锁定效应。当产生锁定效应时，CMOS 的内部电流能达到 40mA 以上，很容易烧毁芯片。CMOS 电路是电压控制器件，它的输入总抗很大，对干扰信号的捕捉能力很强。所以，不用的管脚不要悬空，要接上拉电阻或者下拉电阻，给它一个恒定的电平。

　　TTL 电路的输入端悬空时相当于输入端接高电平。因为这时可以看作是输入端接一个无穷大的电阻。TTL 电路在门电路输入端串联 10k 电阻后再输入低电平，输入端呈现的是高电平而不是低电平。

59. 答案：D

【解析】本题考查嵌入式系统中设备分类方面的基础知识。

　　嵌入式系统中配置了大量的外围设备，即 I/O 设备。依据工作方式不同可以分为字符设备、块设备和网络设备。

　　字符（char）设备是能够像字节流（类似文件）一样被访问的设备，由字符设备驱动程序来实现这种特性。字符设备驱动程序通常至少要实现 open、close、read 和 write 的系统调用。字符终端

（/dev/console）和串口（/dev/ttyS0 以及类似设备）就是两个字符设备，它们能很好地说明"流"这种抽象概念。字符设备可以通过结点来访问，比如/dev/tty1 和/dev/lp0 等。这些设备文件和普通文件之间的唯一差别是：对普通文件的访问可以前后移动访问位置，而大多数字符设备是一个只能顺序访问的数据通道。然而，也存在具有数据区特性的字符设备，访问它们时可前后移动访问位置。例如 framebuffer 就是这样的一个设备，可以用 mmap 或 lseek 访问抓取的整个图像。

与字符设备类似，块设备也是通过/dev 目录下的文件系统结点来访问。块设备（例如磁盘）上能够容纳文件系统。在大多数的 Unix 系统中，进行 I/O 操作时块设备每次只能传输一个或多个完整的块，而每块包含 512 字节（或 2 的更高次幂字节的数据）。Linux 可以让应用像字符设备一样地读写块设备，允许一次传递任意多字节的数据。因此，块设备和字符设备的区别仅仅在于内核内部管理数据的方式，也就是内核及驱动程序之间的软件接口，而这些不同对用户来讲是透明的。在内核中，和字符驱动程序相比，块驱动程序具有完全不同的接口。

网络接口是一个能够和其他主机交换数据的设备。接口通常是一个硬件设备，但也可能是个纯软件设备，比如回环（loopback）接口。网络接口由内核中的网络子系统驱动，负责发送和接收数据包。许多网络连接（尤其是使用 TCP 协议的连接）是面向流的，但网络设备却围绕数据包的传送和接收而设计。网络驱动程序不需要知道各个连接的相关信息，它只要处理数据包即可。由于不是面向流的设备，因此将网络接口映射到文件系统中的结点（比如/dev/tty1）比较困难。Unix 访问网络接口的方法仍然是给它们分配一个唯一的名字（比如 eth0），但这个名字在文件系统中不存在对应的结点。内核和网络设备驱动程序间的通信，完全不同于内核和字符以及块驱动程序之间的通信，内核调用一套和数据包相关的函数而不是 read、write 等。

60．答案：B

【解析】本题考查嵌入式系统存储器方面的基础知识。

在嵌入式系统设计中，一般包含多种类型的存储资源，比如 ROM、EEPROM、NAND Flash、NOR Flash、DDR、SD 卡等。

ROM 是只读内存（Read-Only Memory）的简称，是一种只能读出事先所存数据的固态半导体存储器。其特性是一旦储存资料就无法再将之改变或删除。通常用在不需经常变更资料的电子或计算机系统中，并且资料不会因为电源关闭而消失。

EPROM、EEPROM、Flash ROM（NOR Flash 和 NAND Flash），性能同 ROM，EEPROM 被称为电擦除的 ROM。

NOR 闪存是随机存储介质，用于数据量较小的场合；NAND 闪存是连续存储介质，适合存放量大的数据。由于 NOR 地址线和数据线分开，所以 NOR 芯片可以像 SRAM 一样连在数据线上。NOR 芯片的使用也类似于通常的内存芯片，它的传输效率很高，可执行程序可以在芯片内执行（XIP，eXecute In Place），这样应用程序可以直接在 Flash 闪存内运行，不必再把代码读到系统 RAM 中。由于 NOR 的这个特点，嵌入式系统中经常将 NOR 芯片做启动芯片使用。但是 NAND 上面的代码不能直接运行。从使用角度来看，NOR 闪存与 NAND 闪存是各有特点的：

（1）NOR 的存储密度低，所以存储一个字节的成本也较高，而 NAND 闪存的存储密度和存储容量均比较高。

（2）NAND 闪存在擦、写文件（特别是连续的大文件）时速度非常快，非常适用于顺序读取的场合，而 NOR 的读取速度很快，在随机存取的应用中有良好的表现。

随机存储器（Random Access Memory，RAM）的内容可按需随意取出或存入，且存取速度与存储单元的位置无关。这种存储器在断电时将丢失其存储内容，故主要用于存储短时间使用的程序和数据。按照存储信息的不同，随机存储器又分为静态随机存储器（SRAM）和动态随机存储器（DRAM）。

所谓"随机存取"，指的是当存储器中的数据被读取或写入时，所需要的时间与这段信息所在的位置或所写入的位置无关。相对地，读取或写入顺序访问（Sequential Access）存储设备中的信息时，其所需要的时间与位置就会有关系（如磁带）。如果需要保存数据，就必须把它们写入一个长期的存储设备中（例如硬盘）。RAM 和 ROM 相比，两者的最大区别是 RAM 在断电以后保存在上面的数据会自动消失，而 ROM 不会。

61．答案：D

【解析】本题考查嵌入式 DSP 使用方面的基础知识。

在进行 DSP 的软件设计时，可以用汇编语言或者 C 语言进行设计，最终是生成可执行文件，通过下载线缆下载到 DSP 上运行、调试。

在进行编译时，C 语言程序和汇编语言程序都会生成目标文件，然后通过链接生成最终的可执行文件，通过下载线缆下载到目标 DSP 板上进行调试。

DSP 程序的调试同其他嵌入式系统调试一样，是一个不断完善和修改的过程，在调试过程中，一般会采用各个厂家自己的 IDE，并结合仿真器将编译好的文件下载到板子。

62．答案：A

【解析】本题考查嵌入式系统调试时采用的 JTAG 方面的基础知识。

联合测试工作组（Joint Test Action Group，JTAG）是一种国际标准测试协议（IEEE 1149.1 兼容），主要用于芯片内部测试。现在多数的高级器件都支持 JTAG 协议，如 DSP、FPGA 器件等。标准的 JTAG 接口是 4 线：TMS、TCK、TDI、TDO，分别为模式选择、时钟、数据输入和数据输出线，有时还包含复位等信号。

JTAG 最初是用来对芯片进行测试的，JTAG 的基本原理是在器件内部定义一个 TAP（Test Access Port，测试访问口）通过专用的 JTAG 测试工具对内部结点进行测试。JTAG 测试允许多个器件通过 JTAG 接口串联在一起，形成一个 JTAG 链，能实现对各个器件分别测试。

当 JTAG 上面的时钟不正常时，访问 CPU 内部的寄存器时可能出现异常，JTAG 可以用于多种功能，包括软件调试，系统芯片检测，除了可以访问 CPU 内部寄存器外，还可以访问 CPU 总线上面的设备状态等。

63．答案：B

【解析】本题考查计算机总线结构的基础知识。

总线（Bus）是计算机各种功能部件之间传送信息的公共通信干线，它是由导线组成的传输线束，按照计算机所传输的信息种类，计算机的总线可以划分为数据总线、地址总线和控制总线，分别用来传输数据、数据地址和控制信号。总线是一种内部结构，它是 CPU、内存、输入、输出设备传递信息的公用通道，主机的各个部件通过总线相连接，外部设备通过相应的接口电路再与总线相连接，从而形成了计算机硬件系统。在计算机系统中，各个部件之间传送信息的公共通路叫总线，微型计算机是以总线结构来连接各个功能部件的。

总线的一个操作过程是完成两个模块之间传送信息，启动操作过程的是主模块，另外一个是从模块。某一时刻总线上只能有一个主模块占用总线。总线的操作步骤：①主模块申请总线控制权；②总线控制器进行裁决；③主模块得到总线控制权后寻址从模块；④从模块确认后进行数据传送。从模块可以是多个设备。

64．答案：D

【解析】本题考查嵌入式系统硬件设计的基础知识。

电磁干扰（Electro Magnetic Interference，EMI）可分为辐射和传导干扰。辐射干扰就是干扰源以空间作为媒体把其信号干扰到另一电网络。而传导干扰就是以导电介质作为媒体把一个电网络上的信号干扰到另一个电网络。在高速系统设计中，集成电路引脚、高频信号线和各类接插头都是PCB 板设计中常见的辐射干扰源，它们散发的电磁波就是电磁干扰（EMI），自身和其他系统都会因此影响正常工作。

PCB 板设计技巧中有不少解决 EMI 问题的方案，例如：EMI 抑制涂层、合适的 EMI 抑制零件和 EMI 仿真设计等，主要方法包括：

（1）共模 EMI 干扰源（如在电源汇流排形成的瞬态电压在去耦路径的电感两端形成的电压降）在电源层用低数值的电感，电感所合成的瞬态信号就会减少，共模 EMI 从而减少。可以通过减少电源层到 IC 电源引脚连线的长度来降低该干扰。

（2）电磁屏蔽，尽量把信号走线放在同一 PCB 层，而且要接近电源层或接地层。

（3）零件的布局（布局的不同都会影响到电路的干扰和抗干扰能力）中根据电路中不同的功能进行分块处理（例如解调电路、高频放大电路及混频电路等），在这个过程中把强和弱的电信号分开，数字和模拟信号电路都要分开，各部分电路的滤波网络必须就近连接，这样不仅可以减小辐射，还可以提高电路的抗干扰能力，减少被干扰的机会。

（4）布线的考虑（不合理的布线会造成信号线之间的交叉干扰）不能有走线贴近 PCB 板的边框，以免于制作时造成断线。电源线要宽，环路电阻便会因而减少。信号线尽可能短，并且减少过孔数目。拐角的布线不可以用直角方法，应以 135°为佳。数字电路与模拟电路应以地线隔离，数字地线与模拟地线都要分离。在电源和地之间加电容、减少线长、增加线宽；可以在有脉冲电流的引线上串小磁珠。

65．答案：D

【解析】主机路由的子网掩码是 255.255.255.255。网络路由要指明一个子网，所以不可能为全1，默认路由是访问默认网关，而默认网关与本地主机属于同一个子网，其子网掩码也应该与网络路由相同，对静态路由也是同样的道理。

66．答案：B

【解析】在层次化局域网模型中，核心层的主要功能是将分组从一个区域高速地转发到另一个区域。核心层是因特网络的高速骨干，由于其重要性，因此在设计中应该采用冗余组件设计，使其具备高可靠性，能快速适应变化。在设计核心层设备的功能时，应尽量避免使用数据包过滤、策略路由等降低数据包转发处理的特性，以优化核心层获得低延迟和良好的可管理性。

汇聚层是核心层和接入层的分界点，应尽量将资源访问控制、核心层流量的控制等都在汇聚层实施。汇聚层应向核心层隐藏接入层的详细信息，汇聚层向核心层路由器进行路由宣告时，仅宣告多个子网地址汇聚而形成的一个网络。另外，汇聚层也会对接入层屏蔽网络其他部分的信息，汇聚层路由器可以不向接入路由器宣告其他网络部分的路由，而仅仅向接入设备宣告自己为默认路由。

接入层为用户提供了在本地网段访问应用系统的能力，接入层要解决相邻用户之间的互访需要，并且为这些访问提供足够的带宽。接入层还应该适当负责一些用户管理功能，包括地址认证、用户认证和计费管理等内容。接入层还负责一些信息的用户信息收集工作，例如用户的 IP 地址、MAC 地址和访问日志等信息。

67～68．答案：B　　D

【解析】ICMP（Internet Control Message Protocol）与 IP 协议同属于网络层，用于传送有关通信问题的消息。例如数据报不能到达目标站，路由器没有足够的缓存空间，或者路由器向发送主机提供最短通路信息等。ICMP 报文封装在 IP 数据报中传送，因而不保证可靠的提交。

69．答案：B

【解析】本题考查 DHCP 协议的工作原理。

DHCP 客户端可从 DHCP 服务器获得本机 IP 地址、DNS 服务器的地址、DHCP 服务器的地址、默认网关的地址等，但没有 Web 服务器、邮件服务器地址。

70．答案：C

【解析】由于分配给公司网络的地址块网络号是 20 位，而 C 类子网网络号是 24 位，因此只有 4 位可用来划分 C 类网络，所以只能划分为 2^4=16 个 C 类子网。

71～75．答案：A　B　B　A　C

【解析】操作系统也要为外层硬件服务，例如定时器、马达、传感器、通信设备、硬盘等。所有这些硬件设备都可以向操作系统发出异步请求，例如当它们想要使用操作系统时，操作系统必须保证已经做好准备对这些请求进行服务。这种请求被称作中断。中断可以被分成两类：硬件中断和软件中断。一个中断的结果是对处理器进行触发，使得处理器跳转到预定义的地址执行。例如，除以 0 或内存访问段错误等都可以触发软件中断。这种中断不是由硬件触发产生，而是由特定的机器语言操作代码产生。很多系统有不止一个中断线，硬件厂商一般会集成这些中断线到一个中断向量中。中断控制器是一块硬件资源，它使得操作系统不必关注中断线的电气细节特性，也使得所有中断会被队列缓存而不至于丢失。

第 7～8 学时　模拟测试（下午试题）点评

试题一答案及解析

问题 1　按优先级由高到低的次序，运算符排序为：

%, <=, &&, =

【解析】在 C 语言中，对各种运算符的优先级是有规定的，必须掌握。优先级最高者其实并不是真正意义上的运算符，包括：数组下标、函数调用操作符、各结构成员选择操作符。它们都是自左向右结合。

单目运算符的优先级仅次于上述运算符，在所有的真正意义的运算符中，它们的优先级最高。

双目运算符的优先级低于单目运算符的优先级。在双目运算符中，算术运算符的优先级最高，移位运算符次之，关系运算符再次之，接着就是逻辑运算符，赋值运算符，最后是条件运算符。总结以下两点：

（1）任何一个逻辑运算符的优先级低于任何一个关系运算符。

（2）移位运算符的优先级比算术运算符要低，但是比关系运算符要高。

下表是 C 语言运算符优先级表（由上至下，优先级依次递减）。

C 语言运算符优先级表

运算符	结合性
( ) [] --> .	自左向右
! ～ ++ -- - (type) * & sizeof	自右向左
* / %	自左向右
+ -	自左向右
<< >>	自左向右
< <= > >=	自左向右
== !=	自左向右
&	自左向右
^	自左向右
|	自左向右
&&	自左向右
||	自左向右
?:	自右向左
Assignments	自右向左
,	自左向右

问题 2

（1）CMM 3 级（已定义级）包括 7 个关键过程区域。

（2）同行评审、组间协调、软件产品工程、集成软件管理、培训大纲、组织过程定义、组织过程集点。

（3）CMM 2 级（可重复级）包括 6 个关键过程区域。

（4）3 级和 2 级的关键过程域都需要检查。

【解析】CMM 软件能力成熟度模型，可重复级包括 6 个关键过程区域：软件配置管理、软件质量保证、软件子合同管理、软件项目跟踪与监督、软件项目策划、软件需求管理。

已定义级包括 7 个关键过程区域：同行评审、组间协调、软件产品工程、集成软件管理、培训大纲、组织过程定义、组织过程集点。

已管理级包括 2 个关键过程区域：软件质量管理和定量过程管理。

优化级包括 3 个关键过程区域：过程更改管理、技术改革管理和缺陷预防。

问题 3　（1）C　　（2）简单、廉价、高速

【解析】数据通信网络常见的拓扑结构由简单到复杂依次为：点对点型、总线型、树型、星型。

点到点型指网络中一个信息源结点连接到一个或多个目的结点，是专用的链路，具有通信效率高、延迟小的优点，但是建立多点全互联的网络具有连线多、成本高、资源利用率低等缺点。

总线型指网络中一个信息源结点连接到一个或多个目的结点，采用集中控制、令牌访问、CSMA/CD 等方式，具有连线少、成本较低、资源利用率高等优点，但存在通信吞吐量低、延迟大的缺点，尤其在网络负载重的情况下。

树型指网络中所有结点挂接到一个树形结构上，可以采用集中控制、令牌访问等方式，具有连线简单、成本较低的优点，但存在通信吞吐量低、延迟大的缺点，尤其在网络负载重的情况下。

星型指网络中所有结点连接到中心交换机，结点之间的通信经过交换机路由转发，具有通信吞吐量高、延迟小、连线较简单的优点，但存在成本高、交换机单点故障风险的缺点。

本题为了满足嵌入式系统对高带宽、低延迟的通信要求，通过分析以上网络的拓扑结构特点，FC 网络应选择星型结构。星型结构是最佳的方案。

SAN 通常有 FC SAN 和 IP SAN 两种实现技术。FC SAN 采用 I/O 结合光纤通道，IP SAN 采用 iSCSI 实现异地间数据交换，具有简单、廉价、高速等优势。

问题 4

（1）按初始配置表给各模块供电　　　　　（2）电源模块温度检测

（3）向其他模块供电的各路电流检测　　　（4）屏蔽中断

（5）处理系统控制模块发来命令

【解析】智能电源模块首先进行系统初始化，再根据系统初始配置表对嵌入式系统的其他模块供电。按照智能电源模块的工作过程，判断有无中断，如有中断，则进入中断处理程序。如没有中断，则周期性地查询本模块温度、各路电流（给各模块供电的）以及电源模块的供电是否异常，如果异常，则进行异常处理，并报系统管理模块，由系统管理模块进行决策。在中断处理程序中，首先屏蔽中断，喂看门狗，统计中断次数，接收系统控制模块的各种命令，处理系统控制模块发来的这些命令，打开中断。如果系统控制模块命令关机下电，则智能电源模块对所有模块（也包括自己）进行下电处理。

试题二答案及解析

问题 1（顺序不限）：A、D、F、G

【解析】IIC（Inter-Integrated Circuit）和 SPI（Serial Peripheral Interface）这两种通信协议非常适合近距离低速芯片间进行通信。Philips（for IIC）和 Motorola（for SPI）出于不同背景和市场需求制定了这两种标准通信协议。IIC 开发于 1982 年，SPI 总线首次推出是在 1979 年。

SPI 包含 4 根信号线，分别是：

（1）SCLK: Serial Clock (output from master)

（2）MOSI, SIMO: Master Output, Slave Input(output from master)

（3）MISO, SOMI: Master Input, Slave Output(output from slave)

（4）SS: Slave Select (active low, output from master)

SPI 是单主设备（single-master）通信协议，这意味着总线中只有一支中心设备能发起通信。当 SPI 主设备想读/写从设备时，它首先拉低从设备对应的 SS 线（SS 是低电平有效），接着开始发送工作脉冲到时钟线上，在相应的脉冲时间上，主设备把信号发到 MOSI 实现"写"，同时可对 MISO 采样而实现"读"。SPI 有 4 种操作模式——模式 0、模式 1、模式 2 和模式 3，它们的区别是定义了在时钟脉冲的哪条边沿转换（toggles）输出信号，哪条边沿采样输入信号，还有时钟脉冲的稳定电平值（就是时钟信号无效时是高还是低）。

与 SPI 的单主设备不同，IIC 是多主设备的总线，IIC 没有物理的芯片选择信号线，没有仲裁逻辑电路，只使用两条信号线："serial data"（SDA）和"serial clock"（SCL）。IIC 数据传输速率有标准模式（100kbps）、快速模式（400bps）和高速模式（3.4Mbps），另外一些变种实现了低速模式（10kbps）和快速+模式（1Mbps）。

物理实现上，IIC 总线由两根信号线和一根地线组成。IIC 通信过程大概如下。首先，主设备发一个 START 信号，这个信号就像对所有其他设备喊：请大家注意!然后其他设备开始监听总线以准备接收数据。接着，主设备发送一个 7 位设备地址加一位的读写操作的数据帧。当所有设备接收数据后，比对地址以判断自己是否为目标设备。如果比对不符，设备进入等待状态，等待 STOP 信号的来临；如果比对相符，设备会发送一个应答信号——ACKNOWLEDGE 作回应。当主设备收到应答后便开始传送或接收数据。数据帧大小为 8 位，尾随 1 位的应答信号。主设备发送数据，从设备应答；相反，从设备发送数据，主设备应答。当数据传送完毕，主设备发送一个 STOP 信号，向其他设备宣告释放总线，其他设备回到初始状态。在物理实现上，SCL 线和 SDA 线都是漏极开路（open-drain），通过上拉电阻外加一个电压源。当把线路接地时，线路为逻辑 0，当释放线路，线路空闲时，线路为逻辑 1。基于这些特性，IIC 设备对总线的操作仅有"把线路接地"（输出逻辑 0）。

问题 2　（1）增强驱动能力　　（2）滤波，保持信号的稳定性

【解析】在一般的硬件设计尤其是 IIC 的电路设计中，对于 SDA 和 SCL 两线，由于其内部是漏极开路（即高阻状态，能产生低电平和高阻，无法输出高电平），通过上拉电阻外加一个 3.3V 电源，能够输出高电平，并且可以增强系统的驱动能力。

同时在电源设计中，为了去除干扰噪声，需要对电源进行滤波处理，通常采用电容进行滤波处理，去除电源的交流电部分，保持直流电的平稳，以保护系统电源信号的稳定性。

问题 3　ARR 寄存器的值：99

　　　　CCR 寄存器的值：20

【解析】根据问题描述，给出两个公式：PWM 占空比=CCR/（ARR+1）。（ARR+1）×参考时钟频率=PWM 频率。计算 ARR 时，参考时钟频率=1kHz，PWM 频率=100kHz，代入可得出 ARR=99。计算 CCR 时，占空比=0.2，ARR+1=100，因此 CCR=20。

问题 4

（1）检查一次无线模块数据的接收

（2）count%2==0

（3）读取 MPU 6050 单元的数据，并进行算法处理

（4）计算当前飞控板系统的姿态，对各个电机进行调速控制

（5）count%200==0

（6）采集电池电压，通过无线模块把电池电压发送给遥控板

【解析】飞控系统每 0.5 毫秒进行一次定时器的触发，每次中断都会检查一次无线模块数据的接收，以确保飞控系统控制信息的实时性。每 2 次中断（即 1 毫秒）读取一次 MPU 6050 单元的数据，并进行算法处理。每 4 次中断（即 2 毫秒）通过计算当前飞控板系统的姿态，结合遥控端的目标姿态，根据两者的差值通过 PID 控制算法对各个电机进行调速控制。每 200 次中断（即 100 毫秒）采集一次电池电压，然后通过无线模块把电池电压发送给遥控板，以告知操作人员当前电压的大小。

根据以上说明，可以知道其实现流程应该为：

系统启动，如果定时器到，需要检查一次无线模块数据的接收，并进行计数增加。对计数进行判断，如果是除 2 的余为 0 则说明是 2 次中断的倍数到达，需要进行 MPU 6050 单元的数据读取和处理，如果中断是 4 的倍数，那么就说明需要计算飞控板系统的姿态，并对电机进行调速控制。如果是 200 次的倍数，则需要采集电池电压，并通过无线模块把电池电压发送给遥控板。

试题三答案及解析

问题 1　（1）1.90V　　（2）1.55V　　（3）2.70V

　　　　（4）-2.90V　　（5）0V　　　（6）0V

【解析】为了测试三余度通道数据采集算法，就要依据题目说明三余度通道数据采集及处理要求中给定的 6 条设计要求，进行测试用例的设计。首先依据第 1 条设计说明，采集值正常范围为 [-3.0,3.0]V，将输入范围进行等价类划分，划分为无效等价类（超出正常范围）和有效等价类（正常范围），同时在有效等价类中，还存在"任意两通道间差值不大于 0.5V"的约束。将设计测试用例的范围整理出来后，就可按照软件测试的要求设计测试用例。但是由于本题给出了采集值，只需要根据采集值计算输出即可。

对于序号 1、序号 2 和序号 3，因为三个采集值都是正常范围，且任意两通道间差值不大于 0.5V，依据第 3 条和第 4 条设计说明，采集值应为差值较小的两通道数据的平均值或相邻两数值的差值相等，则取三个采集值的中间值。因为序号 1 数据差值都为 0.0V，所以取三个通道采集值的中间值，故采集值为 0.00；序号 2 取 In_U[0] 和 In_U[2] 的平均值，为 1.90V；序号 3 取 In_U[0] 和 In_U[1] 的平均值，为 1.55V。

对于序号 4，三个通道采集值是正常范围，但 In_U[2] 通道与 In_U[0] 和 In_U[1] 间差值大于 0.5V，依据第 2 条和第 5 条设计说明，In_U[2] 通道采集值不满足要求，应取满足要求的 In_U[0] 和 In_U[1] 两个通道数据的平均值，故采集值为 2.70V。

对于序号 5，In_U[1]通道采集值是超出正常范围，In_U[0]和 In_U[2]通道在正常范围，这里要注意 In_U[0]采集值为边界点，依据第 2 条和第 5 条设计说明，In_U[1]通道采集值不满足要求，应取满足要求的 In_U[0]和 In_U[2]两个通道数据的平均值，故采集值为-2.90V。

对于序号 6，三个通道采集值是正常范围，但每个通道采集值的任意两两差值均大于 0.5V，依据第 2 条和第 6 条设计说明，应取安全值 0V，故采集值为 0V。

对于序号 7，两个通道采集值超出正常范围，依据第 2 条和第 6 条设计说明应取安全值 0V，故采集值为 0V。

问题 2 白盒测试也称结构测试、逻辑测试或基于程序的测试，这种测试应了解程序的内部构造，并且根据内部结构构造设计测试用例。

黑盒测试又称功能测试、数据驱动测试或基于需求规格说明的测试，这种测试不必了解被测对象的内容情况，而依靠需求规格说明中的功能来设计测试用例。

问题 1 中设计的测试用例使用了黑盒测试方法。

问题 3　　(1) 1.454　　　　(2) 2　　　(3) 9 到 98 都可以
　　　　　　　(4) 二级故障　　(5) 0　　　(6) 一级故障

【解析】为了测试控制率计算算法，就要依据题目说明对采集数值计算控制率的具体处理算法中给定的 5 条设计要求，进行测试用例的设计。此题考查测试用例的设计，不仅包括输入数据的设计，还包括前置条件（比如控制率超差连续计数和累计计数）及预期输出的设计（比如输出控制率和上报故障情况），条件增多，比问题 1 难度增加。

对于序号 1，前置条件中控制率超差连续计数和累计计数都为 0，计算控制率与实际控制率误差不超过 0.01，依据第 1 条设计说明，输出控制率为计算控制率 1.632，不上报故障。

对于序号 2，前置条件中控制率超差连续计数和累计计数都为 0，计算控制率与实际控制率误差超过 0.01，依据第 1 条设计说明，输出控制率为实际控制率 1.454，不上报故障。

对于序号 3，前置条件中控制率超差累计计数为 6，计算控制率与实际控制率误差超过 0.01，并且上报了三级故障，输出控制率为实际控制率 2.369，依据第 2 条设计说明，确定控制率超差连续计数预期值应该为 3，所以前置条件中的控制率超差连续计数只能为 2。

对于序号 4，前置条件中控制率超差连续计数为 1，计算控制率与实际控制率误差超过 0.01，并且上报了二级故障，输出控制率为实际控制率 1.557，依据第 3 条、第 4 条和第 5 条设计说明，确定控制率超差累计计数预期结果应该为大于等于 10 且小于等于 99 的整数，所以前置条件中的控制率超差累计计数为 9 至 98 区间中的任意整数，即任意大于等于 9 且小于等于 98 的整数。

对于序号 5，前置条件中控制率超差连续计数为 2 并且累计计数为 9，计算控制率与实际控制率误差超过 0.01，输出控制率为实际控制率 2.234，依据第 3 条和第 5 条设计说明，确定控制率超差累计计数预期结果应该为 10，所以应该上报二级故障。

对于序号 6，前置条件中控制率超差连续计数为 0 并且累计计数为 99，计算控制率与实际控制率误差超过 0.01，依据第 4 条和第 5 条设计说明，确定控制率超差累计计数预期应为 100，此时应该上报传感器一级故障，并清除二级故障，同时切断输出控制，即输出安全值 0，所以输出控制率为 0，上报一级故障。

试题四答案及解析

问题1　（1）0xFF800000　　　（2）64MB　　　　　　　（3）0x0FFFFFFF

【解析】计算机的内存存储容量的计量单位是字节，系统 FLASH 存储器的存储容量是 8MB，二进制表示为 0x800000，地址分配在存储空间的高端，地址空间为尾地址-容量+1=0xFF800000。用户 FLASH 的地址空间为 0x78000000～0x7BFFFFFF，存储容量是尾地址-首地址+1=0x4000000，也即 64MB。SDRAM 的存储容量是 256MB，二进制表示为 0x10000000，地址分配在存储空间的低端，地址空间为首地址+容量-1=0x0FFFFFFF。

问题2　（1）200　　　　（2）0000.0000.0011.1110.1000

【解析】基本的二进制和十进制的换算。

问题3　（1）67　　　　（2）pBuf->head == pBuf->tail

（3）pBuf->tail ==（pBuf->head + 1）%32

【解析】本题中由于是采取强制编译器按照字节对齐方式，因此该模式下，char 正好字节对齐，short 占用两个字节，共 1+1+1+32*2=67B。环形队列是一个首尾相连的 FIFO 数据结构，为了判断空和满，长度为 n 的环形队列会只存 n-1 个数据，空出一个不存（题中也是只存 31 个），其头指针指向第一个结点，尾指针指向最后一个结点的下一个结点，因此队列为空的时候头指针和尾指针相等。队列满的时候尾指针+1=头指针，实际使用时，考虑循环队列会转回 0，要进行取模操作。

试题五答案及解析

问题1　两个变量不能交换值的原因：

因为函数是传值的，函数形参值的交换，并不影响到实参的值的变化。

正确的函数编写如下（下面只是范例，变量名称不作要求）：

```
void swap (int *pn1, int *pn2)
{
    int tmp=*pn1;
    *pn1=*pn2;
    *pn2=tmp;
}
```

【解析】本题考查嵌入式 C/C++ 语言编程基础知识。

函数 swap 采用值传递，虽然将形参 n1 和 n2 交换了，但是并不影响到实参，所以执行［程序 1］后，实参变量并没有完成数据交换。将值传递改成指针传递就可以了。

对应的 swap 函数应修改如下：

```
swap (int *pn1, int *pn2)
{
    int tmp;
    tmp=*pn1;
    *pn1=*pn2;
    *pn2=tmp;
}
```

问题 2 第一次输出：fun(5)=5

第二次输出：fun(7)=13

第三次输出：fun(9)=34

【解析】当 n=5 时，初始：f0=0，f1=1；

for 循环计算如下：

i=2: f=0+1=1; f0=1; f1=1;

i=3: f=1+1=2; f0=1; f1=2;

i=4: f=1+2=3; f0=2; f1=3;

i=5: f=2+3=5; f0=3; f1=5;

所以，调用 fun(5)，得到返回值 5；

同理，可计算出 fun(7)=13; fun(9)=34。

问题 3 临界资源：一次只能使一个进程访问的资源称为临界资源。

临界区：进程中访问临界资源的那段代码称为临界区。

（1）S--

（2）S<0

（3）S++

（4）S<=0

【解析】在多道程序系统中，进程是并发执行的，这些进程之间存在着不同的相互制约关系。进程之间的这种制约关系来源于并发进程的合作以及对资源的共享。

进程在运行过程中，一般会与其他进程共享资源，而有些资源的使用具有排他性。系统中的多个进程可以共享系统的各种资源，然而其中许多资源一次只能为一个进程所使用，通常把一次仅允许一个进程使用的资源称为临界资源。许多物理设备都属于临界资源，如打印机、绘图机等。除物理设备外，还有许多变量、数据等都可由若干进程所共享，它们也属于临界资源。

进程中访问临界资源的那段代码称为临界区，也称为临界段。

访问临界资源应遵循如下原则：

（1）空闲让进（或有空即进）：当没有进程处于临界区时，可以允许一个请求进入临界区的进程立即进入自己的临界区。

（2）忙则等待（或无空则等）：当已有进程进入其临界区时，其他试图进入临界区的进程必须等待。

（3）有限等待：对要求访问临界资源的进程，应保证能在有限时间内进入自己的临界区。

（4）让权等待：当进程不能进入自己的临界区时，应释放处理机。

信号量是荷兰著名的计算机科学家 Dijkstra 于 1965 年提出的一个同步机制，其基本思想是在多个相互合作的进程之间使用简单的信号来同步。

在操作系统中，信号量是表示资源的实体，除信号量的初值外，信号量的值仅能由 P 操作（又称 Wait 操作）和 V 操作（又称 Signal 操作）改变。

设 S 为一个信号量，P（S）执行时主要完成：先执行 S=S-1；若 S≥0 则进程继续运行；若 S<0 则阻塞该进程，并将它插入该信号量的等待队列中。

V（S）执行时主要完成：先执行 S=S+1；若 S＞0 则进程继续执行；若 S≤0 则从该信号量等待队列中移出第一个进程，使其变为就绪状态并插入就绪队列，然后再返回原进程继续执行。

PV 操作过程如下图所示。

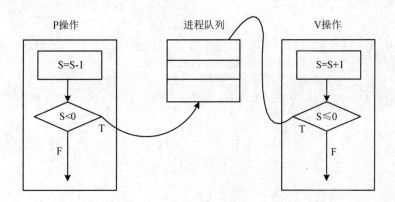